非監督式學習－使用 Python

從無標籤資料應用機器學習解決方案

Hands-On Unsupervised Learning
Using Python

How to Build Applied Machine Learning
Solutions from Unlabeled Data

Ankur A. Patel 著

盧建成 譯

O'REILLY®

目錄

第一部分　非監督式學習的基礎

第二部分　使用 Scikit-Learn 開發非監督式學習

前言

機器學習簡史

機器學習是人工智慧（AI）的子領域，在這領域裡，電腦從數據中學習目標行為，而不是靠明確的程式設計來達成——這些目標通常是為了改善他們在一些特定任務上的表現成效。機器學習這個術語是 1959 年初創造出來的（源自 Arthur Samuel，人工智慧領域的傳奇），但在二十一世紀，機器學習幾乎沒有什麼重要的商業成功案例。該領域仍然屬於學術界利基型的研究領域。

在 20 世紀 60 年代，AI 社區中許多人對於人工智慧的未來過於樂觀。當時的研究人員（如 Herbert Simon 和 Marvin Minsky）聲稱人工智慧將在幾十年內達到人類智能的水平[1]。

> 機器將在二十年內，有能力完成人類所有會做的工作。
>
> — Herbert Simon, 1965

> 三到八年內，我們將擁有一台具有與人類同等智慧的機器。
>
> — Marvin Minsky, 1970

被樂觀態度沖昏頭的研究人員專注於所謂的**強人工智慧**（*strong AI*）或**通用人工智慧**（*general artificial intelligence, AGI*）項目，試圖建立 AI 代理人，而這些代理人具有解決問題、知識表達、學習和計劃，自然語言處理、感知和運動控制的能力。這種樂觀氛

---

1 這樣的觀點是受到 Stanley Kubrick 於 1968 年在 *2001：A Space Odyssey* 中構建了 AI 代理人 HAL 9000 的啟發。

圍有助於吸引大量資金從國防部等主要投資者，進入新的研究領域，但是這些研究人員試圖解決問題的野心過大，而最終注定失敗收場。

從學術界應用到產業界，人工智慧的研究鮮少有任何跳躍式的進展，加上一系列所謂的人工智慧寒冬緊隨其後。在這些人工智慧寒冬（基於冷戰期間核冬天作為類比）下，對人工智慧感興趣的人與投注的資金更加減少。偶爾伴隨著人工智慧技術成熟曲線發生炒作，但持續力道都很短。到 20 世紀 90 年代初，對人工智慧感興趣的人與投注的資金更是跌到了谷底。

人工智慧回來了！但為什麼是現在？

在過去的二十年裡，人工智慧再度掘起，從純粹的學術領域為開端，至今成為蓬勃發展的領域，吸引無數學術及企業中的頂尖人才投入其中。

有三個關鍵的發展導致了人工智慧的再次興起：機器學習演算法的突破，可取得的大量數據和超高速電腦。

首先，研究人員不再專注過於野心勃勃的強人工智慧專案，而將注意力轉到較為明確而特定的強人工智慧子問題，也稱為 **弱人工智慧**（*weak AI*）或 **狹義人工智慧**（*narrow AI*）。針對改善特定範圍任務的解決方案，進一步帶來了演算法上的突破，因而為成功的商業應用做好了準備。許多演算法（通常最初是在大學或私人的研究實驗室開發出來）迅速地被開源出來，進而加快這些技術被產業所採用。

其次，數據擷取成為大多數組織關注的焦點，以及歸功於數據儲存技術的進步，儲存成本急劇下降。得力於網際網路，大量數據以前所未有的規模被廣泛且公開地取得。

第三，電腦變得越來越強大並且可以在雲端上被使用，讓 AI 研究人員可以輕易且低成本地擴展 IT 基礎架構，而不需要對硬體進行大量的前期投資。

AI 應用的出現

這三種因素將人工智慧從學術界推向了產業界，吸引每年越來越多的人關注以及更多的資金。AI 不再僅僅是理論上的興趣領域，而是一個蓬勃發展的應用領域。圖 P-1 呈現由 Google Trends 查詢到的一張圖表，該圖表指出過去五年對機器學習領域感興趣的成長趨勢。

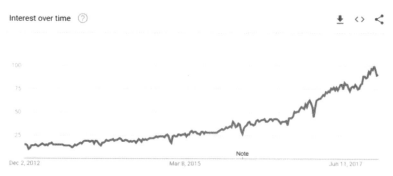

圖 P-1　隨時間對機器學習感興趣趨勢

如今 AI 被視為一種突破性且在各領域被廣泛應用的技術，就像電腦和智慧手機的出現一般。它將在未來十年對每一個產業產生重大影響[2]。

涉及機器學習的成功商業應用包括（但不僅限於此）光學字元識別、垃圾郵件過濾、圖像分類、電腦視覺、語音識別、機器翻譯、分組與分群、合成數據的生成、異常偵測、網絡犯罪預防、信用卡詐欺偵測、網絡詐欺偵測、時間序列預測、自然語言處理、棋盤遊戲和電玩遊戲、文件分類、推薦系統、搜索、機器人、線上廣告、情感分析，DNA測序，金融市場分析，訊息檢索、問答和醫療照護決策制定。

AI 應用在過去 20 年的重要里程碑

以下列出的里程碑，推動了人工智慧從一個主要為學術討論的主題，成為當今主流的技術。

- 1997 年：深藍（Deep Blue），一個自 20 世紀 80 年代中期以來一直在開發的 AI 機器人，在一場高度宣傳的國際象棋比賽中擊敗了國際象棋冠軍 Garry Kasparov。

- 2004 年：DARPA 推出 DARPA 大挑戰賽，賽事年年舉辦，主要是挑戰在沙漠中進行自動駕駛。2005 年，史丹佛大學獲得了最高獎項。2007 年，卡內基梅隆大學在城市環境中締造了自動駕駛的壯舉。2009 年，Google 製造了一款自動駕駛汽車。到了 2015 年，許多主要技術巨頭（包括 Tesla、Waymo 和 Uber）已經開始以建造主流自動駕駛技術為目標，並且受到完善投資的專案項目。

2　根據麥肯錫全球研究所的研究，到了 2055 年，人類有超過一半的專業活動可以做到自動化。

- 2006 年：多倫多大學的 Geoffrey Hinton 引入了快速學習演算法，用來訓練多層神經網路，開啟了深度學習的革命。

- 2006 年：Netflix 發起了以 100 萬美元為獎金的 Netflix Prize 競賽，考驗參賽團隊使用機器學習來改善其推薦系統的準確度至少 10%。最終，其中一個團隊在 2009 年獲得該獎項。

- 2007 年：由 Alberta University 的一支團隊所實作的人工智慧，在西洋跳棋上展現了超越人類的表現。

- 2010 年：ImageNet 推 出 年 度 競 賽——ImageNet Large Scale Visual Recognition Challenge（ILSVRC），針對大規模且已經被完善處理的圖片集，參與團隊需要使用機器學習演算法，來進行正確地偵測和分類。這引起了學術界和科技巨頭的極大關注。得力於深層卷積神經網絡的進步，分類錯誤率從 2011 年的 25% 下降到 2015 年的幾個百分點。這促成了電腦視覺和物體識別的商業應用。

- 2010 年：微軟推出適用於 Xbox 360 的 Kinect。由微軟研究院的電腦視覺團隊所開發的 Kinect，它能夠追蹤人體運動並將其轉化為遊戲。

- 2010 年：Siri 作為首批主流數位語音助理之一，被 Apple 收購，並且在 2011 年 10 月作為 iPhone 4S 的一部分一起發布。最終，Siri 被發布到 Apple 的所有產品。受卷積神經網路和長短期記憶遞歸神經網路的特性加持，Siri 得以處理語音識別和自然語言處理兩種任務。最終，Amazon、Microsoft 和 Google 都加入了戰局，相應地釋出 Alexa（2014）、Cortana（2014）和 Google Assistant（2016）。

- 2011 年：IBM Watson，是由 David Ferrucci 所帶領的團隊開發出來的問答型人工智慧代理人，且該代理人在 *Jeopardy!* 擊敗了前任的優勝者 Brad Rutter 和 Ken Jennings。IBM Watson 現在應用於數種行業，包括醫療照護和零售。

- 2012 年：由 Andrew Ng 和 Jeff Dean 領導的 Google Brain 團隊所訓練的神經網路能夠透過觀看 YouTube 影片，從其中無標記的圖像來識別貓。

- 2013 年：Google 贏得了 DARPA's Robotics Challenge，該挑戰中半自動駕駛機器人在危險的環境下，進行了多樣複雜的任務，例如駕駛車輛、穿過瓦礫、從堵塞的入口處移走碎石、打開一扇門和爬梯子。

- 2014 年：Facebook 公開了 DeepFace，這是一個基於神經網路的臉部識別系統並且具有 97% 的精確度。這樣的精確度逼近人類的表現，而且比以前的系統效能提高了 27% 以上。

- 2015 年：人工智慧成為主流，並且普遍地出現在媒體上。

- 2015 年：Google DeepMind 的 AlphaGo，在圍棋比賽中擊敗了世界級的專家樊麾。2016 年，AlphaGo 擊敗李世石，2017 年，AlphaGo 擊敗了柯潔。2017 年，AlphaGo Zero 對前版本的 AlphaGo 連勝 100 場。AlphaGo Zero 採用無監督學習技巧透過與自己對奕而成為圍棋大師。

- 2016 年：Google 針對 Google Translate 進行重大改進，用深度學習的機器翻譯系統替換了現有的片語式翻譯系統，不僅減少高達 87% 的翻譯錯誤率，也接近人類的精確度。

- 2017 年：由 Carnegie Mellon 開發的 Libratus 在無限注一對一的德州撲克中獲勝。

- 2017 年：OpenAI 訓練的機器人在 Dota 2 錦標賽中擊敗了職業選手。

從狹義人工智慧到通用人工智慧（AGI）

當然，將 AI 成功應用於特定且明確的問題只是一個開始。人工智慧社區越來越相信可以透過結合幾個弱 AI 系統，繼而開發出強人工智慧。這個強人工智慧或 AGI 代理人將能夠在許多廣泛目標任務中達到人類水平的表現。

人工智慧達到人類水平表現後不久，一些研究人員預測強人工智慧將超越人類的智慧並達到所謂的*超級智能*（*superintelligence*）。欲實現這種超級智能，預估至少要 15 年到 100 年後，但大多數研究人員認為人工智慧在未來的數個世代裡將獲得充份的進展，以達到超級智能的水平。這是否只是再次的膨脹炒作（就像我們之前所見的 AI 循環），或者這次真是不同於之前？

就讓我們拭目以待。

目標和方法

迄今為止，大多數成功的商業應用領域（如電腦視覺、語音識別、機器翻譯和自然語言處理）都是利用有標籤的資料集，進行監督式學習。然而，世界上大部分數據都*沒有標籤*。

在本書中，我們將包含**非監督式學習**（這是機器學習領域的分支，用來查找資料內隱藏的樣式）並學習無標籤資料內潛藏的結構。根據許多產業專家，如 Yann LeCun，Facebook 的 AI 研究院的處長和紐約大學的教授，認為非監督式學習是人工智慧的下一個前沿技術，並且可能是 AGI 的關鍵。基於這個原因和其他許多理由，非監督式學習是當今人工智慧中最流行的主題之一。

本書的目標是概述所需的概念和工具，讓你能夠將這項技術應用於需要透過人工智慧處理的日常問題上。換句話說，這是一本教會你如何應用的書籍，讓你建構可以落地的系統。我們還將探索如何有效地標記無標記的資料集，以便轉換非監督式學習問題成為半監督式學習的問題。

本書將採用實際操作範例的方法介紹一些理論，但重點關注在應用非監督式學習技術來解決實務上的問題。你可以在 GitHub 上取得以 Jupyter Notebook 形式的資料集和程式碼（*http://bit.ly/2Gd4v7e*）。

一旦你具備了概念性理解和實踐經驗，你將能夠應用非監督式學習於大量且無標籤的資料集，以便發現隱藏的樣式、獲得更深入的業務洞察力、偵測異常，基於相似性分類群組、執行自動特徵工程和特徵選擇、生成合成資料集等更多的應用上。

前提

本書假設你已具有一些 Python 的程式經驗，包括熟悉 NumPy 和 Pandas。

有關 Python 的更多訊息，可造訪 Python 官方網站（*https://www.python.org/*）。若想更了解 Jupyter Notebook，請造訪 Jupyter 官方網站（*http://jupyter.org/index.html*）。想要複習關於大學程度的微積分、線性代數、機率和統計，可閱讀由 Ian Goodfellow 和 Yoshua Bengio 所撰寫的《*Deep Learning*》textbook 第一部分（*http://www.deeplearningbook.org/*），繁體中文版《深度學習》由碁峰資訊出版。想要複習關於機器學習，請閱讀《*The Elements of Statistical Learning*》（*https://stanford.io/2Tju4al*）。

本書架構

本書分成四個部分，涵蓋以下主題：

第一部分，非監督式學習的基礎

監督式學習與非監督式學習的差異之處、受歡迎的監督式與非監督式演算法概觀以及完整的機器學習專案。

第二部分，使用 *Scikit-Learn* 開發非監督式學習

維度縮減、異常偵測和分群與群組區隔。

 更多關於第一部分和第二部分討論的概念，請參閱 Scikit-learn 文件（ *https://scikit-learn.org/stable/modules/classes.html* ）。

第三部分，使用 *TensorFlow* 和 *Keras* 開發非監督式學習模型

特徵學習和自動特徵萃取、自動編碼器和半監督式學習。

第四部分，使用 *TensorFlow* 和 *Keras* 開發非監督式深度學習模型

受限波爾茲曼機、深度信念網路和對抗生成網路。

本書編排慣例

以下為本書使用的編排規則：

斜體字（ *Italic* ）

表示新名詞、超連結、電子郵件位址、檔名以及副檔名。中文以楷體表示。

定寬字（Constant width）

用於程式原始碼，以及篇幅中參照到的程式元素，如變數、函式名稱、資料庫、資料型態、環境變數、程式碼語句以及關鍵字等。

定寬粗體字（**Constant width bold**）

代表使用者輸入的指令或文字。

定寬斜體字（*Constant width italic*）

代表需要配合使用者提供的變數，或者是使用者環境來更換的文字。

這個圖示代表提示或建議

 這個圖示代表一般的說明

 這個圖示代表警告或注意

使用程式碼範例

補充資料（程式碼範例等）可以在 GitHub（*http://bit.ly/2Gd4v7e*）取得並下載。

本書的目的是協助您完成工作。書中的範例程式碼，您都可以引用到自己的程式和文件中。除非您要公開重現絕大部份的程式碼內容，否則無需向我們提出引用許可。舉例來說，自行撰寫程式並引用本書的程式碼片段，並不需要授權。但如果想要將 O'Reilly 書籍的範例製成光碟來銷售或散佈，就絕對需要我們的授權。引用本書的內容與範例程式碼來回答問題不需要取得授權許可，但是將本書中的大量程式碼納入自己的產品文件，則需要取得授權。

雖然沒有強制要求，但如果您在引用時能標明出處，我們會非常感激。出處一般包含書名、作者、出版社和 ISBN。例如：「*Hands-On Unsupervised Learning Using Python* by Ankur A. Patel (O'Reilly). Copyright 2019 Ankur A. Patel, 978-1-492-03564-0.」。

若您覺得自己使用範例程式的程度已超出上述的允許範圍，歡迎隨時與我們聯繫：*permissions@oreilly.com*。

## 第一部分

非監督式學習的基礎

首先，讓我們從探索與了解目前機器學習的生態系和非監督式學習的應用場景開始。我們將從無至有建構一個完整的機器學習專案，該專案將包括設置程式開發環境、獲取與準備資料、探索資料、選擇機器學習演算法和成本函數（cost function），並且評估模型訓練的結果。

## 第一章

機器學習領域裡的
非監督式學習

大多數的人類和動物的學習過程都是非監督式學習。以蛋糕來比喻，非監督式學習就像那塊蛋糕，監督式學習就像撒於蛋糕上的糖霜，而強化學習則是蛋糕上的櫻桃。我們知道如何製造糖霜和櫻桃，但卻不知道如何製造蛋糕。在開始深入真正的人工智慧之前，我們需要解決非監督式學習的問題。

— Yann LeCun

在本章中，我們將探索規則式系統和機器學習之間的差異、監督式學習和非監督式學習之間的差異，以及它們之間相對的優點與缺點。

我們還將討論到許多受歡迎的監督式學習演算法和非監督式學習演算法，並且簡潔地檢視強化學習與半監督式學習，如何融入其中。

機器學習的基礎術語

在一頭栽入不同型態的機器學習之前，我們先來了解一個簡單且常見的例子：垃圾郵件過濾，以便讓即將介紹的概念更加具體。我們需要撰寫一個程式，該程式可以收信，並且將信件正確地分類為「垃圾郵件（spam）」和「非垃圾郵件（not spam）」。這是一個十分明確的分類問題。

作為複習，這裡列出一些機器學習的術語：這個範例的輸入變數（*input variable*）是信件內的文字內容，這些輸入變數也就是所謂的**特徵**（*features*）、**預報器**（*predictors*），或者是**獨立變數**（*independent variables*）。而**輸出變數**（*output variable*），即是我們試著進行預測的結果，就是「spam」或是「not spam」兩種標籤。它也稱之為**目標變數**（*target variable*）、**應變數**（*dependent variable*），或者是**響應變數**（*response variable*）（也稱為**類別**），因為這是一個分類問題。

用於訓練 AI 的範例資料集稱為**訓練集**，而每一筆範例資料都稱為一個訓練**實例**（*instance*）或**樣本**（*sample*）。在訓練過程中，AI 持續嘗試最小化**成本函數**（*cost function*）或**錯誤率**（*error rate*），更積極地解釋是，最大化它的**價值函數**（*value function*），以這個例子來說，就是正確分類電子郵件的比例。人工智慧積極地在訓練過程中最小化錯誤率，來進行優化，而錯誤率是經由比較人工智慧進行預測的標籤和實際的標籤計算得出。

然而，我們最關心的是訓練好的 AI 模型對從未見過的電子郵件泛化程度會有多好。這將會是 AI 模型的真正考驗：藉由訓練集樣本訓練所學得的模型，它能否正確分類以前從未見過的電子郵件？這個**泛化誤差**（*generalization error*）或**樣本外誤差**（*out-of-sample error*）是我們主要用來評估機器學習解決方案的方式。

這組未被模型見過的樣本稱為**測試集**（*test set*）或**留出集**（*holdout set*）（因為資料從訓練集中被保留出來）。如果我們選擇有多個留出集（或許可以用來衡量所訓練模型的泛化誤差，這是個可行的方法），我們可以保留一些訓練過程中使用的留出集，在最終測試集進行驗證前，對訓練的進度進行評估；這些訓練過程中用來評估進度的留出集稱為**驗證集**（*validation sets*）。

我們將上述用於訓練 AI 模型所提及的概念整理一下，AI 模型基於訓練資料（**經驗**）進行訓練，以改善標記垃圾郵件（**任務**）的錯誤率（**效能**），而最終的成功標準是模型基於學得的經驗，在新的且從未見過的資料集下的泛用程度（**泛化誤差**）。

基於規則式 vs. 機器學習

使用基於規則的方法，我們可以設計一個帶有明確規則的垃圾郵件過濾器來濾出垃圾郵件，比方說帶有旗幟標記的電子郵件中有「u」而不是「you」、「4」而不是「for」、「BUY NOW」等。然而，假如有心人士改變他們的垃圾郵件行為以規避這些郵件過濾的規則，那麼系統將很難被維護。如果我們使用基於規則的系統，我們必須經常手動調整規則以保持最新的狀態,而且窮舉所有需要的規則來確保系統運作良好,將是十分昂貴的。

如果不使用基於規則的方法,取而代之的是我們可以基於電子郵件資料,並且使用機器學習來訓練模型,讓該模型能夠自動地習得郵件規則並且正確地標記出垃圾郵件。這個基於機器學習的系統也可以隨著時間的推移自動調整規則,這種系統的訓練和維護成本將會便宜得多。

在這個簡單的電子郵件問題中,我們是有可能用人工的方式製作規則的,但是對於很多問題來說,人工製作規則根本不可行。例如,設計自駕車,你可以想像一下如何為汽車遇到的每一個狀況製作規則。這是一個棘手的問題,除非汽車可以基於自己的經驗,進行學習並且調適規則。

我們還可以使用機器學習系統作為探索或數據探勘的工具,以便更深入了解我們正在努力解決的問題。例如,在電子郵件垃圾郵件過濾器範例中,我們可以了解哪些單字或片語是垃圾郵件中最具預測性的特徵,以及識別新出現的惡意垃圾郵件樣式。

監督式學習 vs. 非監督式學習

機器學習領域有監督式學習和非監督式學習兩個主要分支,以及許多用來連接這兩種主要分支的子分支。

在監督式學習中,AI 代理人藉由標籤來改進在某些任務上的表現。在垃圾電子郵件過濾器問題中,我們有一個含有所有電子郵件內容的資料集也知道其中的哪些電子郵件是否為垃圾郵件(這就是所謂的標籤(*labels*)),這些標籤在幫助監督式學習 AI 將垃圾郵件與其他電子郵件分開這方面上非常有價值。

在非監督式學習中,標籤是無從取得的。因此,AI 代理人的任務是沒有明確定義的,並且表現也無法如此清晰地被衡量。試想一下垃圾電子郵件的過濾問題——而這次並沒有標籤。現在 AI 代理人將試圖了解電子郵件的基礎結構,並且將電子郵件數據庫中的郵件分成不同的群組,使得群組內的電子郵件彼此相似,但是又與其他群組中的電子郵件截然不同。

這種非監督式學習的問題定義不如監督式學習來得清楚,而且更難被 AI 代理人所解決。但是如果能夠處理得當,該解決方案將更具威力。

原因如下：非監督式學習 AI 可能會找到後來被標記為垃圾郵件的數種群組——但 AI 也可能會找到後來被標記為「重要」的群組，抑是可以歸類為「家庭」、「專業」、「新聞」、「購物」等群組。換句話說，因為問題沒有嚴格定義任務，因此 AI 代理人可能會找到超出我們最初感興趣的樣式。

此外，在發掘未來資料中的新模式時，非監督式系統比監督式系統更好，這樣的特性使非監督式解決方案在未知的基礎上更加靈活。這就是非監督式學習的威力。

監督式學習的優缺點

監督式學習擅長於在具有明確定義與完整標籤的任務中，進行模型效能的優化。例如，有一個非常大量且具有標籤的圖像數據集。如果數據集的圖像數量的確夠多，而且也有足夠算力的電腦，讓我們可以使用適合的機器學習演算法（即卷積神經網絡，CNN），便可以建立一個基於監督式學習且具有優良效能的圖像分類系統。

由於進行監督式學習模型建立時，監督式學習能透過比較預測的圖像標籤與實際的圖像標籤計算成本函數，來最小化成本函數，因此，它可以在未曾見過的圖像（來自留出集）上，盡可能地降低預測誤差。

標籤如此有用的理由，是因為它能夠在模型訓練過程中作為誤差評量的依據，進而提升模型的訓練結果。如果沒有這樣的標籤，就無從得知被訓練的模型是否成功（或不成功）地分類圖像。

然而，人工地對圖像數據集進行標記的成本很高，即便是在已經特別精煉過的數據集情況下，成本依舊不低。這是一個麻煩的問題，因為監督式學習非常擅長於對有標籤的圖像進行分類，但是對沒有標籤的圖像分類能力卻很差。

監督式學習在基於有標籤數據的強大表現，也同時地曝露出它在未曾見過的數據集上，模型泛化能力的侷限性。因為世界上大多數的數據是沒有標籤的，所以基於監督式學習的人工智慧，對於未知數據集的表現能力將受到相當的限制。

換句話說，監督式學習對於解決狹義人工智慧（narrow AI）問題非常有用，但並不適合用於解決較為進階且定義相對不明確的強人工智慧（strong AI）問題。

非監督式學習的優缺點

監督式學習在數據可取得、充足、具完善標籤以及所具備樣式穩定且明確的窄域任務下，訓練的效果凌駕於非監督式學習之上。

然而，對於數據的樣式不停地變化或不清楚，抑或沒有充足且具標籤的數據集情況下，非監督式學習則具有明顯的優勢。

非監督式學習不是透過標籤的指引，而是從它所使用的訓練數據集中學習隱含的資料樣式。它藉由一組數量明顯少於訓練數據集的參數組合，來試著表示訓練數據集的資料。透過執行這種表徵學習，非監督式學習能夠識別出數據中不同的樣式。

以影像數據集（此時沒有標籤）為例，非監督式學習可以基於影像彼此之間的相似程度與不同程度來識別和分組影像。例如，所有看起來像椅子的影像將被組合在一起，而所有看起來像狗的影像將被分組在一起等。

當然，非監督式學習並不能將這些組合，各自標記為「椅子」或「狗」，但現在相似的影像被組合在一起，為資料進行標籤的任務變得更為簡單了。我們可以直接對不同分組的圖像直接整批打上標籤，而不再是對數以百萬計的圖像逐一貼上標籤。

歷經一開始的訓練後，如果非監督式學習發現有影像不屬於任何組別，它便將這些無法被成功分組的影像創建單獨的組別，讓人類替這些尚未有標籤的新群組，給定適合的新標籤。

非監督式學習使以前棘手的問題更容易被解決，而且在可取得的歷史數據與未來的數據中，可以更加有效地找到隱藏的樣式。最重要的是，現在我們有一種人工智慧的方法，來協助我們從大量無標籤的資料中探索有價值的寶藏。

在解決明確而具體的問題上，即使非監督式學習不如監督式學習，但非監督式學習卻能更好地解決開放的強人工智慧（strong AI）問題和有效地泛化訓練得到的知識。

同樣重要的是，非監督式學習可以解決許多數據科學家在構建機器學習解決方案時遇到的常見問題。

使用非監督式學習改善機器學習解決方案

最近在機器學習方面的許多成功案例,得歸功於大量可取得的數據、電腦硬體和雲資源的進步,以及機器學習演算法的突破。但這些成功大多是狹義人工智慧(narrow AI)問題,比方說影像分類、電腦視覺、語音識別,自然語言處理和機器翻譯。

為了解決更有挑戰的的人工智慧問題,我們需要解放非監督式學習的價值。讓我們探索資料科學家構建解決方案時最常面臨的挑戰,以及非監督式學習如何提供幫助。

不充足的無標籤數據

> 我認為 AI 類似於建造一艘火箭。你需要一個巨大的引擎和大量的燃料。如果你有一個大型引擎和少量燃料,火箭將無法進入軌道。如果你有一個小發動機和大量燃料,火箭甚至無法升空。要製造火箭你需要一個巨大的發動機和大量的燃料。
>
> —吳恩達

如果機器學習是火箭飛船,資料將是燃料。沒有極大量的資料,火箭飛船是無法飛行的。但並非所有被製造出來的資料都是平等的。使用監督式學習演算法,我們需要大量有標籤資料,生成這些資料既困難又昂貴[1]。

透過非監督式學習,我們可以自動為無標籤的範例資料加上標籤。原理是我們將所有範例資料分群,然後使用同群中已被標記範例資料的標籤,為沒有標籤的範例資料賦予相同的標籤。無標籤的範例資料會使用與它們最相似範例資料的標籤作為標籤。我們將在第五章探索分群的議題。

過度擬合(Overfitting)

如果機器學習演算法從訓練資料中學會了過於複雜的函數,該機器學習模型可能會對留出集(如驗證集或測試集)中未見過的資料範例,作出很糟的預測結果。這是因為機器學習演算法擷取了太多資料中的噪音,進而過度擬合於訓練資料,因此在泛化的表現上,變得很差勁。換句話說,該演算法正在記住訓練資料而不是學習如何基於資料來概括知識[2]。

---

1 有一些新創公司(如 Figure Eight)提供人機混合(*human-in-the-loop*)的服務。

2 低度擬合(underfitting)是構建機器學習應用時,可能出現的另一個問題,但這問題更容易被解決。低度擬合是因為模型過於簡單,換句話說,採用的演算法無法建構出足夠複雜的函數,來貼近資料實際的分佈,以致於無法對目標任務做出好的預測和判斷。為了解決這個問題,我們可以增加這個演算法的複雜度(有更多參數,執行更多訓練迭代等),或使用更複雜機器學習演算法。

為了解決這個問題，我們可以使用非監督式學習作為正規化器（*regularizer*）。正規化（*regularization*）是一個用於降低機器學習演算法複雜性的流程，正規化協助機器學習演算法捕捉數據中的信號，但降低對於資料噪音的過度調適。採用非監督式學習進行預訓練是正規化的其中一種作法。採用非監督式學習重新產生原始資料的表示方法，然後再用監督式學習演算法進行訓練，而不像原先直接採用原始數據的方式進行訓練。

這種新的資料表示方式捕捉了原始資料的重要特性——資料真正隱含的特徵結構——同時忽略一些資料中不那麼具代表性的噪音。當我們提供這種新的資料表示方法給監督式學習演算法，它將可以面對較少的資料噪音並擷取更多有用的特徵，從而改善泛化錯誤。我們將在第 7 章探討特徵提取。

高維度災難（Curse of dimensionality）

即使電腦運算能力有所提高，利用機器學習演算法處理大數據仍然是個難題。一般來說，增加更多的運算單元並不會造成太大問題，因為我們可以使用 map-reduce 解決方案來進行平行化運算操作。但是，隨著具有的特徵越多，模型訓練就越顯困難。

在一個非常高維的空間中，監督式演算法需要學習如何分類空間中的點並構建近似函數，以便做出正確的決策。當特徵非常多的時候，不管從運算時間或運算資源角度上來看，這種搜尋都非常昂貴。在某些情況下，可能無法有效率地找到一個好的解決方案。

這個問題被稱為高維度災難（*curse of dimensionality*），非監督式學習很適合被用來解決和改善這個問題。透過降維，我們可以找到原始特徵集的顯著特徵，將維度減少到可處理的大小，並且在這過程中丟失很少的重要訊息，然後使用監督式演算法來更有效地找到近似函數。我們將在第 3 章介紹降維。

特徵工程

特徵工程是資料科學家處理資料時最重要的任務之一。如果沒有正確的特徵，機器學習演算法將無法有效地從特徵空間中分別出未曾見過的資料點，進而作出好的分類。然而，特徵工程通常是非常勞動密集型；它需要人介入其中，並且具創造性地標出正確的特徵類型。取而代之的是，我們可以基於非監督式演算法來進行表徵學習，來幫助我們完成特徵工程的任務。我們將在第七章探討自動特徵擷取。

離群值

資料品質也是非常重要。如果機器學習演算法基於罕見且扭曲的離群值進行訓練，產生出的模型的泛化誤差表現，將低於忽略或分別對異常值進行處理的訓練模型。藉由非監督式學習，我們可以使用維度縮減的方法，來為一般資料與異常資料個別提供解決方案。我們將在第四章建立一個異常檢測系統。

資料漂移（Data drift）

機器學習模型需要察覺資料的漂移狀況。如果要進行預測判斷的資料，在統計上不同於當時用來訓練的資料，那麼就必須基於目前的資料，對模型進行重新訓練。如果模型並未重新訓練，或者沒意識到資料產生漂移的狀況，那麼，模型在針對目前資料進行預測判斷的品質將會受到影響。

通過使用非監督式學習建立機率分佈，我們可以評估當前資料與訓練資料相異的情況——如果兩者相異程度夠大，我們可以自動觸發再訓練。我們將在第十二章中，探索如何構建這些資料鑑別器。

進一步探索監督式學習

在深入研究非監督式學習之前，讓我們先了解一下監督式學習演算法及其工作原理，這將有助於了解非監督式學習在機器學習生態圈內的定位與擅長主題。

在監督式學習中，存在兩種主要類型的問題：分類（*classification*）和回歸（*regression*）。在分類問題中，人工智慧必須正確地將待分類項目，分類為一種或多種類別。如果是只有兩種分類的問題，則稱為**二元分類**（*binary classification*）；如果有三個或更多類的問題，則稱為**多元分類**（*multiclass classification*）。

分類問題也稱為**離散**（*discrete*）預測問題，因為每種分類都是一個離散群組。分類問題也可稱為**定性**（*qualitative*）問題或**質性**（*categorical*）問題。

在回歸問題中，人工智慧必須預測**連續**變量而不是離散變量，因此，回歸問題也可稱為**定量**（*quantitative*）問題。

監督式的機器學習演算法可以非常簡單，也可以非常複雜，但目標都是圍繞著給定的資料標籤，進行最小化成本函數或錯誤率（或最大化價值函數）。

如前所述，我們最關心的是機器學習的解決方案能力在從未見過資料上的泛化能力。監督式學習演算法的選擇，對於最小化泛化誤差是十分重要的。

為了追求盡可能低的泛化誤差，演算法模型的複雜性應該與反應資料樣貌的實際函數複雜性相匹配。我們的確是不知道實際函數是什麼，因為如果我們知道，便不需要使用機器學習來創建一個模型──我們可以直接對這個函數求解，來找到正確的解答。但也由於我們不知道這個實際函數是什麼，我們選擇了一個機器學習演算法來檢驗假設函數，並找到最接近真實函數的模型（即具有最低的泛化誤差）。

如果演算法模型比實際函數更簡單，我們就會低度擬合於資料。在這種情況下，我們可以透過選擇其他可以為更複雜函數進行塑模的演算法來改善泛化誤差。但是，如果演算法設計了一個過於複雜的模型，我們將過度擬合於資料，而導致模型對從未見過資料的預測能力低落，進而提高泛化錯誤。

換句話說，選擇較複雜的演算法並不總是正確的選擇，有時較簡單的演算法反而是更好的選擇。每個演算法都有優點、缺點和假設，基於給定的資料和問題，使用不同的演算法來解決，對掌握機器學習是非常重要的課題。

在本章接下來的部分，我們將描述一些最常見的監督式演算法（包括一些真實的應用案例），然後再接著介紹非監督式演算法[3]。

線性方法

最基本的監督式學習演算法藉由輸入特徵和我們希望進行預測的輸出變量之間的簡單線性關係，進行塑模。

線性回歸（Linear regression）

所有演算法中最簡單的是**線性回歸**，它假設輸入變量（x）和單個輸出變量（y）之間存在線性關係，並以此建立模型。如果實際上，輸入和輸出之間的關係是線性的，且輸入變量之間不是高度相關的（這樣的情況稱為**共線性**（*collinearity*）），線性回歸可能是一個合適的選擇。如果輸入與輸出的關係更複雜或非線性，線性回歸方法將低度擬合於資料[4]。

3　這個列表並非詳盡無遺，但的確列出了最常見的機器學習演算法。

4　可能存在其他使線性回歸成為差勁選擇的潛在問題，包括離群值、相關聯的誤差項和非固定的誤差項的變異值。

因為它很簡單,所以藉由此演算法建出的關係模型可以非常直截了當地被解讀。**可解釋性**(*interpretability*)是使用機器學習時,一個非常重要的考慮因素,因為解決方案需要被產業內的技術人員與非技術人員理解和實際運用。沒有可解釋性的解決方案會成為無從判讀的黑盒子。

優點

線性回歸很簡單,可被解釋,並且難以過度擬合,因為它不能處理過於複雜的關係。當輸入和輸出變量之間的關係是線性的時候,它是一個十分恰當的選擇。

缺點

當輸入與輸出變量之間的關係不為線性時,線性回歸將低度擬合於資料。

應用

由於人體重量與人體高度之間真正的關係為線性,所以線性回歸對於使用高度作為輸入來預測體重是很好的選擇,反之亦然,使用體重作為輸入變量來預測高度。

邏輯回歸(Logistic regression)

最簡單的分類演算法是**邏輯回歸**,它也是線性的方法,但使用邏輯函數轉換輸出的預測結果。這種轉換的輸出結果是**類別機率**(*class probabilities*)。換句話說,就是待預測實例屬於各類別的機率,而各類別機率的總和為 1。每個待預測實例將屬於具有最高機率的類別。

優點

與線性回歸一樣,邏輯回歸很簡單且可解釋。當我們試著進行預測的類別是不重疊且線性可分的時候,邏輯回歸是很好的一個選擇。

缺點

當所預測的類別不是線性可分的時候,邏輯回歸將無法處理這樣的分類問題。

應用

當分類的類別幾乎不重疊的時候,比方說,兒童的身高對比成人的身高,利用邏輯回歸進行分類,將有不錯的成效。

基於近鄰方法

另一種非常簡單的演算法是基於近鄰方法。基於近鄰方法的概念都是屬於*惰性學習方法*，因為它們學習如何標記新的資料點是基於新點與現有標記點的近似程度。不像線性回歸或邏輯回歸，基於鄰域的模型並不經由訓練產生一個可以預測新資料點標籤的模型；相反地，這些模型預測新資料點的標籤，是基於新資料點到已經存在且具有標籤的資料點之間的距離。惰性學習（lazy learning）也稱為*基於資料實例學習*（*instance-based learning*）或*非參數方法*（*nonparametric methods*）。

k-nearest neighbors

最常見的基於近鄰方法是 *k-nearest neighbors*（*KNN*）。KNN 藉由查找與新資料點最相近的 k 個已經具有標籤的資料點（k 是整數值），並且讓這些已經具有標籤的近鄰點投票如何標記新的資料點。預設情況下，KNN 使用歐氏距離來測量最接近的距離。

k 值的選擇非常重要。如果將 k 值設得非常低，KNN 在標籤揀選上將變得非常寬鬆，畫出十分貼合於資料分佈的邊界線，因此，可能過度擬合於資料。如果是 k 值設得非常高，KNN 的標籤揀選會變得過於嚴格，繪製過於僵固的邊界，進而可能低度擬合於資料。

優點

　　與線性方法不同，KNN 非常靈活，擅長學習更複雜以及非線性的關係。即便如此，KNN 仍然簡單且可被解釋。

缺點

　　隨著資料與特徵的數量增加時，KNN 的效果並不好。在資料密集且高維的空間內，KNN 的計算效率低下，因為它需要計算從新的資料點到附近許多已具有標籤資料點的距離，以便預測新資料點的標籤。KNN 不能藉由將參數減少到剛好能完成預測的數量，來得到一個高效的模型。此外，KNN 對 k 值的選擇非常敏感。當 k 設置得太低時，KNN 會過度擬合，而當 k 值設得太高時，KNN 會低度擬合。

應用

　　KNN 經常用於推薦系統，例如針對電影（Netflix）、音樂（Spotify）、朋友（Facebook）、照片（Instagram）、搜索（谷歌）和購物（亞馬遜）進行喜好預測。例如，KNN 可以根據類似用戶的喜好（稱為**協同過濾**（*collaborative filtering*））或用戶過去喜歡的內容（稱為**基於內容的過濾**），預測用戶會喜歡什麼。

基於樹的方法

不採用線性方法，取而代之的是我們可以藉由已知的標籤讓模型方法構建一個**決策樹**（*decision tree*），所有資料實例被**分割**或者是被**分層**為許多區塊。當分割完畢後，每個區域對應於一個特定的標籤（用於分類問題）或一個範圍的預測值（用於回歸問題）。此過程類似讓人工智慧基於做出更好決策或預測的明確目標，自動建立規則。

單一決策樹

最簡單的基於樹的方法是**單一決策樹**（*single decision tree*），透過遍歷所有的訓練資料與既有的標籤，建立用於分割資料的規則，並使用此樹針對驗證集或者是測試集等未見過的資料進行預測。但是單一決策樹通常很難延伸它基於訓練資料所學到的知識到未見過的資料上，因為它通常會在僅只一次的訓練迭代中，過度擬合於訓練資料。

裝袋法（Bagging）

為了改進單一決策樹，我們可以引入**自助聚合**（*bootstrap aggregation*）（以**裝袋法**（*bagging*）為人所熟知）。我們從訓練資料中，使用**多次隨機實例採樣**（*multiple random samples of instances*），並且為每次採樣建立一個決策樹，然後對每個資料實例進行預測，預測方式為透過平均每個樹的預測結果來作為每個資料實例的預測結果。藉由採樣**隨機化**（*randomization*）和多個樹的平均結果，這樣的方法也被稱為**整體方法**（*ensemble method*）。裝袋法可以解決一些單一決策樹帶來的資料過度擬合問題。

隨機森林（Random forests）

我們不僅可以透過對資料實例進行採樣，還可以透過對待預測的標籤進行採樣，來進一步改善過度擬合。對於隨機森林，我們不僅如同裝袋法（bagging）從訓練用的資料實例進行多次的隨機採樣外，也對用於每棵決策樹中分支條件的**待預測標籤**進行**隨機採樣**，而非使用所有的待預測標籤。用於分支條件的待預測標籤數量通常是使用待預測標籤總數量的平方根作為數量基準。

透過對待預測標籤進行採樣，隨機森林演算法可以建出彼此相關性更低的決策樹（與裝袋法中的決策樹相比），進而減少過度擬合和改善泛化誤差。

提升方法（Boosting）

另一種基於樹的方法稱作**提升方法**。如同裝袋法一般，這種演算法也會建出多棵樹，但它是**依序地建出每一棵決策樹**，利用前棵決策樹所學得的資訊，來改善下一棵決策樹的預測結果。提升方法中每棵樹的深度，都保持地十分淺，僅含有一些決策分支點，按著逐棵的決策樹，進行緩慢地學習。在所有基於樹的方法中，*gradient boosting machines* 的表現最好，並且是諸多機器學習比賽中的常勝軍[5]。

優點

基於樹的方法是在預測問題任務上，表現最好的監督式學習演算法之一。這些方法能夠捕捉資料中複雜的關係是透過一次學習一個規則的方式，學習到許多簡單的規則來達成。它們也能處理資料缺失與特徵分類的問題。

弱點

基於樹的方法的可解釋性很差，尤其是在需要許多規則，才能做出好的預測的情況下。運算效能隨著特徵增加也會成為一個問題。

應用

對於預測問題，gradient boosting 和隨機森林的表現都非常的優良。

支持向量機（Support Vector Machines）

我們可以使用演算法和已知的資料標籤在空間中建構超平面來分類資料，而不是構建樹來進行資料分類。這方法稱為**支持向量機**（*support vector machines, SVM*）。SVM 允許一些違反這種分類原則的行為，也就是說，並非超空間區域內的所有點都需要具有相同的標籤，但是某個標籤的邊界定義點與另一個標籤的邊界定義點的距離，應盡可能地最大化。此外，邊界不必是線性的，我們可以使用非線性內核（kernel）靈活地分類資料。

類神經網路

我們可以藉由單層輸入層、多層隱藏層以及單層輸出層所組成的類神經網路，進行資料特徵的學習[6]。輸入層使用特徵值作為輸入，輸出層的輸出值試著逼近預期的應變數。隱

5　更多有關 gradient boosting 在機器學習競賽的資訊，請參閱 Ben Gorman 的博客文章（*http://bit.ly/2S1C8Qy*）。

6　更多有關神經網路的資訊，請看由 Ian Goodfellow、Yoshua Bengio 和 Aaron Courville（麻省理工學院出版社）撰寫的《深度學習》（*Deep learning*）（*http://www.deeplearningbook.org/*）。

藏的圖層是一個巢狀階層結構的概念，每一層（或概念）都試圖理解前一層如何關聯於輸出層。

神經網路使用這種階層概念，從簡單到複雜一層一層地逐步學習複雜的概念。神經網路是逼近目標函數強而有力的方法之一，但容易過度擬合且很難被妥善解釋，我們將在本書後面詳細探討它的缺點。

進一步探索非監督式學習

我們現在將注意力轉向沒有標籤的問題。非監督式學習演算法會嘗試學習資料的基礎結構，而不是嘗試作出預測。

維度縮減

維度縮減演算法（*dimensionality reduction algorithm*）是演算法中的一個分類，它將原始的高維度輸入資料映射到一個低維度空間，同時過濾掉了與整體資料不那麼相關的特徵，並且盡可能多地保留資料中令人感興趣的特徵。

維度縮減讓非監督式學習能更正確地識別樣式（patterns）並更有效率地解決大規模所導致的昂貴運算問題（通常涉及圖像、影片、語音和文字）。

線性投影

關於維度縮減有兩個主要分支，一個是線性投影，另一個則是非線性維度縮減。我們首先從線性投影開始介紹。

主成分分析（**Principal component analysis, PCA**）　是一種學習資料基礎結構的方法，用於識別整個特徵集合中哪些特徵最為重要，且能解釋資料實例之間的可變性。並非所有特徵都同等重要，有些特徵在資料中的值變化不大，因此，這些特徵在解釋資料集時就沒那麼有用，而另外其他特徵的值在資料集中可能有明顯的變化，並且值得仔細探索，因為它們會幫助我們設計的模型更好地分類資料。

在 PCA 中，演算法找到低維度空間表示資料的方法，同時盡可能的最大化地保持資料之間的變異程度。我們留下的維度數量明顯少於原始資料的總維度數量（即總特徵的數量）。由於轉移至這個低維度的空間，我們會損失一些資料中的變異，但是這將使得資料內的結構更容易被識別，並且讓我們在執行如分群的任務時更加地有效率。

PCA 有數種變形,我們稍後將在本書進行探討。這些變化包括 mini-batch 變形(如增量式 PCA（*incremental PCA*）)、非線性變形(如 *kernel PCA*),以及稀疏變形(如 *sparse PCA*)。

奇異值分解(**Singular value decomposition, SVD**) 學習資料基礎結構的另一種方法是降低原來特徵所組成的矩陣的秩(rank),使得原來的矩陣可以使用擁有較小的秩的矩陣所組成的線性組合來表示。這被稱為 *SVD*。為了生成有較小的秩的矩陣,SVD 保持擁有最多資訊的原始矩陣的向量(即最大的奇異值)。這個有較小的秩的矩陣擷取原始特徵空間中最重要的特徵。

隨機投影(**Random projection**) 一個類似於維度縮減的演算法,它將點從較高維的空間投影至較低維的空間,但同時保持點和點之間的距離。我們可以使用隨機高斯矩陣(*random Gaussian matrix*)或隨機稀疏矩陣(*random sparse matrix*)來實現這個目標。

流形學習（Manifold learning）

PCA 和隨機投影都是將資料從高維度空間線性投影到低維度空間。替代使用線性投影,流形學習或稱非線性維度縮減可以更好地進行非線性轉換。

Isomap *Isomap* 是流形學習的一種。這種演算法會透過估算每個點與鄰近點的捷線(*geodesic*)或曲線距離(*curved distance*),而非使用歐式距離(Euclidean distance)來學習資料流形的內蘊幾何。Isomap 利用這樣的估算將原始高維度的空間嵌入一個低維度的空間。

t-distributed stochastic neighbor embedding(**t-SNE**) 另一個維度縮減的方法稱為 *t-SNE*,它將高維度空間的資料嵌入至只有二維或三維的空間,這樣的空間可以讓轉換的資料被視覺化的呈現出來。在二維或者是三維的空間裡,相似的資料會被聚集在一起,反之則被分離開來。

字典學習(**Dictionary learning**) 字典學習是一種為人所知的方法,它會學習資料基礎結構的稀疏表示方式。這些具代表性的要素是簡單的、以二進制向量(0 和 1)構成,並且資料集中的每個實例都可以藉由這些代表性要素的加權總和,進行重建。這個由非監督式學習所產生的矩陣(稱作**字典**)大都由零值組成,僅有少量元素為非零值。

透過建立這樣的字典,這個演算法能夠有效地識別原始特徵空間中,最顯著且具代表性的要素,也就是那些擁有最多非零權重的元素。較不重要的具代表性要素中,則只有很少的非零權重。與 PCA 一樣,字典學習非常適合學習資料的基礎結構,這將有助於分類資料和識別有趣的樣式。

獨立成分分析(Independent component analysis)

無標籤資料一個常見的問題是有許多各自獨立的信號被一起嵌入混合在被給定的特徵中。使用**獨立成分分析**(*ICA*),我們可以將這些混合的信號分離成各自獨立的要素。分離完成後,我們可以透過將我們生成的各個要素,以某種組合方式加在一起來重建原始的特徵。ICA 通常用於信號處理任務(例如,用於在繁忙咖啡館的音檔中,識別各個獨立的聲音)。

隱含 Dirichlet 配置(Latent Dirichlet allocation)

非監督式學習也可以透過學習來解釋一個資料集中,為什麼某些部分會彼此相似。這需要了解資料集內部未被觀察到的元素。有一種被稱為*隱含 Dirichlet 配置*(*LDA*)的方法,可以為此提出解法。例如,考慮一個包含許多單字的純文字文件。文件中的這些單字並非純粹隨機地排置,相反地,它們展現出一些結構。

可以將這個結構塑模成為未被觀察元素,這些元素稱作主題(topics)。在訓練後,LDA 能夠解釋一個有少量主題的文檔,其中每個主題都有一小組經常使用的單字。這就是 LDA 能夠捕捉的隱藏結構,這個結構可以幫助我們更好地解釋先前文件中的非結構化文體。

維度縮減將原始特徵集大小減小成另一個較小的特徵集合,但該集合保有原始特徵集合中最重要的部分。基於此,我們可以在這個較小的特徵集上執行其他的非監督式演算法,來找尋資料內令人感興趣的樣式,抑或在我們有標籤資訊下,透過使用較小的特徵矩陣,而不是使用原始的特徵矩陣,來加速監督式演算法的訓練速度。

分群

一旦我們將原始特徵集減少到更小且更易於管理的集合，我們可以透過將類似的資料實例群組起來，以便找到有趣的樣式。這稱為分群（clustering），並且可以透過各種非監督式學習來完成，而且這些演算法也可以被實際應用於實務，如市場區隔（market segmentation）。

k-means

為了能夠妥善地分群，我們需要識別資料中不同的組別，讓同組別內的資料實例彼此相似，但與其他組別的實例不同。分群演算法其中之一的方法是 *k-means 分群法*（*k-means clustering*）。使用此演算法時，我們會指定期望的分群數量 *k*，演算法會將每個資料實例恰好分配到 *k* 個群中的其中一群。它通過最小化**群內差異**（*within-cluster variation*）（也被稱作**慣性**（*inertia*））來優化分組，進一步讓 *k* 個群的每個群內差異的總和越小越好。

為了加速分群過程，*k*-means 隨機地指派每一個資料點到 *k* 群中的任一群，然後透過最小化各資料點與所屬群內的中心點或**簇心**（*centroid*）的距離，多次地重新指派資料點。經過數個回合（每次都隨機性地進行資料點的分配）後，每一回合的群內資料點的指派，都會產生些許不同。基於每一回台內，所有群內差異值的總和，我們可以選擇總和值最低的分割，作為分群的結果[7]。

階層式分群（Hierarchical clustering）

另一種分群方法並不需要我們預先指定預期的分群數量，稱為**階層式分群**（*hierarchical clustering*）。階層式分群的其中一個版本稱為**聚合式分群**（*agglomerative clustering*），它使用樹狀結構分群方法，並且建立**樹狀圖**（*dendrogram*）。樹狀圖可圖形化地被描繪成顛倒的樹形，換言之，樹葉在底部，而樹幹在頂部的樹形。

最底部的葉子是資料集的各個資料實例。階層式分群法會基於葉子之間的相似程度，依著這個顛倒的樹由下往上，逐步合併葉子。實例間（或者是一組實例）越相似，則合併的速度越快，至於不相似的部份，則稍候處理。隨著這個迭代的過程，最終所有的實例都會被連接起來，形成僅有單一主幹的樹。

7　本書稍後將會提及執行效率更佳的 *k*-means 演算法，如 mini-batch *k*-means。

這種垂直的描寫呈現方式非常有用。當階層式分群演算法完成執行,我們可以查看樹形圖並決定我們想要進行裁切的位置。切割的位置越低,留下的分支越多(意即更多的分群)。如果想要更少的分群,我們可以在樹形圖上更高的位置,更接近這個倒置樹的頂部主幹位置進行裁切。選擇從樹的何處進行裁切,這個動作相似於決定 k-means 分群演算法中的分群數目 k 的動作[8]。

DBSCAN

一種更強大的分群演算法(基於點的密度)是 *DBSCAN*(具噪音且基於密度的分群分法)。在給定的資料實例所在空間中,DBSCAN 會將那些極為接近的資料實例分成同一群,此處的「極為接近」是指該群的核心在某指定的距離內,存在的資料實例數量大於定義的最少數量。為此,我們會設定距離值與在距離值內應該存在的最少資料實例數量。

如果某個實例存在於多個分群的指定距離內,則將其分入最密集的分群中。任何無法被分入任何集群中的資料實例,則標記為離群值。

與 k-means 不同,DBSCAN 並不需要預先指定分群的數量,而且也能取得在空間中具任意邊界形狀的分群。DBSCAN 也更不容易因為離群值而產生失真的分群。

特徵擷取

透過非監督式學習,我們可以學習到基於資料原始特徵的新表示方法,這個領域被稱為**特徵擷取**(*feature extraction*)。特徵擷取可用於減少原始特徵的數量,變成數量較少的子集合,有效地進行維度縮減。但是特徵擷取也可以產生新的特徵表示方法,進而改善監督式學習問題的表現。

自動編碼器(Autoencoders)

為了產生新的特徵表示方法,我們可以使用前饋且非循環的神經網路來進行表徵學習,它的輸入層節點數等於輸出層的節點數。這個神經網路稱為**自動編碼器**(*autoencoder*),它能夠透過網路內的隱藏層學習新的表徵,有效地重建原始的特徵[9]。

8　階層式分群法預設使用歐式距離,但也是可以使用其他評估相似度的指標,如基於相關性的距離指標,在本書稍後將會有更仔細的探討。

9　有數種自動編碼器,每一種編碼器都會學習不同的表徵集合。這些編碼器包括了降噪自動編碼器、稀疏自動編碼器和變分自動編碼器。以上自動編碼器都會在稍後的章節進行探索。

自動編碼器的每一層隱藏層都會基於原始的特徵，學習到新的特徵表示方法，接續的隱藏層都會基於前一層所學習到的表示方法，產生新的表示方法。透過逐層的迭代，自動編碼器將從較簡單的特徵表示方法，逐漸學會較複雜的特徵表示方式。

輸出層就是最終基於原始特徵的新特徵表示方法。這個新的特徵表示方法可以作為監督式模型的輸入，用以改善模型的泛化誤差。

特徵擷取──使用前饋網路的監督式訓練

如果我們已經擁有標籤的定義，另一種特徵擷取的方法是使用前饋且非循環的神經網路，輸出層則設計為預測正確的標籤。正如自動編碼器一般，每一層隱藏層都將學習一種基於原始特徵的表示方法。

然而，在產生新的特徵表示方式時，這個神經網路是明顯地*受到既有標籤的導引*。為了從這個神經網路中，基於原始特徵提取最終的新特徵表示方式，我們抽取神經網路中的倒數第二層（即輸出層的前一層隱藏層），這倒數第二層的結果可以作為任何監督式學習模型的輸入。

非監督式深度學習

非監督式學習在深度學習領域展現了許多重要的功能，我們將在本書中探索其中一部份的功能。這個領域稱為*非監督式深度學習*（*unsupervised deep learning*）。

直到最近，深度神經網路的訓練在運算上仍是個棘手的問題。在神經網路中，隱藏層透過學習資料隱含的表徵，來協助解決想處理的預測問題。資料表徵藉由神經網路使用每次訓練的誤差函數梯度（*gradient of error function*）來更新網路內的節點權重，進而獲得改善。

這些更新是算力密集的過程，而且過程中會遇到兩種問題。一種是誤差函數梯度可能變得非常小，由於*反向傳播*（*backpropagation*）是利用節點內的每個小權重值乘積，當網路內的權重更新速度非常緩慢或者完全不更新時，將會阻礙神經網路的訓練[10]。這樣的現象稱為*梯度消失問題*（*vanishing gradient problem*）。

---

10 反向傳播（也稱作誤差反向傳播，*backward propagation of errors*）是一種梯度下降的演算法，被用來更新神經網路中節點的權重。在反向傳播中，神經網路的最後一層權重是最先被計算出來，然後被用來更新前一層的權重。這樣的過程會一直持續下去，直到神經網路的第一層節點權重也被計算出來。

反過來說，另外一個問題則是誤差函數梯度可能變得非常大。隨著反向傳播，網路內的權重值更新過大，導致神經網路的訓練過程非常不穩定。這樣的現象稱為**梯度爆炸問題**（*exploding gradient problem*）。

非監督式的預訓練

為了解決訓練層數多且深的神經網路所面臨的難題，機器學習研發人員使用數個且連續的階段，且每個階段都只處理一個淺層神經網路，來進行神經網路的訓練。每個淺層神經網路的輸出都會當成下個神經網路的輸入。一般來說，在這個訓練流水線的第一個淺層神經網路會是非監督式神經網路，但接續的神經網路則是監督式的。

這個非監督部分稱為**逐層貪婪預訓練**（*greedy layer-wise unsupervised pretraining*）。Geoffrey Hinton 在 2006 年展示了一個成功的應用，該應用使用非監督式預訓練的方法初始了一個深度較深的神經網路訓練的流水線，並且掀起了目前深度學習的革命。非監督式的預訓練讓人工智慧得以獲取原始輸入資料中被改善的特徵點，並且讓監督式模型可以利用這些更具表示力的特徵來解決手邊特定的任務。

這個方法之所以被稱為「貪婪」，是因為整個神經網路的每一個部分都是分別被訓練，而不是整合起來一起訓練。「逐層」則是意指神經網路內的各層。大多數流行的神經網路，預訓練並不是必須的步驟。相反地，神經網路內的各層都是透過反向傳播一起被訓練。梯度消失問題和梯度爆炸問題，在重要的電腦技術進步下，已經更容易被妥善處理了。

非監督式的預訓練不僅能夠讓監督式演算法所要處理的問題，更容易被解決，而且也促進了**遷移學習**（*transfer learning*）。遷移學習使用機器學習演算法將先前任務所學得的知識儲存起來，用於更快速地解決其他相似的任務，並且只需要較少的訓練資料。

受限波爾茲曼機（Restricted Boltzmann machines）

非監督式預訓練的其中一個應用案例是**受限波茲曼機**（*restricted Boltzmann machine*，*RBM*），此演算法是一個淺層的兩層神經網路，第一層是輸入層，而第二層則是隱藏層。網路的每一個節點都與其他層的節點連接著，但同層內的節點則互不相連，這就是演算法裡所指的限制。

RBMs 可以處理非監督式型的任務，如維度縮減、特徵擷取和提供有效的非監督式預訓練作為監督式學習解決方案的一部分。RBM 與自動編碼器相似，但在一些重要的面向上有所不同。舉個例子來說，自動編碼器有一個輸出層，但 RBM 則沒有。我們會在本書稍後的章節探索這些相異之處。

深度信念網路

多個 RBMs 可以連接在一起形成一個多階段的神經網路流水線，這樣的結構稱為**深度信念網路**（*deep belief network, DBN*）。每一個 RBM 隱藏層的輸出都會當作下一個 RBM 的輸入。換言之，每一個 RBM 會產生一種資料的表示方式，而下一個 RBM 則會基於此產生結果。藉由這種接續訓練的表徵學習，深度信念網路可以學習到更複雜的資料表示方式，深度信念網路常被當作**特徵偵測**之用[11]。

生成對抗網路

非監督式學習一個主要的躍進是**生成對抗網路**（*generative adversarial networks, GANs*）的來臨。2014 年，Ian Goodfellow 和他的研究成員們在蒙特利爾大學提出這個演算法。GANs 有許多應用，舉例來說，我們可以使用 GANs 來產生近似於真實的合成資料，如影像、語音和執行異常偵測。

生成對抗網路有兩個神經網路，一個網路作為生成器，用於產生近似於真實的塑模資料的分佈樣貌的資料，而另一個網路則作為鑑別器，用於鑑別生成器所產生的資料和真實的資料。

一個簡單的類比，生成器就像偽造者，而鑑別器就像警察試著識別偽造品。這兩個神經網路被設計在零和遊戲裡。生成器會試著瞞過鑑別器，讓它認為合成資料就是合於真實的資料分佈，而鑑別器則是試著辨別合成資料就是假的。

GANs 屬於非監督式演算法，因為生成器會學得真實資料的基礎結構，即使該資料集並未提供標籤。GANs 透過訓練過程並且有效地基於易被處理的小規模參數，獲取資料的基礎結構。

這樣的過程就像是在深度學習的流程裡進行表徵學習。生成器神經網路的每一個隱藏層會擷取資料內部的表徵，從一開始學習到非常簡單的資料表徵，然後逐層基於上一層學習到的表徵，建立更複雜的資料表徵。

---

11 特徵偵測器學習到好的原始資料表徵，有助於分離資料中顯著不同的元素。舉例來說，特徵偵測器可以幫助分離出如鼻子、眼睛和嘴等。

藉由所有隱藏層的學習，生成器學習到資料內部的結構，並且根據它所學到的表徵，生成器企圖建立與真實資料相近似的合成資料。如果生成器能夠真的了解真實資料的分佈狀況，那麼合成資料將會十分逼真。

使用非監督式學習處理序列型資料問題

非監督式學習也能處理序列型資料，如時序型資料。這種演算法會學習馬可夫模型（*Markov model*）內的隱含狀態。在簡單馬可夫模型裡，模型內的狀態是完全可見的，並且狀態和狀態之間隨機地轉換。未來的狀態僅依賴於現在的狀態，而與先前的狀態無關。

在隱藏式馬可夫模型（*hidden Markov model*）裡，只有部分狀態是可見的，但如同簡單馬可夫模型，這些部分可見狀態的輸出是完全可見的。因為我們所擁有的資料點並不足以完全地決定狀態，所以需要非監督式學習來協助更完整地探索這些隱藏的狀態。

隱藏式馬可夫模型演算法，涉及基於先前發生的狀態的序列、部分可觀察的狀態，以及完全可見的輸出，來學習下一個可能的狀態。這些演算法在序列型資料問題已經有重要的商業化應用，包括語音、文字與時序型問題。

使用非監督式學習進行強化學習

強化學習是機器學習的第三個主要的分支，在這個演算法中，代理人基於所接收到的反饋（獎勵）決定它在環境中的最佳化行為（動作），這樣的反饋稱為強化訊號（*reinforcement signal*）。代理人的主要目標是最大化它隨著時間所累積的獎勵。

雖然強化學習在 1950 年代被提出，但一直到最近幾年才變成主流的頭條新聞。2013年，DeepMind（現為 Google 所持有）應用強化學習在許多款 Atari 遊戲上，並且達到超越人類水準的表現。DeepMind 的系統使用原始的傳感資料，而且沒有遊戲的任何先驗知識，便達到這個表現。

2016 年，DeepMind 再一次引起機器學習社群的想像。這次 DeepMind 的強化學習 AI 代理人 AlphaGo 擊敗世界最好的圍棋選手之一的李世石。這些成功鞏固強化學習成為 AI 領域的主流議題之一。

目前機器學習研究人員正應用強化學習來解決許多不同的類型的問題，包括：

- 股票市場交易。在交易裡，代理人進行買和賣（動作）並且以獲利或虧損（獎勵）作為回報。

- 電子遊戲和棋盤遊戲。遊戲中，代理人進行遊戲決策（動作），最後則是以輸或者贏（獎勵）作為結果。

- 自駕車，駕駛過程中，代理人駕駛交通工具（動作），不是保持既定路線持續往前，就是發生車禍（獎勵）。

- 機械控制。代理人根據它所處的環境作動（動作），同樣地，不是達到目標，就是失敗（獎勵）。

在最簡單的強化學習問題中，我們有一個具有限條件的問題，包括有限的環境狀態、在任意給定的環境狀態下，有限的可能動作項和有限的獎勵項。基於當前環境狀態，代理人所採取的行為會決定下個狀態，而代理人的目標則是最大化長期的獎勵。這類型的問題以有限馬可夫決策過程（*Markov decision processes*）為人所知。

然而，在真實的世界裡，事情並非如此簡單，獎勵是未知且變動的，而非已知且靜止的。因此，可以使用非監督式學習來盡可能地近似這個未知的獎勵函數。透過這個近似的獎勵函數，我們可以應用強化學習解決方案，來增加隨著時間積累的獎勵。

半監督式學習

儘管監督式學習和非監督式學習是機器學習領域主要且不同的兩個分支，但不同分支的演算法仍然可以混合在一起，形成機器學習的流水線[12]。一般來說，當我們想要善用僅有的標籤，或是我們想要基於無標籤資料和有標籤資料中已知的樣式，找到新的未知的樣式時，監督式與非監督式兩種演算法會被混合在一起使用。

這類型的問題可以透過監督式和非監督式混合使用而被解決，這樣的方式稱為半監督式學習。我們將在後面更仔細地探索這個領域的細節。

---

12 流水線意指一個由多個機器學習解決方案，順序組合在一起，以便處理有較大目標的系統。

非監督式學習的成功應用

在過去十年，大多數機器學習的成功商業應用都是來自於監督式學習領域，但現在這個情況正在改變。非監督式已變得更加普及，有時候非監督式學習是用來讓監督式應用表現得更好，有時候則是直接由非監督式學習來達到商業應用的目標。我們將在這裡更深入探索當前非監督式學習最大宗應用的其中兩個應用：異常偵測和群組分割。

異常偵測

使用維度縮減可以降低原本的高維度特徵空間到一個轉換過的低維度空間。在這個低維度空間中，我們可以找到多數點密集分佈的地方。這密集部分是常態空間。遠離於此空間的點則稱為**離群值**（*outliers*），或稱作**異常值**（*anomalies*），而這些點值得我們進一步檢視。

異常偵測系統普遍被使用來進行詐欺偵測，如信用卡詐欺、電匯詐欺、網路詐欺、和保險詐欺。異常偵測也被用來識別少見且具惡意的事件，如破解連網裝置、飛機和火車關鍵設備維護失靈、以及由於惡意軟體或其他意圖不軌代理人所造成的網路安全缺口。

我們可以使用這些系統來作垃圾郵件偵測，正如本章較前面部份所提及的電子垃圾郵件過濾範例。其他應用包括探尋不擇手段的危險人物，以便停止其活動，如恐怖分子融資活動、洗錢、毒品和人口販賣、軍火交易、識別在金融交易中的高風險事件和發現疾病（如癌症）。

為了讓異常分析易於處理，我們會使用分群演算法將相似的異常狀況歸類在一起，然後根據群組內異常行為的類型，手動幫這些群組貼上標籤。基於這樣的系統，我們可以使用非監督式學習人工智慧來識別異常狀況，將異常狀況分群，並且透過專家的分群標籤，為商業分析人員建議適當的行動方針。

有了異常偵測系統，我們最終可以基於這種分群再貼標的方式，創造半監督式系統解決非監督式的問題。經過一段時間後，我們可以藉由這些由非監督式演算法得到標籤的資料，來建構監督式演算法。

為了機器學習應用的成功，非監督式系統與監督式系統應該被結合使用，用於補足另一方的不足。監督式系統能高度精準地找到已知的樣式，然而非監督式系統卻能發現可能令人感興趣的新樣式。當這些未知樣式被非監督式人工智慧揭露，人們為這些樣式貼上標籤，將轉換更多的無標籤資料成為有標籤資料。

群組分割

藉由分群法,我們可以基於各領域內相似的行為分割組別,這些領域包括行銷、顧客維繫、疾病診斷、線上購物、音樂欣賞、影視收看、線上交友、社群媒體活動,以及文件分類。每個領域產生出來的資料數量是龐大的,而且資料都僅部份被標籤。

對於那些已知且想要強化的樣式,我們可以使用監督式學習演算法。但我們常常想要找到資料的新樣式和值得關注的新分組,這個時候非監督式學習本質上便十分適合來處理這樣的問題。這一切的考量都是關乎綜效。我們應該結合監督式學習與非監督式學習,以便建立更強而有力的機器學習解決方案。

結論

在本章,我們探索了下列主題:

- 基於規則的系統與機器學習的差異
- 監督式學習與非監督式學習的差異
- 非監督式學習如何幫助解決訓練模型時常見的問題
- 監督式、非監督式、強化與半監督式學習領域常見的演算法
- 非監督式學習的兩個主要的應用場景——異常偵測和群組分割

在第二章,我們將探索如何建立機器學習應用。接著,我們會涵蓋維度縮減與分群的細節、以及如何逐步建立異常偵測系統與群組切割系統。

完整的機器學習專案

在開始仔細探索非監督式學習演算法之前，我們將會回顧一下如何設置並且管理機器學習專案，包括從獲取資料到建立與評估模型，以及實作解決方案。下一章將跳進非監督式學習模型領域中，在那之前，我們將在本章操作監督式學習模型，因為大多數讀者對此領域應該有些經驗。

環境設置

在更深入資料科學領域之前，讓我們先設置好開發環境。對於監督式學習與非監督式學習來說，這個環境是相同的。

 本章所述的操作指南已經基於 Windows 作業系統進行優化了，但相同的安裝套件也都能在 Mac 與 Linux 上找到。

版本控制：Git

如果你尚未使用 Git，你會需要安裝 Git（*https://git-scm.com*）。Git 是一個程式碼的版本控制系統，而且本書所有的程式範例都可以從 GitHub 版本庫（*https://bit.ly/2Gd4v7e*）中以 Jupyter notebook 的形式取得。請回顧 Roger Dudler 的 Git 指南（*http://rogerdudler.github.io/git-guide/*），以便學習如何複製版本庫和如何新增、提交和變更修改，以及維護版本分支。

複製非監督式學習的 Git 儲存庫

打開指令列操作介面（例如 Windows 的命令提示視窗、Mac 的終端機，等）瀏覽至你將用來存放非監督式學習專案的資料夾。使用接下來的指令，從 GitHub 複製關於這本書的儲存庫：

```
$ git clone https://github.com/aapatel09/handson-unsupervised-learning.git
$ git lfs pull
```

或者你也可以直接造訪 GitHub 網站上的儲存庫（*http:/bit.ly/2Gd4v7e*）並且手動下載儲存庫給自己使用。你可以持續關注（*watch*）或收藏（*star*）這個儲存庫，以便維持儲存庫的更新。

當這個儲存庫被拉回或是手動下載後，使用指令列介面瀏覽至 *handson-unsupervised-learning* 版本庫位置。

```
$ cd handson-unsupervised-learning
```

對於關於安裝的剩下部份，我們會持續使用指令列介面。

科學函式庫：Python 的 Anaconda 發佈版本

為了安裝 Python 和機器學習所需的科學函式庫，請下載 Python 的 Anaconda 發行版本（*https://www.anaconda.com/download*，建議使用 3.6 版，因為撰寫本書時，3.7 版仍然很新，且尚未被我們將要使用的所有機器學習函式庫支援）。

建立隔離的 Python 環境，讓你可以在不同的專案內使用不同的函式庫：

```
$ conda create -n unsupervisedLearning python=3.6 anaconda
```

這個指令建立了一個 3.6 版 Python 的隔離環境，並且具有所有來自 Anaconda 發行版的科學函式庫，稱為 unsupervisedLearning。

現在，使用並啟動這個環境：

```
$ activate unsupervisedLearning
```

神經網路：TensorFlow 和 Keras

當環境 unsupervisedLearning 被啟動後，你將需要安裝 TensorFlow 和 Keras 來建立神經網路。TensorFlow 是 Google 的開源專案，並不是 Anaconda 發行版中的一部分：

```
$ pip install tensorflow
```

Keras 是一個開源的神經網路函式庫,它提供了高階的 API 給使用者,使用 TensorFlow 中較為低階的功能。換言之,我們會使用在 TensorFlow 之上的 Keras,以便能更直覺地調用 API,來開發我們的深度學習模型:

```
$ pip install keras
```

Gradient Boosting 版本一:XGBoost

下一步,安裝 gradient boosting 的其中一個版本 ——XGBoost。為了讓安裝簡單些(至少對於 Windows 用戶來說),你可以瀏覽至 *handson-unsupervised-learning* 儲存庫中的 *xgboost* 資料夾,並且在那裡找到相關套件。

為了安裝這些套件,執行 pip install:

```
cd xgboost
pip install xgboost-0.6+20171121-cp36-cp36m-win_amd64.whl
```

另一個方式是根據自己的系統 ——32 位元或 64 位元,下載正確的 XGBoost 版本 (*http://bit.ly/2G1jBxs*)。在指令列介面,瀏覽至存有方才下載套件的資料夾,然後使用 pip install:

```
$ pip install xgboost-0.6+20171121-cp36-cp36m-win_amd64.whl
```

 因為有較新的軟體版本被釋出,你的 XGBoost WHL 檔名可能會稍有不同。

當 XGBoost 已經被成功地安裝完畢後,回到 *handson-unsupervised-learning* 資料夾。

Gradient Boosting,版本二:LightGBM

安裝另一個 gradient boosting 版本,Microsoft LightGBM:

```
$ pip install lightgbm
```

分群演算法

讓我們安裝一些稍後本書會用到的分群演算法。一個分群演算法套件是 *fastcluster*，它是具有 Python/SciPy 介面、以 C++ 實作的函式庫[1]。

這個 fastcluster 套件可以用下列的指令，進行安裝：

```
$ pip install fastcluster
```

另一個分群演算法是 *hdbscan*，它也能透過 pip 進行安裝：

```
$ pip install hdbscan
```

另外，對於時間序型資料的分群套件，讓我們安裝 *tslearn*：

```
$ pip install tslearn
```

交互式運算環境：Jupyter Notebook

因為 Jupyter Notebook 是 Anaconda 發行版中的一部分，所以我們會執行它，以便啟動我們剛設置好的環境。在執行下面的指令前，請確認目前位置在 *handson-unsupervised-learning* 儲存庫中（為了方便操作）：

```
$ jupyter notebook
```

你應該會看見你的瀏覽器被開啟，並且開在 *http://localhost:8888* 的頁面上。為了能正常存取，Cookies 一定要被啟用。

我們現在已經準備就緒，要來建立第一個機器學習專案了。

資料概覽

在本章，我們會使用匿名化的實際信用卡交易資料集，該資料集紀錄了 2013 年九月歐洲持卡人的交易資料[2]。這些交易被標記為詐欺交易或正常交易，而我們將藉由機器學習建立一個詐欺偵測解決方案，預測從未見過的資料的正確標籤。

---

1 想知道更多有關 fastcluster 的資訊，可以查閱 *https://pypi.org/project/fastcluster/* 內的資料。

2 這個資料集是在 Worldline 與 Machine Learning Group of Universite Libre de Bruxelles 的研究合作中被收集，並且可以在 Kaggle（*https://www.kaggle.vom/dalpozz/creditcardfraud*）取得。有關更多的資訊，請查閱 Andrea Dal Pozzolo, Olivier Caelen, Reid A. Johnson and Gianluca Bontempi,「Cali-brating Probability with Undersampling for Unbalanced Classification」in Symposium on Computational Intelligence and Data Mining (CIDM), IEEE, 2015。

這個資料集非常不平衡。在 284,807 筆交易中，僅有 492 筆資料為詐欺資料（0.172%）。對於信用卡交易來說，這樣低比例的詐欺是十分典型的。

總共有 28 種特徵，全部為數值資料，而非類別資料[3]。這些特徵並非原始的特徵，而是經過主成分分析後的結果，我們會在第三章探討這個方法。原始的特徵透過維度縮減被淬鍊成 28 種主要的特徵元素。

除了 28 種主要特徵元素外，我們還有其他三種變數——交易時間、交易數量和交易類型（詐欺交易則是 1，正常交易則是 0）。

資料準備

在我們能夠使用機器學習進行訓練並且開發詐欺偵測解決方案之前，我們必須為演算法，準備好資料。

資料取得

在任何機器學習專案中的第一步，便是取得資料。

下載資料

下載資料集，並將 CSV 檔案放置在 *handson-unsupervised-learning* 資料夾中的 /datasets/credit_card_data/。如果你早先已經下載了 GitHub 儲存庫，那麼在你的儲存庫中的這個資料夾內已經有該檔案了。

匯入必要的函式庫

為了建立我們的詐欺偵測解決方案，匯入我們需要的 Python 函式庫：

```
'''Main'''
import numpy as np
import pandas as pd
import os

'''Data Viz'''
import matplotlib.pyplot as plt
import seaborn as sns
color = sns.color_palette()
```

3　類別資料的值為有限可能定性值之一，且在機器學習中，為了妥善使用它，常常必須進行額外的編碼。

```
import matplotlib as mpl

%matplotlib inline

'''Data Prep'''
from sklearn import preprocessing as pp
from scipy.stats import pearsonr
from sklearn.model_selection import train_test_split
from sklearn.model_selection import StratifiedKFold
from sklearn.metrics import log_loss
from sklearn.metrics import precision_recall_curve, average_precision_score
from sklearn.metrics import roc_curve, auc, roc_auc_score
from sklearn.metrics import confusion_matrix, classification_report

'''Algos'''
from sklearn.linear_model import LogisticRegression
from sklearn.ensemble import RandomForestClassifier
import xgboost as xgb
import lightgbm as lgb
```

讀取資料

```
current_path = os.getcwd()
file = '\\datasets\\credit_card_data\\credit_card.csv'
data = pd.read_csv(current_path + file)
```

預覽資料

表 2-1 顯示了資料集的前五列資料。如你所見，資料已經被正確地載入：

```
data.head()
```

表 2-1　資料預覽

	Time	V1	V2	V3	V4	V5
0	0.0	−1.359807	−0.072781	2.536347	1.378155	−0.338321
1	0.0	1.191857	0.266151	0.166480	0.448154	0.060018
2	1.0	−1.358354	−1.340163	1.773209	0.379780	−0.503198
3	1.0	−0.966272	−0.185226	1.792993	−0.863291	−0.010309
4	2.0	−1.158233	0.877737	1.548718	0.403034	−0.407193

5 列 X 31 行

資料探索

下一步，讓我們更進一步的了解資料。我們將會為資料產生統計摘要、識別任何遺失的值或者是類別特徵、並且為特徵中不同的值進行計數。

產生統計摘要

表 2-2 描述逐行的描述資料。程式碼的區塊則是列出所有欄位的名稱，以便查詢。

```
data.describe()
```

表 2-2　簡單的統計摘要

	Time	V1	V2	V3	V4
count	284807.000000	2.848070e+05	2.848070e+05	2.848070e+05	2.848070e+05
mean	94813.859575	3.919560e-15	5.688174e-16	−8.769071e-15	2.782312e-15
std	47488.145955	1.958696e+00	1.651309e+00	1.516255e+00	1.415869e+00
min	0.000000	−5.640751e+01	−7.271573e+01	−4.832559e+01	−5.683171e+00
25%	54201.500000	−9.203734e-01	−5.985499e-01	−8.903648e-01	−8.486401e-01
50%	84692.000000	1.810880e-02	6.548556e-02	1.798463e-01	−1.984653e-02
75%	139320.500000	1.315642e+00	8.037239e-01	1.027196e+00	7.433413e-01
max	172792.000000	2.454930e+00	2.205773e+01	9.382558e+00	1.687534e+01

8 列 X 31 行

```
data.columns

Index(['Time', 'V1,' 'V2', 'V3', 'V4', 'V5', 'V6', 'V7', 'V8', 'V9', 'V10',
 'V11', 'V12', 'V13', 'V14', 'V15', 'V16', 'V17', 'V18', 'V19', 'V20', 'V21',
 'V22', 'V23', 'V24', 'V25', 'V26', 'V27', 'V28', 'Amount', 'Class'],
dtype='object')

data['Class'].sum()
```

正面標籤的數量（或者說詐欺交易的總數）是 492。總共有 284,807 資料實例和 31 個特徵欄，包括 28 個量化特徵（V1 到 V28）、時間（Time）、數量（Amount）、和類別（Class）。

時間戳記的範圍是 0 到 172,792，數量範圍在 0 到 25,691.16，被標記為詐欺的交易資料有 492 筆。這些詐欺的資料也被視為正例或正向標籤（標記為 1）；一般正常的標籤則為反例或反向標籤（標記為 0）。

現在這 28 個量化特徵都尚未被標準化，但我們即將對這些資料進行標準化。**標準化**（*Standardization*）會重新縮放資料，讓資料的均值為 0 且標準差為 1。

因為有些機器學習解決方案對於資料的尺度標準非常敏感，透過標準化讓所有資料都具有相同的相對尺度標準，在機器學習領域上是一個好的實踐。

另一種常見的縮放資料的方法是歸一化（*normalization*），該方法會重新縮放資料，讓資料介在 0 到 1 之間。有別於標準化資料，所有經歸一化後的資料仍然為正值。

識別特徵中非數值型資料

有些機器學習演算法無法處理非數值型的資料或者是缺值。因此，最好的處理方式是去識別非數值型資料（也就是所謂的**非數字**，或 *NaNs*）。

針對缺值的情況，我們可以填補該值，透過如平均數、中位數或者是眾數，也可以用使用者自訂義的值進行替換。對於類別型資料，我們可以對資料進行編碼，讓所有的類別值可以被呈現在一個稀疏矩陣內。這個稀疏矩陣會與數值型特徵合併在一起，然後作為機器學習演算法的訓練資料。

下面的程式碼顯示出沒有任何資料點有 NaN 的情況，所以我們不需要進行填補或是對任何數值進行編碼。

```
nanCounter = np.isnan(data).sum()

Time     0
V1       0
V2       0
V3       0
V4       0
V5       0
V6       0
V7       0
V8       0
V9       0
V10      0
V11      0
V12      0
V13      0
V14      0
```

```
V15      0
V16      0
V17      0
V18      0
V19      0
V20      0
V21      0
V22      0
V23      0
V24      0
V25      0
V26      0
V27      0
V28      0
Amount   0
Class    0
dtype:   int64
```

識別特徵中的顯著差異值

為了能夠對於信用卡交易資料集有更好的了解，我們來計算一下各特徵的不同值數量。

下面的程式碼顯示出時間戳記這個特徵，共有 124,592 個不同值。但我們從早先的介紹中知道，我們一共有 284,807 個資料點，這意味著在某些時間戳記上，同時有多個交易。

另外，如預期一般，只有兩種交易類別，1 代表詐欺交易，0 則代表非詐欺交易：

```
distinctCounter = data.apply(lambda x: len(x.unique()))
Time     124592
V1       275663
V2       275663
V3       275663
V4       275663
V5       275663
V6       275663
V7       275663
V8       275663
V9       275663
V10      275663
V11      275663
V12      275663
V13      275663
V14      275663
V15      275663
```

```
V16       275663
V17       275663
V18       275663
V19       275663
V20       275663
V21       275663
V22       275663
V23       275663
V24       275663
V25       275663
V26       275663
V27       275663
V28       275663
Amount    32767
Class     2
dtype:    int64
```

產生特徵矩陣和標籤陣列

讓我們建立並且標準化特徵矩陣 X，並且將標籤陣列獨立出來（1 表示詐欺，0 則表示非詐欺）。稍後，我們將在進行訓練時，把這些矩陣和陣列送入機器學習演算法裡。

建立特徵矩陣 X 和標籤陣列 Y

```
dataX = data.copy().drop(['Class'],axis=1)
dataY = data['Class'].copy()
```

標準化特徵矩陣 X

除了時間之外，重新縮放特徵矩陣，讓每個特徵值的平均為 0，標準差為 1。

```
featuresToScale = dataX.drop(['Time'],axis=1).columns
sX = pp.StandardScaler(copy=True)
dataX.loc[:,featuresToScale] = sX.fit_transform(dataX[featuresToScale])
```

如表格 2-3，標準化過的特徵現在的平均值為 0，標準差為 1。

表 2-3　縮放過的特徵摘要

	Time	V1	V2	V3	V4
count	284807.000000	2.848070e+05	2.848070e+05	2.848070e+05	2.848070e+05
mean	94813.859575	−8.157366e−16	3.154853e−17	−4.409878e−15	−6.734811e−16
std	47488.145955	1.000002e+00	1.000002e+00	1.000002e+00	1.000002e+00
min	0.000000	−2.879855e+01	−4.403529e+01	−3.187173e+01	−4.013919e+00
25%	54201.500000	−4.698918e−01	−3.624707e−01	−5.872142e−01	−5.993788e−01
50%	84692.000000	9.245351e−03	3.965683e−02	1.186124e−02	−1.401724e−01
75%	139320.500000	6.716939e−01	4.867202e−01	6.774569e−01	5.250082e−01
max	172792.000000	1.253351c+00	1.335775e+01	6.187993e+00	1.191874e+01

8 列 X 30 行

特徵工程與特徵選擇

在大多數的機器學習專案裡，我們應該將特徵工程（*feature engineering*）與特徵選擇（*feature selection*）考量為解決方案的一部分。特徵工程牽涉了創造新的特徵，舉例來說，基於原始特徵計算比例、次數或總和，以便協助機器學習演算法從資料集中萃取出更強的訊號。

特徵選擇包括了為訓練選擇特徵子集，以及有效地移除一些考量後較無相關的特徵。這種方法可能協助避免機器學習演算法過度擬合資料集中的噪音。

對於這個信用卡詐欺資料集而言，我們並沒有原始的特徵。我們只有資料集的主要特徵元素，而這些元素是由 PCA 所推導出來的，PCA 是一種維度縮減的方法，我們將會在第三章探索它。因為我們不知道任一個特徵所代表的意思，所以也就無法進行任何聰明的特徵工程。

特徵選擇也並不必要，因為觀察的資料量（284,807），遠大於特徵的數量（30），而這將明顯地降低過度擬合的可能。如同圖 2-1 所示，特徵僅有輕微地相關聯於其他特徵。換言之，我們並沒有多餘的特徵。如果有多餘的特徵，我們可以透過維度縮減移除或減少這些冗餘。當然這樣精煉的特徵集並不算是個驚喜。PCA 早已對這個信用卡資料集進行處理，為我們移除了冗餘。

檢查特徵的相關性

```
correlationMatrix = pd.DataFrame(data=[],index=dataX.columns,
columns=dataX.columns)
for i in dataX.columns:
    for j in dataX.columns:
        correlationMatrix.loc[i,j] = np.round(pearsonr(dataX.loc[:,i],
        dataX.loc[:,j])[0],2)
```

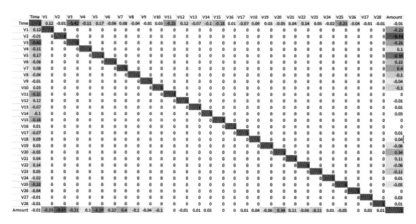

圖 2-1　相關性矩陣

資料視覺化

資料準備的最後的一個步驟是將資料視覺化，以便瞭解資料集如何的不平衡（圖 2-2）。因為可以用來進行訓練學習的詐欺案例太少，這是個難以解決的問題，幸運的是我們有整個資料集對應的標籤。

```
count_classes = pd.value_counts(data['Class'],sort=True).sort_index()
ax = sns.barplot(x=count_classes.index, y=tuple(count_classes/len(data)))
ax.set_title('Frequency Percentage by Class')
ax.set_xlabel('Class')
ax.set_ylabel('Frequency Percentage')
```

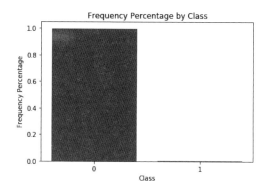

圖 2-2　標籤頻率佔比

模型準備

現在資料已經準備就緒，可以開始準備模型了。我們需要將資料分成訓練集與測試集、選擇成本函數、並且為 *k*-fold 交叉驗證作準備。

切分訓練集資料與測試集資料

如同你可能回想起第一章內容那樣，機器學習為了能夠在從未見過的案例上有好的表現（如預測精確度），它會從資料上進行學習（基於資料進行訓練）。這些基於從未見過資料的預測表現，稱為泛化誤差，這是在決定機器學習模型好與壞的最重要度量。

我們需要安排我們的機器學習專案，以便有一個能讓機器學習演算法進行學習的訓練資料集。我們也需要一個測試集（從未見過的案例），讓機器學習演算法能夠進行預測。在測試集上的表垷將會是最終判斷成功與否的工具。

接著，將信用卡詐欺交易資料集切分為訓練集和測試集。

```
X_train, X_test, y_train, y_test = train_test_split(dataX,
                            dataY, test_size=0.33,
                            random_state=2018, stratify=dataY)
```

我們現在訓練集有 190,280 個資料實例（佔原有資料集 67%），而測試集則有 93,987 個資料實例（剩下的 33%）。為了在訓練集與測試集保留詐欺資料的比例（~0.17%），我們已經設定了分組的參數，也將亂數種子固定為 2018，以便能夠更容易地再現結果[4]。

我們將測試集用於泛化誤差（也稱為樣本外誤差）的最後評估。

選擇成本函數

在開始使用訓練資料進行訓練之前，我們需要一個成本函數（也可以當作錯誤率或者是價值函數）放入機器學習演算法中。機器學習演算法會藉由從訓練樣本中學習，然後試著最小化成本函數。

因為這是一個監督式分類問題，共有兩種分類。我們使用二元分類對數損失（如方程式 2-1 所示），該函數能夠計算實際標籤與模型預測兩者之間的交叉熵。

方程式 *2-1*　對數損失函數

$$\log \text{loss} = -\frac{1}{N} \sum_{i=1}^{N} \sum_{j=1}^{M} y_{i,j} \log(p_{i,j})$$

此處 N 為觀察資料的數量；M 為類別標籤的數量（此範例為 2）；log 是自然對數；$y_{i,j}$ 為 1，如果待觀察資料 i 屬於類別 j；反之則為 0；而 $p_{i,j}$ 是預測待觀察資料 i 屬於類別 j 的機率。

機器學習模型將會為每個信用卡交易產生詐欺機率。如果詐欺的機率越接近實際的標籤（如 1 為詐欺，0 則為非詐欺），則對數損失函數所對應的值越低。這就是機器學習演算法將會試著進行最小化的目標。

產生 k-Fold 交叉驗證資料集

為了幫助機器學習演算法評估它預測從未見過的樣本（測試集）的表現狀況，最好的方式是進一步將訓練資料切成訓練資料集與驗證資料集。

4　更多有關分組參數如何維持正向標籤的比率，可以查閱官網（*http://bit.ly/2NiKWfi*）。為了能夠在重複實驗過程中，保持相同的資料切分方式，把亂數種子設為 2018。如果你將亂數種子設為其他值或者不進行設定，結果將會有所不同。

舉例來說，如果將訓練資料集分成五等分，我們可以使用 4/5 的原始訓練資料集來進行訓練，並透過預測另外 1/5 的原始訓練資料集（又稱為驗證資料集）來評估新訓練的模型。

如同上述的訓練與評估方式，我們可以重複進行五次，每一次都使用不同的 1/5 資料集。這個方法稱為 *k-fold 交叉驗證*，以這次的案例來說，這裡的 *k* 值為 5。採用這樣的方法，我們會不只得到一次的泛化誤差評估，而是得到五次的評估。

我們將這五回合所得到的訓練分數與交叉驗證分數儲存起來，另外，也將每次交叉驗證所進行的預測存起來。在五回合結束後，我們將有全部資料集的交叉驗證預測結果。這將是測試效能最好且完整的評估。

底下是設置 *k-fold* 驗證的方法，*k* 值為 5：

```
k_fold = StratifiedKFold(n_splits=5, shuffle=True, random_state=2018)
```

機器訓練模型（第一部分）

現在我們已經就緒，可以開始建立機器學習模型了。對於每個機器學習演算法來說，需要考量的議題包括了設定超參數、訓練模型和評估結果。

模型 #1：邏輯回歸

讓我們從最基礎的分類演算法——邏輯回歸開始。

設定超參數

```
penalty = 'l2'
C = 1.0
class_weight = 'balanced'
random_state = 2018
solver = 'liblinear'

logReg = LogisticRegression(penalty=penalty, C=C,
            class_weight=class_weight, random_state=random_state,
                        solver=solver, n_jobs=n_jobs)
```

我們設定懲罰項的預設值為 L2，而非 L1。對比於 L1，L2 對於離群值較不敏感，而且會對幾乎全部的特徵分配非零的權重，因此會得到一個穩定的解決方案。L1 會對最重要的特徵分配高的權重，而對於其他的特徵給予接近零的權重，從而本質上地，在演算法訓練過程中，進行了特徵的選取。然而，因為權重在特徵之間變化十分明顯，因此 L1 的解決方案面對資料點的改變不像 L2 那樣穩定[5]。

C 是正規化的強度。正如你從第一章想到的內容一樣，正規化透過懲罰複雜度來協助解決過度擬合的問題。換言之，程度越強的正規化，機器學習演算法加諸至複雜度的懲罰程度就越大。正規化促使著機器學習演算法，在所有其他因子相同的情況下，傾向學會較簡單的模型，而不是複雜得多的模型。

這個正規化常數——C 必須是一個正浮點數。它的數值設得越小，正規化的強度就越強。我們保持使用預設值 1。

我們的信用卡交易資料集非常的不平衡，在 284,807 個資料集中，僅有 492 個詐欺的資料。隨著機器學習演算法的訓練進行著，我們想要演算法多關注具有正標籤的交易資料（也就是詐欺資料）進行學習，因為它們在整個資料集中實在太稀少了。

對於此次的邏輯回歸模型，我們設定 class_weight 為 balanced。這個會告訴邏輯回歸演算法我們有一個不平衡類別的問題；當訓練進行時，演算法將對具有正向標籤的資料加重權重。在此次的例子裡，權重將會與類別頻率成反比；演算法將會分配較高的權重給稀少的正向標籤資料（詐欺資料），以及較低的權重給出現頻率較高的反向標籤資料（非詐欺資料）。

隨機種子則固定在 2018，以便幫助讀者能複製本書的結果。我們會保持 solver 為預設的 liblinear。

訓練模型

現在超參數已經設置完成，我們將採用五等份的 k-fold 交叉驗證切分，對邏輯回歸模型進行訓練，也就是說每一回合使用 4/5 的訓練資料集進行訓練，用 1/5 訓練資料集進行模型成效的評估。

當我們如上述方式，進行五次的訓練和評估時，對於訓練（4/5 訓練資料集）與驗證（1/5 訓練資料集），我們都會計算成本函數——信用卡交易問題的對數損失。我們也會

5　有關更多 L1 和 L2 的比較，可以參考部落格的文章「在損失函數與正規化，L1 與 L2 的差異」（http://bit.ly/2Bcx413）。

將這五次交叉驗證集的預測結果存下來，在第五回合的訓練結束時，我們將有整個訓練資料集的預測結果：

```
trainingScores = []
cvScores = []
predictionsBasedOnKFolds = pd.DataFrame(data=[],
                                index=y_train.index,columns=[0,1])

model = logReg

for train_index, cv_index in k_fold.split(np.zeros(len(X_train))
                                        ,y_train.ravel()):
    X_train_fold, X_cv_fold = X_train.iloc[train_index,:], \
        X_train.iloc[cv_index,:]
    y_train_fold, y_cv_fold = y_train.iloc[train_index], \
        y_train.iloc[cv_index]

    model.fit(X_train_fold, y_train_fold)
    loglossTraining = log_loss(y_train_fold,
                        model.predict_proba(X_train_fold)[:,1])
    trainingScores.append(loglossTraining)

    predictionsBasedOnKFolds.loc[X_cv_fold.index,:] = \
        model.predict_proba(X_cv_fold)
    loglossCV = log_loss(y_cv_fold,
                    predictionsBasedOnKFolds.loc[X_cv_fold.index,1])
    cvScores.append(loglossCV)

    print('Training Log Loss: ', loglossTraining)
    print('CV Log Loss: ', loglossCV)

loglossLogisticRegression = log_loss(y_train,
                            predictionsBasedOnKFolds.loc[:,1])
print('Logistic Regression Log Loss: ', loglossLogisticRegression)
```

評估結果

訓練的對數損失與交叉驗證的對數損失以下面的形式呈現在每一回合的運行結果上。一般來說（並不總是如此），訓練的對數損失會比交叉驗證對數損失來得低。因為機器學習演算法是直接從訓練資料進行學習，所以在訓練集上的預測表現應該要優於交叉驗證集的預測表現。記得！交叉驗證集的交易資料是被保留於訓練過程之外。

```
Training Log Loss:      0.10080139188958696
CV Log Loss:            0.10490645274118293
Training Log Loss:      0.12098957040484648
CV Log Loss:            0.11634801169793386
Training Log Loss:      0.1074616029843435
CV Log Loss:            0.10845630232487576
Training Log Loss:      0.10228137039781758
CV Log Loss:            0.10321736161148198
Training Log Loss:      0.11476012373315266
CV Log Loss:            0.1160124452312548
```

針對信用卡交易資料集，記得我們正在建立一個詐欺偵測解決方案是很重要的。當我們提及機器學習模型的效能時，指的是這個模型多擅長從交易資料集中找出詐欺的資料。

機器學習模型預測每個交易在分類項上的機率，這裡的 1 為詐欺，0 為非詐欺。1 的機率越大，則這個交易就越有可能是詐欺交易。0 的機率越大，則這個交易就越可能是正常交易。藉由比較模型輸出的機率與實際的標籤資料，我們就能夠評估模型的好壞。

對於這五回合訓練的每一輪來說，它們的訓練對數損失與交叉驗證的對數損失是相似的。邏輯回歸模型並未產生嚴重的過擬合狀況。如果發生了，我們將發現低的訓練對數損失和相對高的交叉驗證對數損失。

因為我們存下了交叉驗證集每一回合的預測結果，所以我們可以合併這些結果變成單一的集合。這個單一集合與原始的訓練集相同，而且我們現在可以為整個訓練集計算整體的對數損失。這是對基於測試集的邏輯回歸模型的對數損失最好的估算方式。

```
Logistic Regression Log Loss: 0.10978811472134588
```

評估指標

雖然對數損失是評估機器學習模型效能的好方法，但我們或許想要有更直覺的方式來了解結果。舉例來說，我們找出了幾筆在訓練集裡的詐欺交易？這就是所謂的*召回率*（*recall*）。或者是，被邏輯回歸模型標示成詐欺的交易中，有幾筆是真的詐欺交易？這就是所謂的模型*精準率*（*precision*）。

一起來看看這些指標以及其他相似評估指標，以便協助我們能夠更直覺地掌握結果。

 這些評估指標是非常重要的，因為它們賦予資料科學家能夠更直覺地向商務人士解釋結果的能力，這些商務人士或許並不熟悉對數損失、交叉熵或其他成本函數。盡可能簡單地表達複雜結果給非資料科學家們，對於應用資料科學家到大師級人物而言，都是重要的技能之一。

混淆矩陣（Confusion Matrix）

在典型的分類問題中（沒有類別不平衡情形時），我們可以使用混淆矩陣評估來評估結果，該矩陣是一張用於總結真陽性（true positives）個數、真陰性（true negatives）個數、偽陽性（false positive）個數、以及偽陰性（false negatives）個數的表格（圖 2-3）[6]。

		實際值	
		真	偽
預測值	真	真陽性	偽陽性
	偽	偽陰性	真陰性

圖 2-3　混淆矩陣

考慮到信用卡交易資料集高度不平衡，使用混淆矩陣是沒有意義的。舉例來說，如果我們預測每筆交易都不是詐欺的，我們會有 284,315 筆真陰性，492 筆偽陰性，0 筆真陽性，和 0 筆偽陽性。我們在識別真的詐欺交易上，精確度為 0%。在這種不平衡類別問題上，混淆矩陣用於捕捉次優結果的表現並不好。

對於涉及較平衡類別的問題（真陽性的數目大約等於真陰性的數目），混淆矩陣或許是個好而且直接的評估指標。考量到我們不平衡的資料集，我們需要找到一個更適當的評估指標。

6　真陽性指的是對實例的預測和它實際的標籤都為陽性。真陰性指的是對實例的預測和它實際的標籤都為陰性。偽陽性指的是對實例的預測為陽性，但它實際的標籤則為陰性（也就是為人所知的誤警報，或者是 Type I 錯誤）。偽陰性指的是對實例的預測為陰性，但它實際的標籤卻是陽性（也就是所謂的失誤，或者是 Type II 錯誤）。

精準率 - 召回率曲線

對於我們不平衡的信用卡交易資料集，一個比較好的評估結果的方法是使用精準率與召回率。**精準率**（*precision*）是真陽性數量在所有預測為陽性數量中的佔比。換言之，模型在捕捉到的詐欺交易中，實際有多少個詐欺交易？

> 精準率 = 真陽性個數 /（真陽性個數 + 偽陽性個數）

高精準率意味著在所有的陽性預測中，有許多為真陽性的預測（換言之，低偽陽性佔比）。

召回率（*recall*）是真陽性的數量在所有陽性資料數量的佔比。換言之，模型捕捉到多少個詐欺的交易[7]？

> 召回率 = 真陽性個數 /（真陽性個數 + 偽陰性個數）

高召回率意味著模型捕捉到大部份的真陽性狀況（換言之，低偽陰性佔比）。

一個具有高召回率，卻有低精準率的解決方案傳回了許多正向的預測，雖然預測中有許多的真陽性實例，但也產生了許多誤報的狀況。一個解決方案具有高精準率，卻有低召回率則恰恰是相反的狀況，它傳回了極少的正向結果，雖然僅捕捉了極少的真陽性實例，但大多數預測卻都是正確的。

把這些概念帶進我們目前的情境中，如果我們的解決方案有高精準率，但是召回率卻不高的話，意味著有非常少量的詐欺交易被模型預測出來，但大多數的預測卻都是正確的。

然而，如果這個解決方案有低的精準率，卻有高的召回率，它將標記許多交易為詐欺，因此捕捉到許多詐欺的交易，但被標記為詐欺的交易，卻大多不是詐欺的交易。

很顯然地，兩種解決方案都有主要的問題，在高精準率 - 低召回率的例子來說，信用卡公司將會由於詐欺蒙受大量的金錢損失，但不會因為不必要的交易拒絕而造成客戶的反感。在低精準率 - 高召回率的例子裡，信用卡公司會發現許多詐欺的交易，因此拒絕許多正常且非詐欺的交易，這種不必要的拒絕將會激怒客戶。

7　召回率也以敏感度和真陽性率為人所知。另一種與敏感度有關的概念是特異度（specificity），或稱真陰性率。真陰性率的定義為預測結果為真陰性實例的數量與資料集裡實際為陰性實例的數量的比例。特異度＝真陰性率＝真陰性個數 /（真陰性個數 + 偽陽性個數）。

一個最佳解決方案需要有高精準率和高召回率，僅拒絕那些真的詐欺交易（高精準率）並且捕捉資料集內大多數的詐欺案例（高召回率）。

通常在精準率與召回率之間，有一個取捨的作法，就是透過演算法設定或值，將陽性的案例從陰性案例中分割出來。在我們的例子中，陽性標籤指的是詐欺，而陰性標籤則指的是非詐欺。如果閾值設得過高，將會有非常少的實例被預測為詐欺，也就導致高精準率，但低召回率。當閾值被降低了，有更多的實例被預測為陽性，通常導致精準率的降低與召回率的提高。

針對我們的信用卡交易資料集，在拒絕交易上，可以把門檻值想成如機器學習模型的敏感度一般。如果門檻值設得過高或過嚴，模型會拒絕極少的交易案例，但被拒絕的交易非常可能是詐欺的案例。

當門檻值變得較低（變得較不嚴格），模型會拒絕很多交易，並且捕捉到更多的詐欺案例，但也拒絕了更多不必要被拒絕的正常交易案例。

在精準率與召回率的權衡圖表就是精準率-召回率曲線。為了評估精準率-召回率曲線，我們可以計算平均精準率，該計算是基於每個門檻值下，每個精準率的加權平均。平均精準率越高，解決方案就越好。

門檻值的選擇是非常重要的，而且通常涉及商務決策者的意見。資料科學家可以展示精準率-召回率曲線給商務決策者，來了解門檻值應該如何設定。

以我們的信用卡交易資料集來說，關鍵問題在如何平衡客戶經驗（換言之，避免拒絕正常交易）與詐欺偵測（換言之，捕捉到詐欺交易）？我們無法在沒有商務意見的情況下回答這問題，但我們可以使用最優的精準率-召回率曲線來找到模型。接著便可以展示這個模型給商務決策者，來設定適當的門檻值。

接收者操作特徵（Receiver Operating Characteristic）

另一個好的評估指標是接收者操作特徵曲線下的面積（auROC）。接收者操作特徵曲線將真陽性率當作 Y 軸，而偽陽性率當作 X 軸。真陽性率也可被當作敏感度，而偽陽性率也可以被當作 1-特異度（1-specificity）。曲線越靠近圖表的左上角，解決方案就越好，也就是說絕對最佳點的值落在（0.0, 1.0）時，表示偽陽性率為 0%，而真陽性率則為 100%。

為了評估解決方案,我們可以計算曲線下的面積。auROC 越大,則解決方案就越好。

評估邏輯回歸模型

現在我們了解了一些被拿來用作評估的指標,底下將使用這些指標來更進一步了解邏輯回歸模型的結果。

首先,我們描繪出精準率 - 召回率曲線,並且計算出平均精準率:

```
preds = pd.concat([y_train,predictionsBasedOnKFolds.loc[:,1]], axis=1)
preds.columns = ['trueLabel','prediction']
predictionsBasedOnKFoldsLogisticRegression = preds.copy()

precision, recall, thresholds = precision_recall_curve(preds['trueLabel'],
                                                       preds['prediction'])

average_precision = average_precision_score(preds['trueLabel'],
                                            preds['prediction'])

plt.step(recall, precision, color='k', alpha=0.7, where='post')
plt.fill_between(recall, precision, step='post', alpha=0.3, color='k')

plt.xlabel('Recall')
plt.ylabel('Precision')
plt.ylim([0.0, 1.05])
plt.xlim([0.0, 1.0])

plt.title('Precision-Recall curve: Average Precision = {0:0.2f}'.format(
        average_precision))
```

圖 2-4 描繪出精準率 - 召回率曲線。將稍早我們討論過的評估方式放在一起,你可以看見我們能夠達到近乎 80% 的召回率(換言之,捕捉了 80% 的詐欺交易),以及近乎 70% 的精準率(換言之,所有被標記成詐欺的交易中,有 70% 是真的詐欺案例,然而仍有 30% 交易被不正確地標記為詐欺)。

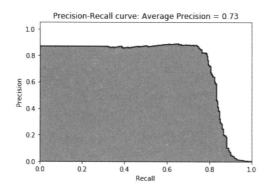

圖 2-4　邏輯回歸的精準率 - 召回率曲線

我們可以藉由計算平均精準率（對於這個邏輯回歸模型來說，平均精準率為 0.73），以便萃取精準率 - 召回率曲線成為單一的數值。我們尚無法判別平均精準率是好還是壞，因為尚未有其他模型可以與邏輯回歸進行比較。

現在，我們來計算 auROC：

```
fpr, tpr, thresholds = roc_curve(preds['trueLabel'],preds['prediction'])

areaUnderROC = auc(fpr, tpr)

plt.figure()
plt.plot(fpr, tpr, color='r', lw=2, label='ROC curve')
plt.plot([0, 1], [0, 1], color='k', lw=2, linestyle='--')
plt.xlim([0.0, 1.0])
plt.ylim([0.0, 1.05])
plt.xlabel('False Positive Rate')
plt.ylabel('True Positive Rate')
plt.title('Receiver operating characteristic: \
          Area under the curve = {0:0.2f}'.format(areaUnderROC))
plt.legend(loc="lower right")
plt.show()
```

如圖 2-5 所示，auROC 曲線是 0.97。這個指標就只是另一個評估邏輯回歸模型多好的一種方法，它允許你在盡可能保持偽陽率低的情況下，決定有多少的詐欺案例能夠被捕捉到。因為使用平均精準率，所以我們不知道 0.97 的 auROC 曲線是好或不好，但是當我們拿它與其他模型的 auROC 作比較時，便可以知道。

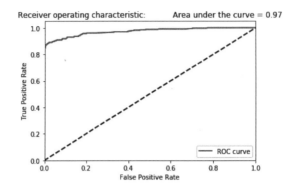

圖 2-5　邏輯回歸的 auROC

機器訓練模型（第二部分）

為了能夠比較邏輯回歸模型的好壞，我們使用監督式學習演算法來建立一些模型。

模型 #2：隨機森林

讓我們開始使用隨機森林。

當我們使用邏輯回歸時，我們會設定超參數、訓練模型、並且使用精準率 - 召回率曲線和 auROC 來評估結果。

設定超參數

```
n_estimators = 10
max_features = 'auto'
max_depth = None
min_samples_split = 2
min_samples_leaf = 1
min_weight_fraction_leaf = 0.0
max_leaf_nodes = None
bootstrap = True
oob_score = False
n_jobs = -1
random_state = 2018
class_weight = 'balanced'

RFC = RandomForestClassifier(n_estimators=n_estimators,
        max_features=max_features, max_depth=max_depth,
```

```
        min_samples_split=min_samples_split, min_samples_leaf=min_samples_leaf,
        min_weight_fraction_leaf=min_weight_fraction_leaf,
        max_leaf_nodes=max_leaf_nodes, bootstrap=bootstrap,
        oob_score=oob_score, n_jobs=n_jobs, random_state=random_state,
        class_weight=class_weight)
```

讓我們從預設的超參數開始。*n_estimators* 我們設定為 10，也就是說，我們會建立十棵
樹並且平均這十棵樹的預測結果。對於每棵樹，模型會取特徵數總量的平方根值，作為
要考量的特徵數量（以這個例子來說，特徵總數為 30，所以取平方根再進行約除後為
5，因此每棵樹會取 5 個特徵，納入考量）。

通過把 max_depth 設為 none，決策樹將會基於考量的特徵子集，盡可能地往深和廣兩個
面向進行擴展。類似我們為邏輯回歸所做的，我們將亂數種子設為 2018，以便能夠基於
我們有的不平衡資料集，再現同樣的結果與平衡後的類別權重。

訓練模型

我們將執行 *k*-fold 交叉驗證五次，每次訓練會使用資料集的 4/5 作為訓練之用，1/5 作為
預測之用。我們會把每次訓練過程中的預測結果儲存起來：

```
trainingScores = []
cvScores = []
predictionsBasedOnKFolds = pd.DataFrame(data=[],
                                       index=y_train.index,columns=[0,1])

model = RFC

for train_index, cv_index in k_fold.split(np.zeros(len(X_train)),
                                          y_train.ravel()):
    X_train_fold, X_cv_fold = X_train.iloc[train_index,:], \
        X_train.iloc[cv_index,:]
    y_train_fold, y_cv_fold = y_train.iloc[train_index], \
        y_train.iloc[cv_index]

    model.fit(X_train_fold, y_train_fold)
    loglossTraining = log_loss(y_train_fold, \
                              model.predict_proba(X_train_fold)[:,1])
    trainingScores.append(loglossTraining)

    predictionsBasedOnKFolds.loc[X_cv_fold.index,:] = \
        model.predict_proba(X_cv_fold)
    loglossCV = log_loss(y_cv_fold, \
        predictionsBasedOnKFolds.loc[X_cv_fold.index,1])
```

```
    cvScores.append(loglossCV)

    print('Training Log Loss: ', loglossTraining)
    print('CV Log Loss: ', loglossCV)

loglossRandomForestsClassifier = log_loss(y_train,
                                predictionsBasedOnKFolds.loc[:,1])
print('Random Forests Log Loss: ', loglossRandomForestsClassifier)
```

評估結果

訓練與交叉驗證的對數損失結果如下：

```
Training Log Loss:      0.0003951763883952557
CV Log Loss:            0.014479198936303003
Training Log Loss:      0.0004501221178398935
CV Log Loss:            0.0057127024421375242
Training Log Loss:      0.00043128813023860164
CV Log Loss:            0.00908372752510077
Training Log Loss:      0.0004341676022058672
CV Log Loss:            0.013491161736979267
Training Log Loss:      0.0004275530435950083
CV Log Loss:            0.0099963232439211515
```

值得注意的是，訓練所產生的對數損失是明顯低於交叉驗證對數損失，這個現象意指幾乎全部使用預設超參數的隨機森林，在訓練時產生了過擬合的狀況。

下面顯示了整個訓練集的對數損失（透過使用交叉驗證預測）：

```
Random Forests Log Loss: 0.010546004611793962
```

即使這個模型有些過擬合於訓練集，但是隨機森林的對數損失卻大概只有邏輯迴歸對數損失的 1/10，這個機器學習解決方案很明顯地大幅改善了先前解決方案的結果。隨機森林模型更善於在信用卡交易中，正確地標出詐欺的交易。

圖 2-6 展示了隨機森林模型的精準率 - 召回率曲線。如同你從曲線上所見，這個模型可以偵測出將近 80% 的詐欺交易，且精準率差不多為 80%。這樣的效能表現顯然要比能偵測出將近 80% 的詐欺交易，但精準率卻只有 70% 的邏輯迴歸模型來得讓人印象深刻。

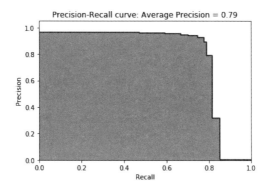

圖 2-6　隨機森林模型的精準率 - 召回率曲線

平均精準率為 0.79 的隨機森林模型，相較於平均精準率為 0.73 的邏輯回歸模型，在效能上有明顯的改善。然而，如圖 2-7 所示，隨機森林的 auROC 為 0.93，較邏輯回歸模型的 0.97，表現來得差勁。

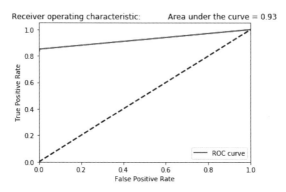

圖 2-7　隨機森林模型的 auROC

模型 #3：Gradient Boosting Machine（XGBoost）

現在我們使用 gradient boosting 來進行訓練，並且評估它的結果。gradient boosting 有兩種受到歡迎的版本，一個是 XGBoost，另一個執行效率更快的是由微軟所研發的 LightGBM。我們先從 XGBoost 開始，來試試兩種模型[8]。

8　更多有關 XGBoost gradient boosting 的資訊，可以查閱 GitHub（*https://github.com/dmlc/xgboost*）。

設定超參數

我們將會如同二分元類問題一般,設定好超參數,並且使用對數損失函數作為成本函數。我們把樹的最大深度設置在預設值 6,學習率也採用預設值 0.3。對於每個樹來說,我們將使用所有的資料樣本和所有的特徵;這些設置均為原先的標準設定。我們會把亂數種子設為 2018,以便確保結果的再現:

```
params_xGB = {
    'nthread':16, #number of cores
    'learning rate': 0.3, #range 0 to 1, default 0.3
    'gamma': 0, #range 0 to infinity, default 0
        # increase to reduce complexity (increase bias, reduce variance)
    'max_depth': 6, #range 1 to infinity, default 6
    'min_child_weight': 1, #range 0 to infinity, default 1
    'max_delta_step': 0, #range 0 to infinity, default 0
    'subsample': 1.0, #range 0 to 1, default 1
        # subsample ratio of the training examples
    'colsample_bytree': 1.0, #range 0 to 1, default 1
        # subsample ratio of features
    'objective':'binary:logistic',
    'num_class':1,
    'eval_metric':'logloss',
    'seed':2018,
    'silent':1
}
```

訓練模型

如之前的作法,我們會使用 *k*-fold 交叉驗證,每輪的訓練均使用資料集中 4/5 的不同資料作為訓練集,並且對餘下的 1/5 部份進行預測,總共進行五輪。

對於這五輪的每一輪,gradient boosting 模型會進行最多 2,000 回合的訓練,並且評估交差驗證的對數損失是否隨著訓練減少。如果交叉驗證的對數損失停止改善(在過去的兩百回合內),訓練將會被停止,以避免發生過度擬合。因為訓練過程的結果冗長,所以我們不會把它們在這兒傾印出來,但它們可以 GitHub 上透過程式碼被找到(*http://bit. ly/2Gd4v7e*):

```
trainingScores = []
cvScores = []
predictionsBasedOnKFolds = pd.DataFrame(data=[],
                                index=y_train.index,columns=['prediction'])

for train_index, cv_index in k_fold.split(np.zeros(len(X_train)),
```

```
                                              y_train.ravel()):
    X_train_fold, X_cv_fold = X_train.iloc[train_index,:], \
        X_train.iloc[cv_index,:]
    y_train_fold, y_cv_fold = y_train.iloc[train_index], \
        y_train.iloc[cv_index]

    dtrain = xgb.DMatrix(data=X_train_fold, label=y_train_fold)
    dCV = xgb.DMatrix(data=X_cv_fold)

    bst = xgb.cv(params_xGB, dtrain, num_boost_round=2000,
                 nfold=5, early_stopping_rounds=200, verbose_eval=50)

    best_rounds = np.argmin(bst['test-logloss-mean'])
    bst = xgb.train(params_xGB, dtrain, best_rounds)

    loglossTraining = log_loss(y_train_fold, bst.predict(dtrain))
    trainingScores.append(loglossTraining)

    predictionsBasedOnKFolds.loc[X_cv_fold.index,'prediction'] = \
        bst.predict(dCV)
    loglossCV = log_loss(y_cv_fold, \
        predictionsBasedOnKFolds.loc[X_cv_fold.index,'prediction'])
    cvScores.append(loglossCV)

    print('Training Log Loss: ', loglossTraining)
    print('CV Log Loss: ', loglossCV)

loglossXGBoostGradientBoosting = \
    log_loss(y_train, predictionsBasedOnKFolds.loc[:,'prediction'])
print('XGBoost Gradient Boosting Log Loss: ', loglossXGBoostGradientBoosting)
```

評估結果

如下面所示的結果，整個訓練集的對數損失（基於使用交叉驗證的預測結果）是隨機森林的 1/5，也是邏輯回歸的 1/50。相較於之前兩個模型，這是個可觀的改善：

```
XGBoost Gradient Boosting Log Loss: 0.0029566906288156715
```

如圖 2-8 所示，平均精準率為 0.82，剛好與隨機森林的 0.79 伯仲之間，但明顯優於邏輯回歸的 0.73。

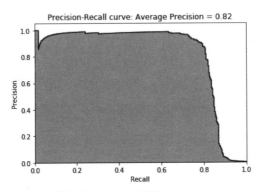

圖 2-8　XGBoost gradient boost 的精準率 - 召回率曲線

如圖 2-9 所示，auROC 曲線為 0.97，這與邏輯回歸的表現相同，但相較於隨機森林的 0.93，則有所改善。到目前為止，基於對數損失的結果、精準率 - 召回率曲線和 auROC 來看，gradient boosting 是目前三種模型中最好的。

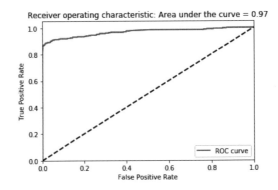

圖 2-9　XGBoost gradient boosting 的 auROC 曲線

模型 #4：Gradient Boosting　Machine（LightGBM）

現在我們使用 gradient boosting 的另一個版本 LightGBM 來訓練看看[9]。

9　更多有關於微軟的 LightGBM gradient boosting，可以查閱 GitHub（*https://github.com/Microsoft/LightGBM*）。

設定超參數

我們將會如同二元分類問題一般設定好超參數,並且使用對數損失函數作為成本函數。我們會設置每棵樹的最大深度值為 4,並且設定學習率為 0.1。對於每棵樹來說,我們會使用所有的資料樣本和所有的特徵;這些設置均為原先的標準設定。我們會設定一棵樹可以有的葉點為 31 個,並且設定一個亂數種子,以便確保結果的再現:

```
params_lightGB = {
    'task': 'train',
    'application':'binary',
    'num_class':1,
    'boosting': 'gbdt',
    'objective': 'binary',
    'metric': 'binary_logloss',
    'metric_freq':50,
    'is_training_metric':False,
    'max_depth':4,
    'num_leaves': 31,
    'learning_rate': 0.01,
    'feature_fraction': 1.0,
    'bagging_fraction': 1.0,
    'bagging_freq': 0,
    'bagging_seed': 2018,
    'verbose': 0,
    'num_threads':16
}
```

訓練模型

如同之前一樣,我們會使用 *k*-fold 交叉驗證進行五輪的訓練,並且將每一輪在驗證集上的預測結果存下來:

```
trainingScores = []
cvScores = []
predictionsBasedOnKFolds = pd.DataFrame(data=[],
                          index=y_train.index,columns=['prediction'])

for train_index, cv_index in k_fold.split(np.zeros(len(X_train)),
                                   y_train.ravel()):
    X_train_fold, X_cv_fold = X_train.iloc[train_index,:], \
        X_train.iloc[cv_index,:]
    y_train_fold, y_cv_fold = y_train.iloc[train_index], \
        y_train.iloc[cv_index]

    lgb_train = lgb.Dataset(X_train_fold, y_train_fold)
```

```
lgb_eval = lgb.Dataset(X_cv_fold, y_cv_fold, reference=lgb_train)
gbm = lgb.train(params_lightGB, lgb_train, num_boost_round=2000,
                valid_sets=lgb_eval, early_stopping_rounds=200)

loglossTraining = log_loss(y_train_fold, \
            gbm.predict(X_train_fold, num_iteration=gbm.best_iteration))
trainingScores.append(loglossTraining)

predictionsBasedOnKFolds.loc[X_cv_fold.index,'prediction'] = \
    gbm.predict(X_cv_fold, num_iteration=gbm.best_iteration)
loglossCV = log_loss(y_cv_fold, \
    predictionsBasedOnKFolds.loc[X_cv_fold.index,'prediction'])
cvScores.append(loglossCV)

print('Training Log Loss: ', loglossTraining)
print('CV Log Loss: ', loglossCV)

loglossLightGBMGradientBoosting = \
    log_loss(y_train, predictionsBasedOnKFolds.loc[:,'prediction'])
print('LightGBM gradient boosting Log Loss: ', loglossLightGBMGradientBoosting)
```

對於這五輪訓練的每一輪來說，gradient boosting 模型最多會訓練 2,000 回合，同時評估交叉驗證的對數損失是否隨著訓練減少。如果交叉驗證對數損失停止改善（在過去的 200 回合內），訓練將會停止，以避免過擬合。因為訓練過程的結果冗長，所以我們不會把它們在這兒傾印出來，但它們可以在 GitHub 上透過程式碼被找到（*http://bit.ly/2Gd4v7e*）。

評估結果

下面的結果顯示整個訓練集的對數損失（基於使用交叉驗證的預測結果）相似於 XGBoost 的對數損失，且為隨機森林的 1/5 以及邏輯回歸的 1/50。但相較於 XGBoost，LightGBM 的執行效率明顯更快：

```
LightGBM Gradient Boosting Log Loss: 0.0029732268054261826
```

如圖 2-10 所示，平均精準率為 0.82，與 XGBoost（0.82）相同，優於隨機森林（0.79），並且明顯較邏輯回歸（0.73）好。

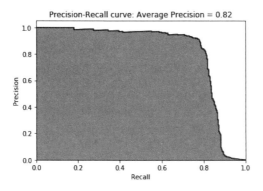

圖 2-10　LightGBM 精準率 - 召回率曲線

如圖 2-11 所示，auROC 曲線為 0.98，相對於 XGBoost（0.97）、邏輯回歸（0.97）與隨機森林（0.93）有所改善。

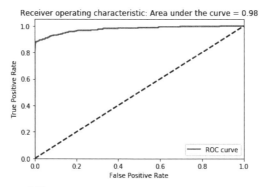

圖 2-11　LightGBM auROC 曲線

使用測試集評估前述四種模型

到目前為止，我們從本章學到了如何：

- 設置機器學習專案的環境
- 取得、載入、探索、清理與視覺化資料
- 將資料分割成訓練集與測試集，並且設置 k-fold 交叉驗證集
- 選擇恰當的成本函數

- 設定超參數並且執行訓練和交叉驗證

- 評估結果

我們尚未探索如何調整超參數（超參數微調流程），以便改善每個機器學習解決方案的結果，並且解決低度擬合或過度擬合，但在 GitHub（*http://bit.ly/2Gd4v7e*）上的程式碼能讓你很簡單進行這些試驗。

即使沒有這些微調，結果也是相當清楚。基於我們的訓練和 *k*-fold 交叉驗證，LightGBM gradient boosting 是最好的解決方案，XGBoost 次之。隨機森林和邏輯回歸則是較壞的解決方案。

我們使用測試集當作這四個模型的最終評估。

針對每個訓練模型，我們會使用已經訓練完畢的模型，預測測試集裡每筆交易為詐欺交易的機率。然後，基於模型所預測的詐欺交易機率與實際的詐欺交易進行比較，對每個模型計算對數損失：

```
predictionsTestSetLogisticRegression = \
    pd.DataFrame(data=[],index=y_test.index,columns=['prediction'])
predictionsTestSetLogisticRegression.loc[:,'prediction'] = \
    logReg.predict_proba(X_test)[:,1]
logLossTestSetLogisticRegression = \
    log_loss(y_test, predictionsTestSetLogisticRegression)

predictionsTestSetRandomForests = \
    pd.DataFrame(data=[],index=y_test.index,columns=['prediction'])
predictionsTestSetRandomForests.loc[:,'prediction'] = \
    RFC.predict_proba(X_test)[:,1]
logLossTestSetRandomForests = \
    log_loss(y_test, predictionsTestSetRandomForests)

predictionsTestSetXGBoostGradientBoosting = \
    pd.DataFrame(data=[],index=y_test.index,columns=['prediction'])
dtest = xgb.DMatrix(data=X_test)
predictionsTestSetXGBoostGradientBoosting.loc[:,'prediction'] = \
    bst.predict(dtest)
logLossTestSetXGBoostGradientBoosting = \
    log_loss(y_test, predictionsTestSetXGBoostGradientBoosting)

predictionsTestSetLightGBMGradientBoosting = \
    pd.DataFrame(data=[],index=y_test.index,columns=['prediction'])
predictionsTestSetLightGBMGradientBoosting.loc[:,'prediction'] = \
    gbm.predict(X_test, num_iteration=gbm.best_iteration)
```

```
logLossTestSetLightGBMGradientBoosting = \
    log_loss(y_test, predictionsTestSetLightGBMGradientBoosting)
```

從下面的對數損失結果，並沒有太大讓人驚訝的事。LightGBM gradient boosting 在測試集上有最低的對數損失，接著才是其他的模型。

```
Log Loss of Logistic Regression on Test Set: 0.123732961313
Log Loss of Random Forests on Test Set: 0.00918192757674
Log Loss of XGBoost Gradient Boosting on Test Set: 0.00249116807943
Log Loss of LightGBM Gradient Boosting on Test Set: 0.002376320092424
```

圖 2-12 到 2-19 是全部四個模型的精準率 - 召回率曲線、平均精準率和 auROC 曲線，而結果進一步確證了我們之前的發現。

邏輯回歸

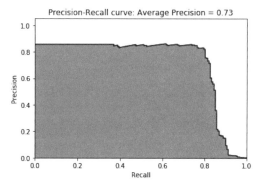

圖 2-12　邏輯回歸在測試集上的精準率 - 召回率曲線

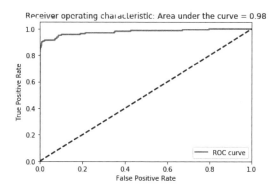

圖 2-13　邏輯回歸在測試集上的 auROC 曲線

隨機森林

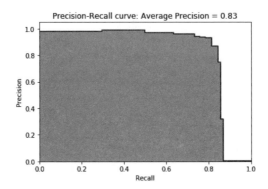

圖 2-14　隨機森林在測試集上的精準率 - 召回率曲線

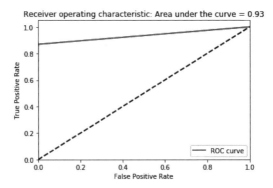

圖 2-15　隨機森林在測試集上的 auROC 曲線

XGBoost gradient boosting

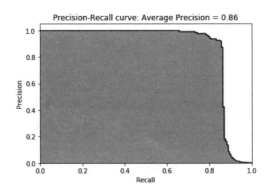

圖 2-16　XGBoost gradient boosting 在測試集上的精準率 - 召回率曲線

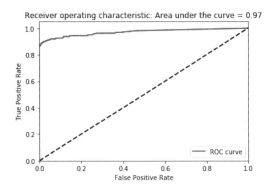

圖 2-17　XGBoost gradient boosting 在測試集上的 auROC 曲線

LightGBM gradient boosting

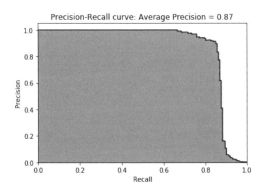

圖 2-18　LightGBM gradient boosting 在測試集上的精準率 - 召回率曲線

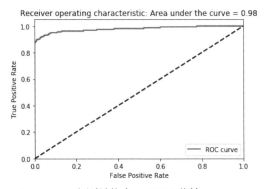

圖 2-19　LightGBM gradient boosting 在測試集上 auROC 曲線

LightGBM gradient boosting 的結果讓人印象深刻，我們有將近 90% 精準率捕捉到超過 80% 的詐欺交易（換句話說，LightGBM 模型能夠在僅有 10% 的錯誤預測下，捕捉到 80% 的詐欺交易）。

考慮到我們資料集中僅有極少的詐欺交易，這樣的結果是個了不起的成就。

整體學習

我們可以評估是否有一個模型的組合可以提升詐欺交易的偵測率[10]，而不只是從我們已經為商用所開發的機器學習解決方案中擇一使用。

一般來說，如果我們整合了來自不同機器學習家族中（比如說，一個解決方案來自隨機森林，一個方案來自類神經）具相似有力的解決方案，這樣的解決方案組合相對於任何單一解決方案來說，將會產生更好的效果。這是因為每個單一的解決方案都有不同的優點與缺點。透過將這些不同的方案融合為一個完整的解決方案，一些模型的優點將補足其他模型的缺點，反之亦然。

雖然有些重要的限制條件。如果單一解決方案們效力上都差不多，那麼整合後的方案將具有相較於任一方案更好的效力。但是，如果某個解決方案明顯優於其他解決方案，那麼整合後的效力將等於該最優的單一解決方案的效力；那些欠佳的解決方案將不會對整合方案產生任何貢獻。

而且，單一解決方案們需要相對無相關。如果它們彼此非常相關，其中一個方案的優點將會相似於其他方案，而且缺點的部份也會有相同情況。我們將看到極少因為整合不同解決方案所帶來的效益。

Stacking

在我們的問題中，模型中有兩個模型（LightGBM gradient boosting 和 XGBoost gradient boosting）表現明顯優於其他的模型（隨機森林和邏輯回歸）。但兩個最好的模型卻是來自同一家族，這意味著它們的優點和缺點會高度相關。

---

10 有關整體學習的更多資訊，可以參閱「Kaggle Ensembling Guide」（*https://mlwave.com/kaggle-ensembling-guide/*）、「Introduction to Ensembling/Stacking in Python」（*http://bit.ly/2RYV4iF*）和「A Kaggler's Guide to Model Stacking in Practice」（*http://bit.ly/2Rrs1iI*）。

我們可以使用 stacking（另一種型式的模型整合方式）來決定是否可以改善先前建立的
單一解決方案的效能。在 stacking 中，我們從每個單一解決方案裡取得 k-fold 交叉驗證
的預測結果（第一層預測），並且將這些預測結果添加到原始訓練資料集中。接著，我
們採用 k-fold 交叉驗證，利用原始的特徵和第一層預測資料集進行訓練。

這訓練會產生一組新的 k-fold 交叉驗證預測，也就是第二層預測，我們會使用這個預測
結果來看看是否相對於任何單一的模型，效能是有提升的。

合併第一層預測與原始訓練資料集

首先，將先前建立的四種模型所產生的預測資料集與原始的訓練資料集進行合併：

```
predictionsBasedOnKFoldsFourModels = pd.DataFrame(data=[],index=y_train.index)
predictionsBasedOnKFoldsFourModels = predictionsBasedOnKFoldsFourModels.join(
    predictionsBasedOnKFoldsLogisticRegression['prediction'].astype(float), \
    how='left').join(predictionsBasedOnKFoldsRandomForests['prediction'] \
        .astype(float),how='left',rsuffix="2").join( \
    predictionsBasedOnKFoldsXGBoostGradientBoosting['prediction'] \
        .astype(float), how='left',rsuffix="3").join( \
    predictionsBasedOnKFoldsLightGBMGradientBoosting['prediction'] \
        .astype(float), how='left',rsuffix="4")
predictionsBasedOnKFoldsFourModels.columns = \
    ['predsLR','predsRF','predsXGB','predsLightGBM']

X_trainWithPredictions = \
    X_train.merge(predictionsBasedOnKFoldsFourModels,
                  left_index=True,right_index=True)
```

設定超參數

現在我們會使用 LightGBM gradient boosting（從早先練習中，最好的機器學習演算
法），並且基於原始資料集和第一層預測資料集來進行訓練。這個超參數會使用與之前
相同的設定：

```
params_lightGB = {
    'task': 'train',
    'application':'binary',
    'num_class':1,
    'boosting': 'gbdt',
    'objective': 'binary',
    'metric': 'binary_logloss',
    'metric_freq':50,
    'is_training_metric':False,
```

```
    'max_depth':4,
    'num_leaves': 31,
    'learning_rate': 0.01,
    'feature_fraction': 1.0,
    'bagging_fraction': 1.0,
    'bagging_freq': 0,
    'bagging_seed': 2018,
    'verbose': 0,
    'num_threads':16
}
```

訓練模型

如之前一般，我們使用 *k*-fold 交叉驗證，並且對五組不同的交叉驗證集產生詐欺預測的機率：

```
trainingScores = []
cvScores = []
predictionsBasedOnKFoldsEnsemble = \
    pd.DataFrame(data=[],index=y_train.index,columns=['prediction'])

for train_index, cv_index in k_fold.split(np.zeros(len(X_train)), \
                                          y_train.ravel()):
    X_train_fold, X_cv_fold = \
        X_trainWithPredictions.iloc[train_index,:], \
        X_trainWithPredictions.iloc[cv_index,:]
    y_train_fold, y_cv_fold = y_train.iloc[train_index], y_train.iloc[cv_index]

    lgb_train = lgb.Dataset(X_train_fold, y_train_fold)
    lgb_eval = lgb.Dataset(X_cv_fold, y_cv_fold, reference=lgb_train)
    gbm = lgb.train(params_lightGB, lgb_train, num_boost_round=2000,
                    valid_sets=lgb_eval, early_stopping_rounds=200)

    loglossTraining = log_loss(y_train_fold, \
        gbm.predict(X_train_fold, num_iteration=gbm.best_iteration))
    trainingScores.append(loglossTraining)

    predictionsBasedOnKFoldsEnsemble.loc[X_cv_fold.index,'prediction'] = \
        gbm.predict(X_cv_fold, num_iteration=gbm.best_iteration)
    loglossCV = log_loss(y_cv_fold, \
        predictionsBasedOnKFoldsEnsemble.loc[X_cv_fold.index,'prediction'])
    cvScores.append(loglossCV)

    print('Training Log Loss: ', loglossTraining)
    print('CV Log Loss: ', loglossCV)
```

```
loglossEnsemble = log_loss(y_train, \
        predictionsBasedOnKFoldsEnsemble.loc[:,'prediction'])
print('Ensemble Log Loss: ', loglossEnsemble)
```

評估結果

從下面的結果來看,我們並未看見任何的改善。這個整合解決方案的對數損失是非常相似於獨立單一的 gradient boosting 的對數損失。因為表現最好且獨立單一的解決方案是來自同一家族(gradient boosting),所以我們沒有觀察到預測結果的改善。它們在偵測詐欺這個任務中,有著過於相關聯的優點與缺點。多樣化的模型並未帶來好處:

```
Ensemble Log Loss: 0.002885415974220497
```

如圖 2-20 與圖 2-21,精準率 - 召回率曲線、平均精準率和 auROC 也進一步證明並未有任何效能上的改善。

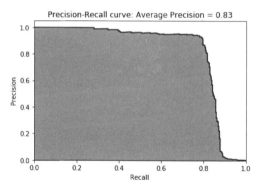

圖 2-20 整合解決方案的精準率 - 召回率曲線

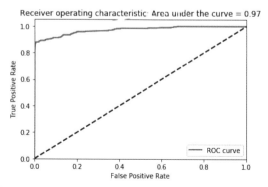

圖 2-21 整合解決方案的 auROC 曲線

決定最終模型

因為整合解決方案並沒有改善效能,所以我們認為單一解決方案 LightGBM gradient boosting 較為簡潔,並且會在生產環境中使用。

在為新產生的交易資料建立一個流水線之前,讓我們視覺化 LigthGBM 從測試集中分類出詐欺交易的表現有多優異。

圖 2-22 將預測的機率標示在 x 軸上。從這個圖表可以知道,模型的表現的確不俗,它對於實際的詐欺交易賦予較高的機率,而對於非詐欺的交易則給出較低的機率。這模型偶爾會有些錯誤,將非詐欺交易指定較高的機率,而真的詐欺交易則給出了較低的機率。

整體上來看,結果是相當讓人印象深刻的。

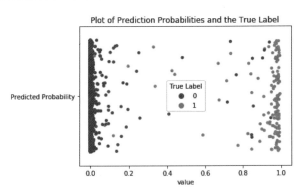

圖 2-22　預測機率與真值標籤圖表

生產流水線

現在我們已經為生產環境選擇了一個模型。讓我們設計一個簡單的流水線,該流水線會執行三個簡單步驟,包括新資料引入:載入資料、收縮特徵值和使用我們已經訓練過且決定投入正式環境的 LightGBM 模型產生預測:

```
''' 新資料處理流水線 '''
# 首先,匯入新資料至 dataframe,並且命名為 'newData'
# 第二步,縮放資料
# newData.loc[:,featuresToScale] = sX.transform(newData[featuresToScale])
# 第三步,使用 LightGBM 預測
# gbm.predict(newData, num_iteration=gbm.best_iteration)
```

當這些預測被產生出來，分析師可基於這些有高機率為詐欺的交易進行處理，並且表列所有高機率為詐欺的交易，進行一個完整的排查。或者，如果自動化是這個排查流程的目標，分析師可以透過資訊系統，自動拒絕某筆詐欺機率高於門檻值的交易，來完成相關排查的工作。

舉例來說，基於圖 2-13，如果我們可以自動拒絕詐欺交易機率大於 90% 的交易，我們將拒絕掉幾乎必然為詐欺交易的交易，而不會意外的拒絕非詐欺交易的行為。

結論

恭喜！你已經透過監督式學習建立了一個信用卡詐欺交易偵測系統。

我們一起設置了機器學習的開發環境，取得並準備資料，訓練並且評估多個模型，為生產環境選擇一個最終的模型並且替新的交易資料設計一個流水線。你已經成功地創造了一個應用機器學習的解決方案。

現在，我們將會使用相同實務操作的方法，來開發基於非監督式學習的應用機器學習解決方案。

上述的解決方案隨著時間需要被重新訓練，因為詐欺的樣式會隨著時間改變。另外，我們應該從不同的機器學習家族中，找尋其他效能如 gradient boosting 一樣好的機器學習演算法，然後將它整合進入模型中，以便提升詐欺偵測的整體效能。

最後，可解釋性在機器學習實務的應用是非常重要的。因為信用卡交易資料集中的特徵，是 PCA（一種維度縮減的方法，我們將在第三章探索它）產生的結果，我們無法解釋為什麼某個交易會被標記為潛在的詐欺交易。為了能夠對結果有更好的解釋性，我們需要取得原始尚未進行 PCA 的特徵集，這是在我們這個範例資料集中所沒有的。

## 第二部分

使用 Scikit-Learn 開發
非監督式學習

在下面幾章,我們將介紹兩個主要的非監督式學習的概念——維度縮減和分群,並且使用這些方法進行異常偵測和群組分割。

異常偵測和群組分割在許多不同的產業內都有相當重要的實際應用。

異常偵測被用來有效率地發現稀少的事件,比方說詐欺;網路安全漏洞;恐怖主義;非法販售人口、武器和藥物;洗錢;不正常交易活動;疫情爆發;和關鍵任務裝備的維修失敗。

群組分割允許我們了解各領域中使用者行為,如行銷、線上購物、聽音樂、看影片、線上約會和社交媒體活動,等等。

## 第三章

維度縮減

在這個章節，我們會專注在建立成功的應用機器學習解決方案中，主要挑戰的其中之一：維度詛咒。非監督式學習擁有一個好的反擊武器——**維度縮減**。本章我們會介紹這個概念並且從這概念出發，使你們能培養出關於它如何運作的直觀理解。

在第四章，我們會基於維度縮減，建立我們自己的非監督式學習解決方案，特別是一個非監督式學習的信用卡詐欺偵測系統（相對於我們在第二章所建立的監督式學習系統）。這種非監督式詐欺偵測以異常偵測為人所知，它是一個在應用非監督式學習領域中快速發展的範圍。

但在我們建立異常偵測系統前，先在本章就維度縮減這個主題進行介紹。

維度縮減的動機

如第一章所提到的，維度縮減幫助對抗機器學習領域中一個常見的問題——維度詛咒，在這個問題中，演算法無法成功且有效率地基於資料進行訓練，因為特徵空間過於龐大。

維度縮減演算法將高維的資料投影至低維空間，同時透過移除冗餘資訊，盡可能的維持了最多的顯著資訊。當資料處在低維度空間，機器學習演算法能夠更有效率且成功地識別令人感興趣的樣式，因為有許多噪音已經被移除。

有些時候，維度縮減自身就是個目標——舉例來說，如我們在下一章節會介紹到的異常偵測系統建立。

另一些時候，維度縮減並非意味著一個解決方案的結束，而是一個讓整個解決方案邁向完成的一個工具。舉例來說，維度縮減是機器學習流水線中常見的一環，為的是解決大規模且算力昂貴的問題，這樣的問題包括了圖片、影片、語音和文字。

MNIST 資料集

在介紹維度縮減演算法之前，我們先來探索一下本章節會用到的資料集。我們將會處理一個簡單的電腦視覺資料集：手寫資料的 MNIST（Mixed National Institute of Standards and Technology）資料集，它是機器學習領域有名的資料集其中之一。我們將使用在 Yann LeCun 網站上可以公開取得的版本[1]。為了讓事情再簡單些，我們會使用 pickled 版本，感謝 deeplearning.net[2] 提供。

這個資料集已經被分成三份——一份為有 50,000 樣本數的訓練集，一份為 10,000 樣本數的驗證集，最後一份為有 10,000 樣本數的測試集。所有的資料均具有標籤。

這個資料集由 28x28 手寫數字圖片組成。每筆資料（每張圖片）可以利用數字陣列來進行傳遞，其中每個數字為灰階值，用以描述每個像素黑色的程度。換句話說，一個 28x28 的數字陣列是對應到一張 28x28 像素的圖。

為了讓這些圖更容易被處理，我們可以將每個陣列展開成為 28x28 或者是 784 維的向量。向量中的每個元素為 0 到 1 的浮點數字，代表了圖片中每個像素的灰階值。0 代表黑色；1 代表白色。標籤則是 0 到 9 的數字，用來說明圖片數字所代表的意思。

資料獲取與探索

在開始使用維度縮減演算法之前，我們先載入需要用到的函式庫：

```python
# 匯入函式庫
'''Main'''
import numpy as np
import pandas as pd
import os, time
import pickle, gzip

'''Data Viz'''
import matplotlib.pyplot as plt
import seaborn as sns
```

1　MNIST 手寫數字資料集（*http://yann.lecun.com/exdb/mnist/*），感謝 Yann Lecun 提供。

2　MNIST 資料集的 pickled 版本（*http://deeplearning.net/tutorial/gettingstarted.html*），感謝 deeplearning.net 提供。

```
color = sns.color_palette()
import matplotlib as mpl

%matplotlib inline

'''Data Prep and Model Evaluation'''
from sklearn import preprocessing as pp
from scipy.stats import pearsonr
from numpy.testing import assert_array_almost_equal
from sklearn.model_selection import train_test_split
from sklearn.model_selection import StratifiedKFold
from sklearn.metrics import log_loss
from sklearn.metrics import precision_recall_curve, average_precision_score
from sklearn.metrics import roc_curve, auc, roc_auc_score
from sklearn.metrics import confusion_matrix, classification_report

'''Algos'''
from sklearn.linear_model import LogisticRegression
from sklearn.ensemble import RandomForestClassifier
import xgboost as xgb
import lightgbm as lgb
```

載入 MNIST 資料集

現在讓我們載入 MNIST 資料集：

```
# 載入資料集
current_path = os.getcwd()
file = '\\datasets\\mnist_data\\mnist.pkl.gz'

f = gzip.open(current_path+file, 'rb')
train_set, validation_set, test_set = pickle.load(f, encoding='latin1')
f.close()

X_train, y_train = train_set[0], train_set[1]
X_validation, y_validation = validation_set[0], validation_set[1]
X_test, y_test = test_set[0], test_set[1]
```

驗證資料集的形式

讓我們驗證資料集的形式，以確保資料被正確地載入：

```
# 驗證資料集形狀
print("Shape of X_train: ", X_train.shape)
print("Shape of y_train: ", y_train.shape)
print("Shape of X_validation: ", X_validation.shape)
```

```
print("Shape of y_validation: ", y_validation.shape)
print("Shape of X_test: ", X_test.shape)
print("Shape of y_test: ", y_test.shape)
```

下面傾印出來的資訊確保了資料集的形式如預期一般：

```
Shape of X_train:       (50000, 784)
Shape of y_train:       (50000,)
Shape of X_validation:  (10000, 784)
Shape of y_validation:  (10000,)
Shape of X_test:        (10000, 784)
Shape of y_test:        (10000,)
```

基於資料集，建立 Pandas DataFrames

我們將 numpy 陣列轉換為 Pandas DataFrame，以便讓資料集較容易被探索和處理：

```
# 從資料集建立 Pandas DataFrames
train_index = range(0,len(X_train))
validation_index = range(len(X_train), /
                         len(X_train)+len(X_validation))
test_index = range(len(X_train)+len(X_validation), /
                   len(X_train)+len(X_validation)+len(X_test))

X_train = pd.DataFrame(data=X_train,index=train_index)
y_train = pd.Series(data=y_train,index=train_index)

X_validation = pd.DataFrame(data=X_validation,index=validation_index)
y_validation = pd.Series(data=y_validation,index=validation_index)

X_test = pd.DataFrame(data=X_test,index=test_index)
y_test = pd.Series(data=y_test,index=test_index)
```

探索結果

讓我們產出資料的概觀：

```
# 描述訓練集矩陣
X_train.describe()
```

表 3-1 顯示出圖片資料的概觀。有許多的值是 0，也就是說，大部分的像素都是黑色的。這是合理的，因為圖片是白字黑底，且數字位於圖片的中央。

表 3-1　資料探索

	0	1	2	3	4	5	6
count	50000.0	50000.0	50000.0	50000.0	50000.0	50000.0	50000.0
mean	0.0	0.0	0.0	0.0	0.0	0.0	0.0
std	0.0	0.0	0.0	0.0	0.0	0.0	0.0
min	0.0	0.0	0.0	0.0	0.0	0.0	0.0
25%	0.0	0.0	0.0	0.0	0.0	0.0	0.0
50%	0.0	0.0	0.0	0.0	0.0	0.0	0.0
75%	0.0	0.0	0.0	0.0	0.0	0.0	0.0
max	0.0	0.0	0.0	0.0	0.0	0.0	0.0

8 列 X 784 行

標籤資料是用於代表圖片實際內容的一維陣列。頭幾張圖片的標籤如下所示：

```
# 顯示標籤
y_train.head()


0    5
1    0
2    4
3    1
4    9
dtype: int64
```

顯示圖片

定義一個函式用來顯示圖片和它所代表的標籤：

```
def view_digit(example):
    label = y_train.loc[0]
    image = X_train.loc[example,:].values.reshape([28,28])
    plt.title('Example: %d  Label: %d' % (example, label))
    plt.imshow(image, cmap=plt.get_cmap('gray'))
    plt.show()
```

當 784 維度的向量被重新形塑為 28x28 像素圖片，第一張圖片顯示出數字 5（圖 3-1）。

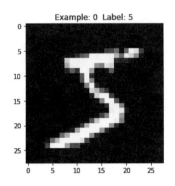

圖 3-1　第一個數字的圖片

維度縮減演算法

現在我們已經載入並且探索 MNIST 數字資料集，讓我們回到維度縮減演算法。對於每個演算法，我們會先介紹它們的概念，然後藉由應用演算法到 MNIST 數字資料集上，來建立對演算法更深的了解。

線性投影和流形學習

維度縮減有兩個主要分支。第一個分支是**線性投影**，這個方法涉及將資料從高維度的空間線性地投影至低維度的空間。這個分支包括了**主成分分析**、**奇異值分解**和**隨機投影**。

第二個分支則是**流形學習**，該方法也以非線性維度縮減為人所知。這個分支包括了 *isomap*，該方法學習了點之間的曲線距離（也稱為捷線），而非使用歐式距離。其他的技巧包括了**多維標度法**（*multidimensional scaling, MDS*）、**局部線性嵌入**（*locally linear embedding, LLE*）、*t-distributed stochastic neighbor embedding*（*t-SNE*）、**字典學習**、**隨機森林嵌入**（*random trees embedding*）和**獨立成分分析**（*independent component analysis*）。

主成分分析

我們將會探索數個版本的 PCA，包括標準 PCA、incremental PCA、sparse PCA 和 kernel PCA。

PCA 概念

我們從標準 PCA 著手，這是最常見的線性維度縮減技術之一。PCA 會找尋資料在低維度空間的表示方法，並且同時盡可能保留資料的變異性（換言之，顯著資訊）。

PCA 藉由處理特徵間的相關性來達到目的。如果一個特徵子集內的特徵彼此相關程度很高，PCA 會試著合併這些高相關的特徵，並且以較少量的線性無關的特徵來表示資料。這個演算法持續地執行相關性縮減，在原始高維資料中找尋最大變異的方向，並且投影資料到較低維度的空間。這些新得出的成分以主成分為人所知。

有了這些成分時，重建原始特徵是可能的，雖然不是完全相同，但一般來說，也足夠相似了。PCA 演算法主動地試圖在它搜尋最佳成分時，最小化重建誤差。

在我們的 MNIST 範例中，原始的特徵空間有 784 個維度，將此維度以 d 代表。PCA 會投射資料到 k 維中較小的子空間（此處 $k < d$），同時，保留盡可能多的顯著資訊。這 k 個維度就是所謂的主成分。

我們保留下來具有意義的主成分個數，顯然小於原始資料集的維度個數。雖然我們在轉換至較低維度的空間時，遺失了一些變異性（換言之，遺失了一些資訊），但資料內在的結構卻變得更容易被識別，讓我們在執行異常偵測和分群時更具成效，且效率更好。

此外，藉由縮減資料的維度，PCA 會減少資料量，進而改善機器學習演算法在機器學習流水線中的執行效率（舉例來說，如影像分類的任務）。

 進行特徵縮放是運用 PCA 前必要的步驟。PCA 對於原始特徵值的相對範圍是非常敏感的。一般來說，我們必須縮放資料來確保特徵值都在相同的相對範圍內。然而，以 MNIST 資料集來說，特徵值已經縮放到 0 到 1 的範圍內了，所以我們可以跳過這個步驟。

PCA 實務應用

現在，你對於 PCA 如何運行已有更多的了解。讓我們應用 PCA 到 MNIST 資料集上，然後觀察，當 PCA 將資料從原始 784 維度空間投影至較低維度的空間時，它在擷取有關數字的最顯著資訊表現如何？

設定超參數

讓我們為 PCA 演算法設定超參數。

```
from sklearn.decomposition import PCA

n_components = 784
whiten = False
random_state = 2018

pca = PCA(n_components=n_components, whiten=whiten, \
          random_state=random_state)
```

使用 PCA

我們會基於原先維度的數量（784）設定主成分的數量，然後，PCA 會從原來的維度中捕捉顯著資訊，並且開始產出主成分。當這些成分被產生出來後，我們會決定需要多少的主成分，以便有效地從原始的特徵集中，捕捉最多的變異量或資訊。

我們執行並且轉變訓練資料，來產出這些主成分：

```
X_train_PCA = pca.fit_transform(X_train)
X_train_PCA = pd.DataFrame(data=X_train_PCA, index=train_index)
```

評估 PCA

因為我們還沒縮減任何的維度（我們只是轉變資料），原始資料的變異量或資訊仍然被 784 個主成分 100% 捕捉著：

```
# 由 784 個主成分捕捉的變異量百分比
print("Variance Explained by all 784 principal components: ", \
      sum(pca.explained_variance_ratio_))

Variance Explained by all 784 principal components: 0.9999999999999997
```

然而，有一點很重要且需要被注意到的是，這 784 個主成分的重要性是相當有變化的。在此摘要排名前 X 個主成分的重要性：

```
# 由 X 個主成分捕捉的變異量百分比
importanceOfPrincipalComponents = \
    pd.DataFrame(data=pca.explained_variance_ratio_)
importanceOfPrincipalComponents = importanceOfPrincipalComponents.T

print('Variance Captured by First 10 Principal Components: ',
      importanceOfPrincipalComponents.loc[:,0:9].sum(axis=1).values)
print('Variance Captured by First 20 Principal Components: ',
      importanceOfPrincipalComponents.loc[:,0:19].sum(axis=1).values)
print('Variance Captured by First 50 Principal Components: ',
      importanceOfPrincipalComponents.loc[:,0:49].sum(axis=1).values)
print('Variance Captured by First 100 Principal Components: ',
      importanceOfPrincipalComponents.loc[:,0:99].sum(axis=1).values)
print('Variance Captured by First 200 Principal Components: ',
      importanceOfPrincipalComponents.loc[:,0:199].sum(axis=1).values)
print('Variance Captured by First 300 Principal Components: ',
      importanceOfPrincipalComponents.loc[:,0:299].sum(axis=1).values)

Variance Captured by First 10 Principal Components:  [0.48876238]
Variance Captured by First 20 Principal Components:  [0.64398025]
Variance Captured by First 50 Principal Components:  [0.8248609]
Variance Captured by First 100 Principal Components:  [0.91465857]
Variance Captured by First 200 Principal Components:  [0.96650076]
Variance Captured by First 300 Principal Components:  [0.9862489]
```

前十個成分捕捉到將近 50% 的變異量，前 100 個成分超過 90%，而前 300 個成分則近乎捕捉到 99% 的變異量；剩餘其他的成分所擁有的資訊則十分微不足道。

我們可以描繪出每個主成分的重要性，並且從高至低排序。為了可讀性，只列出前 10 個元素在圖 3-2。

PCA 的威力現在應該更明顯了。只要使用前 200 個主成分（遠低於原先的 784 維），就可以捕捉到超過 96% 的變異量或資訊。

基本上，PCA 讓我們縮減原始資料的維度，同時保持最多的顯著資訊。基於 PCA 處理過的特徵集合，其他的機器學習演算法（在機器學習流水線上的後續處理）能更容易在空間中分割資料（如異常偵測和分群的任務），並且只需要更少的計算資源。

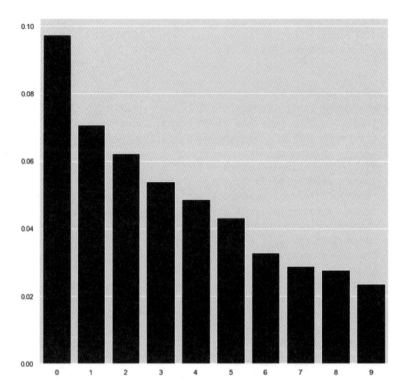

圖 3-2　PCA 成分的重要性

視覺化空間中的資料點分割

為了展示 PCA 簡潔且有效率地捕捉資料的變異量或資訊的威力,我們在兩維空間中描繪觀察的資料點。具體地來說,我們會展示一個由第一與第二主成分所組成的散佈圖,並且用真值標籤將這些資料點進行標記。我們建立一個叫作 `scatterPlot` 的函式,因為稍後也需要為其他的維度演算法呈現相同的視覺化圖片:

```
def scatterPlot(xDF, yDF, algoName):
    tempDF = pd.DataFrame(data=xDF.loc[:,0:1], index=xDF.index)
    tempDF = pd.concat((tempDF,yDF), axis=1, join="inner")
    tempDF.columns = ["First Vector", "Second Vector", "Label"]
    sns.lmplot(x="First Vector", y="Second Vector", hue="Label", \
            data=tempDF, fit_reg=False)
    ax = plt.gca()
    ax.set_title("Separation of Observations using "+algoName)

scatterPlot(X_train_PCA, y_train, "PCA")
```

如圖 3-3 所見，僅使用排名前二的主成分，PCA 便能在空間中很好地分割資料點，讓相似的點之間能夠比不相似的點之間靠得更近。

換句話說，有相同數字的圖片會比有不同數字的圖片靠得更近。PCA 完成上述的任務，且完全沒有使用到任何的標籤。這樣的結果展現了非監督式學習在擷取資料基礎結構的能力，並且有助於在沒有標籤的情況下，發現隱藏的樣式。

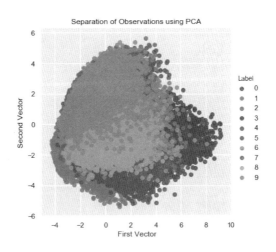

圖 3-3　使用 PCA 進行資料點分割

如果我們從原始 784 個特徵集中使用最重要特徵的其中兩個（由監督式學習模型來決定），來描繪相同兩個維度的散佈圖，分割的結果將會是糟的（圖 3-4）。

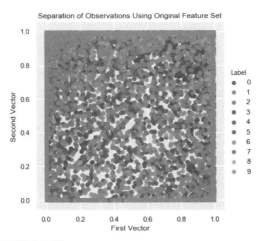

圖 3-4　不使用 PCA 進行資料點分割

圖 3-3 與圖 3-4 的比較展現出 PCA 在無標籤的情況下，學習資料集內在結構是多麼強大，即便僅僅只使用兩個維度的特徵，現在我們可以開始有意義地按照圖片所顯示的數字進行分類。

 PCA 不僅僅能夠幫忙分類資料，以便讓我們更容易地發現隱藏的樣式，它也能幫助縮減特徵集的大小，讓訓練機器學習模型的成本更低（從運行時間與計算資源兩方面來看）。

以 MNIST 資料集來說，因為資料集非常小（我們僅有 784 個特徵與 50,000 筆觀察資料），所以訓練時間最多能夠改善的幅度並不突出，但如果資料集有數百萬個特徵與數十億的觀察資料時，維度縮減將會大幅度地減少機器學習演算法在機器學習流水線內的訓練時間。

最後，PCA 通常會丟掉一些在原先特徵集內可取得的資訊，但這丟掉的過程是相當聰明的，它會拋棄較沒有價值的元素，只留下最重要的。雖然利用 PCA 精簡過的特徵集進行訓練的模型精確度不如使用完整特徵集進行訓練的模型精確度，但訓練速度與預測速度都會更快。當決定是否使用維度縮減在你的機器學習產品中時，這是一定要列入考慮的重要取捨其中之一。

Incremental PCA

對於那些非常大且大到無法載入記憶的資料集來說，我們可以小批次地且遞增式地使用 PCA，每個批次都是能夠順利載入記憶體的大小。這個批次的大小可以手動設定，也可以自動地被決定。這樣批次型態執行 PCA 的方法就是所謂的 *incremental PCA*。PCA 與 incremental PCA 最終歸納出來的主成分，大致上來說是相當相似的（圖 3-5）。以下是 incremental PCA 的程式碼：

```
# Incremental PCA
from sklearn.decomposition import IncrementalPCA

n_components = 784
batch_size = None

incrementalPCA = IncrementalPCA(n_components=n_components, \
                                batch_size=batch_size)

X_train_incrementalPCA = incrementalPCA.fit_transform(X_train)
X_train_incrementalPCA = \
```

```
    pd.DataFrame(data=X_train_incrementalPCA, index=train_index)

X_validation_incrementalPCA = incrementalPCA.transform(X_validation)
X_validation_incrementalPCA = \
    pd.DataFrame(data=X_validation_incrementalPCA, index=validation_index)

scatterPlot(X_train_incrementalPCA, y_train, "Incremental PCA")
```

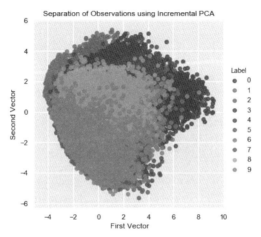

圖 3-5　使用 incremental PCA 進行資料點分割

Sparse PCA

一般的 PCA 演算法從所有的輸入變數中找尋線性組合,而這個組合能夠盡可能地縮小原始的特徵空間,讓空間中的資料點密度盡可能的高。但是對於有些機器學習問題來說,某種程度的資料稀疏可能是更好的選擇。有個版本的 PCA 能夠保留某種程度的資料稀疏程度,該程度是由超參數 *alpha* 所控制,這個版本的 PCA 就是所謂的 *sparse PCA*。sparse PCA 演算法只從一些輸入變數中找尋線性組合,該組合會縮小原始的特徵空間到某種程度,但不像一般 PCA 緊密地縮小空間。

因為這個演算法在訓練速度上較一般的 PCA 速度來得慢,所以我們只會拿訓練集內的前 10,000 個樣本進行訓練(從總數為 50,000 的樣本數中取出)。當演算法的訓練速度慢時,我們會繼續使用少於全部資料點的資料進行訓練。

就我們的目的來說（培養對於這些維度縮減演算法如何運作的認知與經驗），訓練過程的縮減是可以接受的。對於有更好的解決方案來說，基於所有的訓練集進行訓練是比較建議的選擇：

```
# Sparse PCA
from sklearn.decomposition import SparsePCA

n_components = 100
alpha = 0.0001
random_state = 2018
n_jobs = -1

sparsePCA = SparsePCA(n_components=n_components, \
                alpha=alpha, random_state=random_state, n_jobs=n_jobs)

sparsePCA.fit(X_train.loc[:10000,:])
X_train_sparsePCA = sparsePCA.transform(X_train)
X_train_sparsePCA = pd.DataFrame(data=X_train_sparsePCA, index=train_index)

X_validation_sparsePCA = sparsePCA.transform(X_validation)
X_validation_sparsePCA = \
    pd.DataFrame(data=X_validation_sparsePCA, index=validation_index)

scatterPlot(X_train_sparsePCA, y_train, "Sparse PCA")
```

圖 3-6 展示了兩個維度的散佈圖，維度是透過使用 sparse PCA 找出的前 2 個主成分。

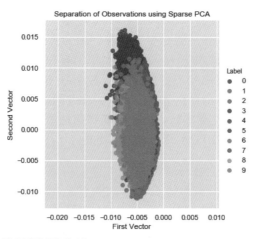

圖 3-6　使用 sparse PCA 進行資料點分割

可以注意到 sparse PCA 的散佈圖如預期地不同於一般的 PCA。一般 PCA 與 sparse PCA 產生出不同的主成分，且資料點的分割也有些不同。

Kernel PCA

一般 PCA、incremental PCA 和 sparse PCA 都是線性地將原始資料投影至較低維度的空間，但還有另一種稱為 *kernel PCA* 的非線性型 PCA，這種演算法為了能夠進行非線性的維度縮減，運算相似度函數時，會成對地的處理原始資料點。

透過學習相似度函數（所謂的 *kernel 函數*），kernel PCA 找尋出大多數資料點聚集的隱含特徵空間，並且用小於原始特徵集維度的維度數量建立這個隱含的特徵空間。當原始的特徵集不是線性可分離的情況下，這個方法尤其有效。

對於 kernel PCA 演算法來說，我們需要設定預期的成分數量、kernel 的型態和 kernel 係數（也就是 *gamma* 值），最受歡迎的 kernel 是 *徑向基函數*（*radial basis function kernel*，更常見的名稱為 *RBF kernel*），我們也將在這裡使用這個函數：

```
# Kernel PCA
from sklearn.decomposition import KernelPCA

n_components = 100
kernel = 'rbf'
gamma = None
random_state = 2018
n_jobs = 1

kernelPCA = KernelPCA(n_components=n_components, kernel=kernel, \
                      gamma=gamma, n_jobs=n_jobs, random_state=random_state)

kernelPCA.fit(X_train.loc[:10000,:])
X_train_kernelPCA = kernelPCA.transform(X_train)
X_train_kernelPCA = pd.DataFrame(data=X_train_kernelPCA,index=train_index)

X_validation_kernelPCA = kernelPCA.transform(X_validation)
X_validation_kernelPCA = \
    pd.DataFrame(data=X_validation_kernelPCA, index=validation_index)

scatterPlot(X_train_kernelPCA, y_train, "Kernel PCA")
```

對於 MNIST 數字資料集來說，kernel PCA 的二維散佈圖幾乎與線性 PCA 的散佈圖相同（圖 3-7）。學習 RBF kernel 並沒有對維度縮減產生改善。

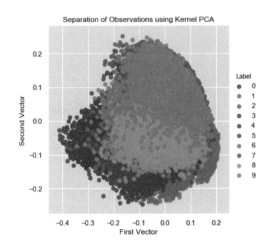

圖 3-7　使用 kernel PCA 進行資料點分割

奇異值分解（Singular Value Decomposition）

另一種學習資料基礎結構的方法是減少原始特徵矩陣的秩變成較小的秩，以便原始的矩陣可以透過較小的秩矩陣中的向量，進行線性組合重新建立。這就是所謂的**奇異值分解**（*singular value decomposition, SVD*）。

為了產生較小的秩矩陣，SVD 保持擁有最多資訊（也就是最大奇異值）的原始矩陣的向量。較小的秩矩陣捕捉原始特徵空間中最重要的要素。

這個概念非常相似於 PCA。PCA 使用共變異數矩陣的特徵分解來進行維度縮減。SVD 使用奇異值分解，就如同它名字所述一般。實際上，PCA 在計算中牽涉到了 SVD 的使用，但這個討論已經超過本書的範圍。

這裡展示了 SVD 是如何進行的：

```
# 奇異值分解
from sklearn.decomposition import TruncatedSVD

n_components = 200
algorithm = 'randomized'
n_iter = 5
random_state = 2018

svd = TruncatedSVD(n_components=n_components, algorithm=algorithm, \
```

```
                        n_iter=n_iter, random_state=random_state)

    X_train_svd = svd.fit_transform(X_train)
    X_train_svd = pd.DataFrame(data=X_train_svd, index=train_index)

    X_validation_svd = svd.transform(X_validation)
    X_validation_svd = pd.DataFrame(data=X_validation_svd, index=validation_index)

    scatterPlot(X_train_svd, y_train, "Singular Value Decomposition")
```

圖 3-8 顯示了資料點的分割，這個分割使用了 SVD 中最重要的兩個向量。

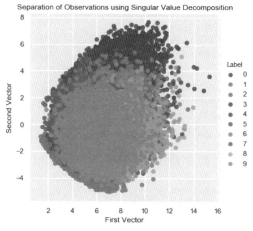

圖 3-8　使用 SVD 進行資料點分割

隨機投影（Random Projection）

另一個線性維度縮減的技術是隨機投影，這個方法是基於 *Johnson–Lindenstrauss* 引理提出。根據 Johnson-Lindenstrauss 引理，高維度空間裡的點可以被嵌入到較低維度的空間，以便於點和點之間的距離仍幾乎被維持著。換言之，即使我們從高維度的空間移動到低維度的空間，原始特徵集之間的相對結構也會被保存下來。

高斯隨機投影（Gaussian Random Projection）

隨機投影有兩種版本，標準版本就是高斯隨機投影（*Gaussian random projection*），而稀疏的版本就是稀疏隨機投影（*sparse random projection*）。

對於高斯隨機投影來說，我們可以指定在縮減的特徵空間中想要擁有的元素數量，或者是設定超參數 *eps*。根據 Johnson-Lindenstrauss 引理，eps 控制了嵌入的品質，越小的 eps 會產出越高的維度數量。在我們的例子中，我們會設定這個超參數：

```
# 高斯隨機投影
from sklearn.random_projection import GaussianRandomProjection

n_components = 'auto'
eps = 0.5
random_state = 2018

GRP = GaussianRandomProjection(n_components=n_components, eps=eps, \
                              random_state=random_state)

X_train_GRP = GRP.fit_transform(X_train)
X_train_GRP = pd.DataFrame(data=X_train_GRP, index=train_index)

X_validation_GRP = GRP.transform(X_validation)
X_validation_GRP = pd.DataFrame(data=X_validation_GRP, index=validation_index)

scatterPlot(X_train_GRP, y_train, "Gaussian Random Projection")
```

圖 3-9 顯示了使用高斯隨機投影的二維散佈圖。

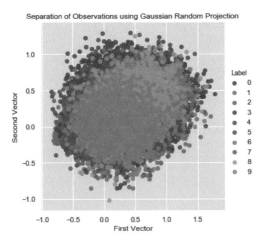

圖 3-9　使用高斯隨機投影進行資料點分割

雖然它就像 PCA 一樣也是一種線性投影，但是隨機投影卻是完全不同的維度縮減家族。因此，隨機投影的散佈圖看起來非常不同於一般 PCA、incremental PCA、sparse PCA 和 kernel PCA 的散佈圖。

稀疏隨機投影（Sparse Random Projection）

正如同有稀疏版本的 PCA，隨機投影也有個稀疏的版本，稱為**稀疏隨機投影**。它在轉換過的特徵集中保留了一定程度的稀疏度，而且通常也是較有效率的方法，因為它將原始資料轉換到縮減空間的速度要比高斯隨機投影來得快：

```
# 稀疏隨機投影
from sklearn.random_projection import SparseRandomProjection

n_components = 'auto'
density = 'auto'
eps = 0.5
dense_output = False
random_state = 2018

SRP = SparseRandomProjection(n_components=n_components, \
        density=density, eps=eps, dense_output=dense_output, \
        random_state=random_state)

X_train_SRP = SRP.fit_transform(X_train)
X_train_SRP = pd.DataFrame(data=X_train_SRP, index=train_index)

X_validation_SRP = SRP.transform(X_validation)
X_validation_SRP = pd.DataFrame(data=X_validation_SRP, index=validation_index)

scatterPlot(X_train_SRP, y_train, "Sparse Random Projection")
```

圖 3-10 顯示了使用稀疏隨機投影的二維散佈圖。

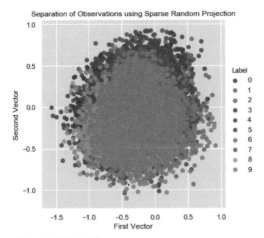

圖 3-10　使用稀疏隨機投影進行資料點分割

Isomap

不採用線性投影的方式，將資料從高維度空間投影到低維度空間，我們可以使用非線性的維度縮減方法。這些方法被統稱為流形學習。

最基本的流形學習方法就是 *isometric mapping*，或是簡稱 *Isomap*。就像 kernel PCA，Isomap 透過計算所有點之間成對的距離（這裡的距離指的是**曲線**或是**捷線距離**而非**歐式距離**），來學習能代表原始特徵集的一個新的且低維度的 embedding。換言之，它基於每個點在流形上相對於它鄰居的關係，學習原始資料的內在幾何：

```
# Isomap

from sklearn.manifold import Isomap

n_neighbors = 5
n_components = 10
n_jobs = 4

isomap = Isomap(n_neighbors=n_neighbors, \
                n_components=n_components, n_jobs=n_jobs)

isomap.fit(X_train.loc[0:5000,:])
X_train_isomap = isomap.transform(X_train)
X_train_isomap = pd.DataFrame(data=X_train_isomap, index=train_index)
```

```
X_validation_isomap = isomap.transform(X_validation)
X_validation_isomap = pd.DataFrame(data=X_validation_isomap, \
                                   index=validation_index)

scatterPlot(X_train_isomap, y_train, "Isomap")
```

圖 3-11 顯示了使用 Isomap 的二維散佈圖。

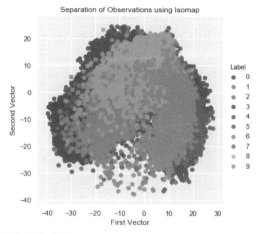

圖 3-11　使用 Isomap 進行資料點分割

多維標度法（Multidimensional Scaling）

多維標度法（*multidimensional scaling, MDS*）是一種非線性維度縮減的方法，該方法學習原始資料集裡，點之間的相似度，並且藉由使用這個相似度學習，將相似度塑模至低維度的空間中：

```
# 多維標度法
from sklearn.manifold import MDS

n_components = 2
n_init = 12
max_iter = 1200
metric = True
n_jobs = 4
random_state = 2018

mds = MDS(n_components=n_components, n_init=n_init, max_iter=max_iter, \
```

```
                metric=metric, n_jobs=n_jobs, random_state=random_state)

    X_train_mds = mds.fit_transform(X_train.loc[0:1000,:])
    X_train_mds = pd.DataFrame(data=X_train_mds, index=train_index[0:1001])

    scatterPlot(X_train_mds, y_train, "Multidimensional Scaling")
```

圖 3-12 顯示了使用 MDS 的二維散佈圖。

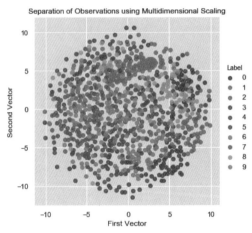

圖 3-12　使用 MDS 進行資料點分割

局部線性嵌入法（Locally Linear Embedding）

另一種受歡迎的非線性維度縮減的方法就是**局部線性嵌入法**（*locally linear embedding, LLE*）。這個方法將資料從原始的特徵空間投影到縮減的空間時，保存了局部範圍內鄰居之間的距離。LLE 透過分割資料成為較小的組成（換言之，包含數個點的鄰近區域）以及將每個組成塑模成一個線性的 embedding，來發現原始高維資料中的非線性結構。

對於這個演算法來說，我們設定期望的成分個數，以及一個鄰近區域內的點個數：

```
# 局部線性嵌入法（LLE）
from sklearn.manifold import LocallyLinearEmbedding

n_neighbors = 10
n_components = 2
method = 'modified'
n_jobs = 4
random_state = 2018

lle = LocallyLinearEmbedding(n_neighbors=n_neighbors, \
        n_components=n_components, method=method, \
        random_state=random_state, n_jobs=n_jobs)

lle.fit(X_train.loc[0:5000,:])
X_train_lle = lle.transform(X_train)
X_train_lle = pd.DataFrame(data=X_train_lle, index=train_index)

X_validation_lle = lle.transform(X_validation)
X_validation_lle = pd.DataFrame(data=X_validation_lle, index=validation_index)

scatterPlot(X_train_lle, y_train, "Locally Linear Embedding")
```

圖 3-13 顯示了使用 LLE 的二維散佈圖。

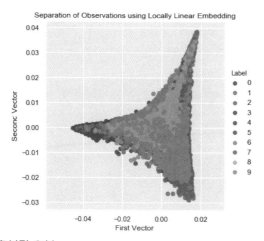

圖 3-13　使用 LLE 進行資料點分割

t-Distributed Stochastic Neighbor Embedding

t-distributed stochastic neighbor embedding（*t-SNE*）是針對視覺化高維度資料的一個非線性的維度縮減技術。t-SNE 藉由將高維度的資料點塑模到二維或者是三維的空間，在這個空間中相近的點會彼此靠近，而不相似的點則彼此遠離。它藉由建立兩個機率分佈來完成這樣的結果，一個機率分佈代表高維度空間中成對的點的關係，而另一個則代表低維度空間中成對的點的關係，使得相近的點為高機率值，而不相近的點則為低機率值。具體地來說，t-SNE 最小化了兩個機率分佈的 *Kullback–Leibler* 散度。

在實際的 t-SNE 應用中，使用 t-SNE 之前，最好是能夠先使用另一個維度縮減的技術（例如 PCA，如我們這邊所實作的）進行維度縮減。透過先使用另一種維度縮減的方法，我們減少了輸入給 t-SNE 特徵中的噪音，而且加速了演算法的計算：

```
# t-SNE
from sklearn.manifold import TSNE

n_components = 2
learning_rate = 300
perplexity = 30
early_exaggeration = 12
init = 'random'
random_state = 2018

tSNE = TSNE(n_components=n_components, learning_rate=learning_rate, \
            perplexity=perplexity, early_exaggeration=early_exaggeration, \
            init=init, random_state=random_state)

X_train_tSNE = tSNE.fit_transform(X_train_PCA.loc[:5000,:9])
X_train_tSNE = pd.DataFrame(data=X_train_tSNE, index=train_index[:5001])

scatterPlot(X_train_tSNE, y_train, "t-SNE")
```

 t-SNE 有一個非凸的成本函數，這代表著演算法的不同的初始化會產生不同的結果。沒有穩定的解答。

圖 3-14 顯示了使用 t-SNE 的二維散佈圖。

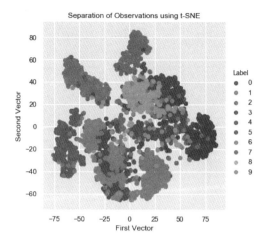

圖 3-14　使用 t-SNE 進行資料點分割

其他維度縮減的方法

我們已經介紹了線性與非線性的維度縮減方法。現在，我們要將注意力移動到另一些不依賴任何幾何或距離指標的方法上。

字典學習（Dictionary Learning）

一個屬於這樣的方法稱為**字典學習**（*dictionary learning*），該方法學習原始資料的稀疏表示。最終歸納出來的矩陣稱為**字典**，而字典中的向量則稱為**原子**（*atom*）。這些原子是簡單的二元向量，由 0 與 1 所構成。原始資料中的每個實例都可以被重構成為一個由這些原子的加權總和。

假設原始資料中有 d 個特徵，以及字典中有 n 個原子，我們可以有一個字典，而該字典可以是**低完備**（*undercomplete*），意指 $d > n$，或者是**過完備**（*overcomplete*），意指 $n > d$。低完備的字典完成了維度縮減的目標，也就是說用較少的向量來表示原始的資料，這就是我們正專注的目標[3]。

3　過完備的字典可以用於不同的目的，如影像壓縮。

我們將使用 mini-batch 版本的字典學習到我們的數字資料集上。正如同使用其他維度縮減方法一般，為了進行訓練，會設定成分的數量、批次的大小和迭代的次數。

因為我們想要透過二維散佈圖來視覺化圖片，所以我們將學習一個十分密集的字典，但在實務上，我們會使用較為稀疏的版本：

```
# 小批次字典學習

from sklearn.decomposition import MiniBatchDictionaryLearning

n_components = 50
alpha = 1
batch_size = 200
n_iter = 25
random_state = 2018

miniBatchDictLearning = MiniBatchDictionaryLearning( \
                        n_components=n_components, alpha=alpha, \
                        batch_size=batch_size, n_iter=n_iter, \
                        random_state=random_state)

miniBatchDictLearning.fit(X_train.loc[:,:10000])
X_train_miniBatchDictLearning = miniBatchDictLearning.fit_transform(X_train)
X_train_miniBatchDictLearning = pd.DataFrame( \
    data=X_train_miniBatchDictLearning, index=train_index)

X_validation_miniBatchDictLearning = \
    miniBatchDictLearning.transform(X_validation)
X_validation_miniBatchDictLearning = \
    pd.DataFrame(data=X_validation_miniBatchDictLearning, \
    index=validation_index)

scatterPlot(X_train_miniBatchDictLearning, y_train, \
            "Mini-batch Dictionary Learning")
```

圖 3-15 顯示了使用字典學習的二維散佈圖。

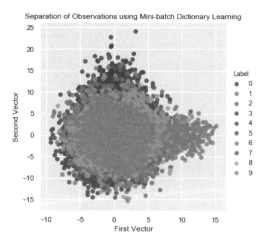

圖 3-15　使用字典學習進行資料點分割

獨立成分分析（ICA）

一個常見無標籤資料的問題是有許多獨立訊號被一起嵌入到既有的特徵中。透過**獨立成分分析**（*independent component analysis, ICA*），我們可以將這些調和在一起的訊號分離成個別的成分。在成分分離完成後，我們可以藉由將一些產生出來的個別成分相加，來重建任一個原始特徵。ICA 常被用在訊號處理的任務（比方說，在忙碌的咖啡館聲音片段中，識別個別的聲音）。

下面的程式碼呈現了 ICA 是如何進行的：

```
# 獨立成分分析
from sklearn.decomposition import FastICA

n_components = 25
algorithm = 'parallel'
whiten = True
max_iter = 100
random_state = 2018

fastICA = FastICA(n_components=n_components, algorithm=algorithm, \
                  whiten=whiten, max_iter=max_iter, random_state=random_state)

X_train_fastICA = fastICA.fit_transform(X_train)
X_train_fastICA = pd.DataFrame(data=X_train_fastICA, index=train_index)

X_validation_fastICA = fastICA.transform(X_validation)
```

```
X_validation_fastICA = pd.DataFrame(data=X_validation_fastICA, \
                                    index=validation_index)

scatterPlot(X_train_fastICA, y_train, "Independent Component Analysis")
```

圖 3-16 顯示了使用 ICA 的二維散佈圖。

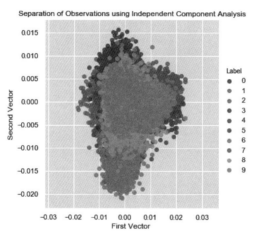

圖 3-16　使用獨立成分分析進行資料點分割

結論

在這個章節，我們介紹並且探索了數個維度縮減的演算法，從線性方法如 PCA 和隨機投影。隨後，我們切換到非線性方法（也就是流形學習），如 Isomap、多維標度法、LLE 和 t-SNE。我們也涵蓋不是以距離為基礎的方法，如字典學習和 ICA。

維度縮減透過學習資料的基礎結構，用較少的維度來捕捉資料集裡最顯著的資訊，而且在沒有任何標籤情況下完成這項任務。透過在 MNIST 數字資料集上，使用這些演算法，能夠有意義地將這些圖片基於它所呈現的數字進行分類，而且只使用了最前面的兩個維度。

這強調了維度縮減的威力。

在第四章，我們將藉由維度縮減演算法建立一個應用非監督學習的解決方案。具體來說，我們會再次探索第二章所介紹的詐欺偵測問題，並且在不使用標籤的情況下，從正常交易中分別出詐欺交易。

異常偵測

在第三章，我們介紹了核心的維度縮減演算法，並且探索了它們只使用明顯低於原始 784 個維度的些許維度，便能夠捕捉 MNIST 數字資料集中最重要的顯著資訊的能力。即使在兩個維度情況下，演算法仍然可以有意義的分別數字，而不需要任何的標籤。這就是非監督是學習的威力，它們可以學習資料的基礎結構，並且協助在缺損標籤的情況下，找尋隱藏的樣式。

我們來建立一個透過維度縮減方法的機器學習應用解決方案。我們將再次探索第二章所介紹的問題，並且建立一個不使用任何標籤的信用卡詐欺偵測系統。

在現實情況下，詐欺常常未能被揭露，而且也只有那些被發覺的詐欺為資料集提供標籤。此外，詐欺的樣式會隨著時間改變，所以基於詐欺標籤建立的監督式學習系統（就如同第二章我們所建立的系統一般）會變得無效，也就是說它能夠捕捉具有歷史樣式的詐欺，但不能調適到新出現的樣式上。

為了這些理由（缺乏足夠的標籤而且需要盡可能快地調適到新出現的詐欺樣式），非監督式學習的詐欺偵測系統正盛行。

在這個章節中，我們將使用一些前面章節所探索的維度縮減演算法來建立這樣的解決方案。

信用卡詐欺偵測

讓我們重新思考第二章的信用卡交易問題。

準備資料

就像我們在第二章所進行的一樣,我們載入信用卡交易資料集,產生特徵矩陣和標籤陣列,並且將資料切割成訓練集和測試集。我們將不使用標籤進行任何的異常偵測,但會使用標籤來協助評估我們所建立的詐欺偵測系統。

作為一個扼要的提醒,我們總共有 284,807 筆信用卡交易,其中有 492 筆詐欺交易,而且這些交易會被標記為 1。其他正常的交易則標記為 0。

我們有 30 個特徵用於異常偵測,包括了時間、數量和 28 個主成分。我們會把資料集切割成訓練集(有 190,820 筆正常交易和 330 筆的詐欺交易)和測試集(有 93,987 筆正常交易和 162 筆詐欺交易):

```
# 載入資料集
current_path = os.getcwd()
file = '\\datasets\\credit_card_data\\credit_card.csv'
data = pd.read_csv(current_path + file)

dataX = data.copy().drop(['Class'],axis=1)
dataY = data['Class'].copy()

featuresToScale = dataX.columns
sX = pp.StandardScaler(copy=True)
dataX.loc[:,featuresToScale] = sX.fit_transform(dataX[featuresToScale])

X_train, X_test, y_train, y_test = \
    train_test_split(dataX, dataY, test_size=0.33, \
                        random_state=2018, stratify=dataY)
```

定義異常評分函數

接著,我們需要定義一個函數,該函數計算每筆交易的異常程度。基於詐欺交易是稀少的且與大多數的正常交易看起來是十分不同的假設,越異常的交易,它就越可能是詐欺交易。

正如同我們先前章節所討論的,維度縮減演算法在縮減資料維度的同時,也會試圖最小化重建誤差。換句話說,這些演算法會試著捕捉原始特徵中最重要的顯著資訊,所採用的方法將可以從縮減的特徵集中,盡可能重建原始特徵集。

然而，由於維度縮減演算法移動到較低維度的空間，所以它無法捕捉原始特徵集中的所有資訊。因此，當這些演算法重構縮減的特徵集合，返回原始的維度數目時，將會有些誤差產生。

在我們的信用卡交易資料集情境中，演算法在那些難以被塑模的交易上會有最大的重建誤差（換言之，就是那些不常發生且最為異常的交易）。由於詐欺是稀少且大概與一般交易不同，所以詐欺交易應該產生最大的重建誤差，因此我們將異常評分定義為重建誤差，每個交易的重建誤差是原始特徵矩陣與經過維度縮減的重構矩陣之間差值平方的總和。我們將基於差值平方總和的最大與最小範圍來對差值平方總和進行縮放，以便讓所有的重建誤差落在 0 與 1 之間。

有最大差值平方總和的交易，其誤差值會接近 1，而有最小差值平方總和的交易，其誤差值則會接近 0。

這樣的過程你應該很熟悉才對，就像我們在第二章所建立的監督式詐欺偵測解決方案一樣，維度縮減演算法會更有效地為每個交易評定一個介於 0 和 1 之間的異常分數。0 是正常，而 1 則為異常（最可能是詐欺交易）。

下面是異常評分函數：

```
def anomalyScores(originalDF, reducedDF):
    loss = np.sum((np.array(originalDF)-np.array(reducedDF))**2, axis=1)
    loss = pd.Series(data=loss,index=originalDF.index)
    loss = (loss-np.min(loss))/(np.max(loss)-np.min(loss))
    return loss
```

定義評估指標

雖然我們不會使用詐欺標籤來建立非監督式詐欺偵測解決方案，但是我們會使用標籤來評估我們所開發的非監督解決方案。標籤會幫助我們了解這些解決方案有多擅長捕捉已知的詐欺樣式。

如同我們在第二章所做的，我們會使用精準率 - 召回率曲線、平均精準率和 auROC 當作評估指標。底下是用來繪出這些結果的函式：

```
def plotResults(trueLabels, anomalyScores, returnPreds = False):
    preds = pd.concat([trueLabels, anomalyScores], axis=1)
    preds.columns = ['trueLabel', 'anomalyScore']
    precision, recall, thresholds = \
        precision_recall_curve(preds['trueLabel'],preds['anomalyScore'])
    average_precision = \
```

```
        average_precision_score(preds['trueLabel'],preds['anomalyScore'])

    plt.step(recall, precision, color='k', alpha=0.7, where='post')
    plt.fill_between(recall, precision, step='post', alpha=0.3, color='k')

    plt.xlabel('Recall')
    plt.ylabel('Precision')
    plt.ylim([0.0, 1.05])
    plt.xlim([0.0, 1.0])

    plt.title('Precision-Recall curve: Average Precision = \
    {0:0.2f}'.format(average_precision))

    fpr, tpr, thresholds = roc_curve(preds['trueLabel'], \
                                     preds['anomalyScore'])
    areaUnderROC = auc(fpr, tpr)

    plt.figure()
    plt.plot(fpr, tpr, color='r', lw=2, label='ROC curve')
    plt.plot([0, 1], [0, 1], color='k', lw=2, linestyle='--')
    plt.xlim([0.0, 1.0])
    plt.ylim([0.0, 1.05])
    plt.xlabel('False Positive Rate')
    plt.ylabel('True Positive Rate')
    plt.title('Receiver operating characteristic: \
    Area under the curve = {0:0.2f}'.format(areaUnderROC))
    plt.legend(loc="lower right")
    plt.show()

    if returnPreds==True:
        return preds
```

 詐欺標籤和評估指標會幫助我們評估非監督式詐欺偵測系統有多擅長捕捉已知的詐欺交易樣式,這些詐欺是我們已知並且也定好標籤的。

然而,我們無法評估非監督式詐欺偵測系統有多擅長捕捉那些未知的詐欺交易樣式。換言之,資料集內或許有未被正確標記成詐欺的交易,因為金融公司從未發現它。

如你已經發現的一樣,相對於監督式學習系統來說,非監督式學習系統更難以進行評估。非監督式學習系統常常利用捕捉已知的詐欺交易樣式來評估它們的能力。這是一個不完整的評測,更好的評估指標是去評估它們在過去與未來識別未知詐欺樣式的能力。

因為我們無法回頭找金融公司評估那些被我們識別出來的未知詐欺交易樣式，我們必須單獨地基於它們有多擅於偵測已知的詐欺樣式來進行評估。當我們在進行結果評估時，請務必將這些限制牢記於心。

定義繪製函式

我們會重新使用來自第三章的散佈圖繪製函式，來顯示維度縮減演算法僅在前 2 個維度的情況下，資料點的分割狀況。

```
def scatterPlot(xDF, yDF, algoName):
    tempDF = pd.DataFrame(data=xDF.loc[:,0:1], index=xDF.index)
    tempDF = pd.concat((tempDF,yDF), axis=1, join="inner")
    tempDF.columns = ["First Vector", "Second Vector", "Label"]
    sns.lmplot(x="First Vector", y="Second Vector", hue="Label", \
               data=tempDF, fit_reg=False)
    ax = plt.gca()
    ax.set_title("Separation of Observations using "+algoName)
```

PCA 異常偵測

在第三章，我們展示了 PCA 如何只用一些主要成分，而且數量遠少於原始維度數量的情況下，捕捉 MNIST 數字資料集中大多數的資訊。實際上，只使用兩個維度便可能基於圖片所顯示的圖案，將圖片分類成不同的群組。

基於這個概念來建立模型，我們會使用 PCA 來學習信用卡交易資料集的內在結構。當我們學習到這個資料的基礎結構，我們會使用這個模型來重建信用卡交易，並且計算這個重建的交易與原始的交易之間的差異。那些 PCA 重建得十分差勁的交易是最為異常的（且最可能是詐欺交易）。

需要記得的一點是我們所擁有的信用卡交易資料集特徵已經是 PCA 的輸出，而這就是金融公司所給我們的資料集。然而，為了異常偵測而在已經進行過維度縮減的資料及上進行 PCA 處理，並不是件特別的事，我們只是將最初給予的主成分當作原始特徵集而已。

此後，我們會把最初給予的主成分當作原始的特徵集。任何在接續的討論中所提及的主成分將會是指透過我們在被給予的原始特徵集上，進行 PCA 所得到的主成分。

讓我們開始更深入的了解 PCA 或維度縮減如何協助進行異常偵測。因為我們已經定義了異常偵測是依賴於重建誤差，我們想要那些較稀有的交易行為（最可能是詐欺交易）的重建誤差越高越好，而其他交易的重建誤差則是越低越好。

對於 PCA 來說，重建誤差十分依賴於我們保留下來、用於重建原始交易的主成分數量。越多的主成分被保留，PCA 則越擅於學習到原始交易的基礎結構。

然而，這取捨要有個平衡點。如果我們保留了太多的主成分，PCA 可能更容易重建原始的交易，以致於所有交易的重建誤差都會最小。如果我們保留了太少的主成分，PCA 或許無法夠完善地重建任意原始交易，這些交易包括了不正常的交易與非詐欺的交易。

我們來搜尋適當的主成分數量，以便建立一個好的詐欺偵測系統。

PCA 成分數等同於原始的維度數量

首先，讓我們思考一些事情。如果使用 PCA 來產生與原始特徵相同數目的主成分，我們能夠藉由這個模型來進行異常偵測嗎？

如果我們思考過這狀況，答案是相當明顯的。回想一下前一章節裡，我們基於 MNIST 數字資料集的 PCA 範例。

當主成分數量等同於原始的維度數目時，PCA 將捕捉資料中將近 100% 的變異量或資訊。因此，當 PCA 用主成分重建原始交易時，不管是詐欺交易或是正常交易，它都會產生極少的重建誤差。我們將無法分別出稀少與正常的交易，換句話說，異常真測會是差勁的。

為了突顯這個現象，我們用 PCA 產出與原始特徵相同數目的主成分（我們的信用卡交易資料集有 30 個特徵）。這會用 Scikit-Learn 的 `fit_transform` 函式來完成。

為了用我們產生出來的主成分重新建立原始交易，我們會使用 Scikit-Learn 的 `inverse_transform`：

```
# 30 個主成分
from sklearn.decomposition import PCA

n_components = 30
whiten = False
random_state = 2018

pca = PCA(n_components=n_components, whiten=whiten, \
```

```
                        random_state=random_state)

    X_train_PCA = pca.fit_transform(X_train)
    X_train_PCA = pd.DataFrame(data=X_train_PCA, index=X_train.index)

    X_train_PCA_inverse = pca.inverse_transform(X_train_PCA)
    X_train_PCA_inverse = pd.DataFrame(data=X_train_PCA_inverse, \
                                       index=X_train.index)

    scatterPlot(X_train_PCA, y_train, "PCA")
```

圖 4-1 顯示使用 PCA 前二個主成分，進行交易分類的圖表。

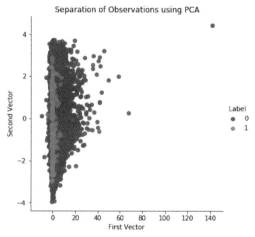

圖 4-1　使用普通 PCA 與 30 個主成分進行資料點分割

讓我們計算精準率 - 召回率曲線和 ROC 曲線：

```
    anomalyScoresPCA = anomalyScores(X_train, X_train_PCA_inverse)
    preds = plotResults(y_train, anomalyScoresPCA, True)
```

平均精準率為 0.11，這是一個差勁的詐欺偵測解決方案（見圖 4-2）。它只能捕捉到非常少的詐欺交易。

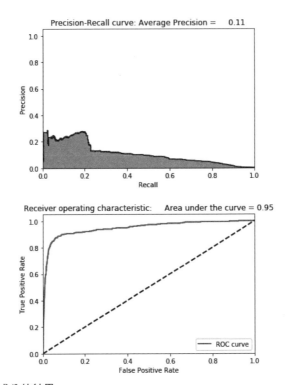

圖 4-2 使用 30 個主成分的結果

找尋最佳的主成分數量

現在,我們透過縮減 PCA 所產生的主成分數量,進行一些實驗,並且評估詐欺偵測的結果。我們需要以 PCA 作為基礎的解決方案,而且該方案可以對稀有的交易案例產生足夠的重建誤差,以便讓解決方案可以有意義地從正常交易中將詐欺的交易案例分離出來。但是所有交易的重建誤差不能太高或太低,讓稀有與一般交易行為實質上無法被分辨出來。

經過一些實驗後,你可以透過 GitHub(*http://bit.ly/2Gd4v7e*)進行相同的試驗,我們找到 27 個主成分是對於這個信用卡交易資料集而言,最佳的成分數量。

圖 4-3 顯示使用 PCA 前二個主成分,進行的交易分類圖表。

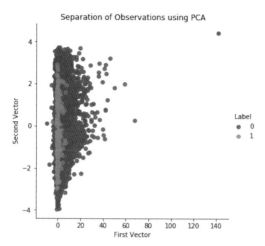

圖 4-3　使用 PCA 與 27 個主成分的資料點分割

圖 4-4 顯示了精準率 - 召回率曲線、平均精準率與 auROC 曲線。

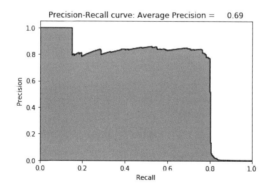

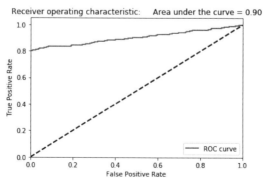

圖 4-4　使用 PCA 與 27 個主成分的結果

如你所見，我們能夠捕捉到 80% 的詐欺，而且精準率為 75%。這個結果是非常令人印象深刻的，尤其是我們並未使用到任何的標籤。為了讓這些結果更容易被想像，思考一下，這個訓練集總共有 190,820 筆交易，而僅僅只有 330 筆交易是詐欺交易。

我們透過 PCA 為 190,820 筆交易的每一筆交易計算重建誤差。如果將這些交易基於重建誤差（也可視為異常分數）作從高至低的降冪排序，然後從列表中取出前 350 筆交易，我們可以發現裡面共有 264 筆交易是屬於詐欺交易。

75% 是精準率。此外，我們從 350 筆挑選出來的資料中，捕捉到了 264 筆詐欺交易，占了整個訓練集所有詐欺交易數量的 80%（330 筆詐欺交易中的 264 筆）。請記得，我們並未使用任何標籤便達到這個目標。這個方案是個真正的非監督式詐欺偵測解決方案。

這裡的程式碼突顯了這件事：

```
preds.sort_values(by="anomalyScore",ascending=False,inplace=True)
cutoff = 350
predsTop = preds[:cutoff]
print("Precision: ",np.round(predsTop. \
        anomalyScore[predsTop.trueLabel==1].count()/cutoff,2))
print("Recall: ",np.round(predsTop. \
        anomalyScore[predsTop.trueLabel==1].count()/y_train.sum(),2))
```

下面的程式碼總結了執行結果：

```
Precision: 0.75
Recall: 0.8
Fraud Caught out of 330 Cases: 264
```

雖然這已經是相當好的解決方案了，但還是讓我們試試其他維度縮減方法來開發詐欺偵測系統。

Sparse PCA 異常偵測

我們試試使用 sparse PCA 來設計詐欺偵測系統。回想一下，sparse PCA 與普通 PCA 非常相似，但它提供了資料點散佈較不密集的版本。換言之，sparse PCA 提供了一個主成分的稀疏表示方式。

我們仍然需要設定需要的主成分數目，另外，我們還必須設定 alpha 參數，這個參數控制了稀疏的程度。因為要找尋最佳的稀疏 PCA 詐欺偵測解決方案，我們會實驗不同的主成分數與 alpha 值。

注意到對於一般 PCA 而言，Scikit-Learn 使用 `fit_transform` 函式來產生主成分以及 `inverse_transform` 函式從主成分重建原始的維度。透過使用這兩個函式，我們能夠計算從 PCA 推導出來的特徵集與原始特徵集之間的重建誤差。

不幸的是，Scikit-Learn 沒有為 sparse PCA 提供 `inverse_transform` 函式，因此我們必須在執行完 sparse PCA 後自行重建原始的維度。

讓我們開始產生有 27 個主成分且 alpha 預設為 0.0001 的 sparse PCA 矩陣：

```python
# Sparse PCA
from sklearn.decomposition import SparsePCA

n_components = 27
alpha = 0.0001
random_state = 2018
n_jobs = -1

sparsePCA = SparsePCA(n_components=n_components, \
                alpha=alpha, random_state=random_state, n_jobs=n_jobs)

sparsePCA.fit(X_train.loc[:,:])
X_train_sparsePCA = sparsePCA.transform(X_train)
X_train_sparsePCA = pd.DataFrame(data=X_train_sparsePCA, index=X_train.index)

scatterPlot(X_train_sparsePCA, y_train, "Sparse PCA")
```

圖 4-5 顯示了 sparse PCA 的散佈圖。

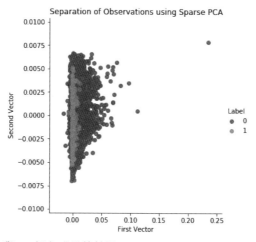

圖 4-5　使用 sparse PCA 與 27 個主成分的結果

現在讓我們從 sparse PCA 矩陣，藉由簡單地將 sparse PCA 矩陣（有 190,820 樣本和 27 個維度）與由 Scikit-Learn 函式庫所提供的 sparse PCA 成分（27 x 30 矩陣），作簡單的矩陣相乘。

從這新推導出的反矩陣可以計算重建誤差（異常分數），如同我們使用普通 PCA 時一樣：

```
X_train_sparsePCA_inverse = np.array(X_train_sparsePCA). \
    dot(sparsePCA.components_) + np.array(X_train.mean(axis=0))
X_train_sparsePCA_inverse = \
    pd.DataFrame(data=X_train_sparsePCA_inverse, index=X_train.index)

anomalyScoresSparsePCA = anomalyScores(X_train, X_train_sparsePCA_inverse)
preds = plotResults(y_train, anomalyScoresSparsePCA, True)
```

現在，我們來產生精準率 - 召回率曲線與 ROC 曲線。

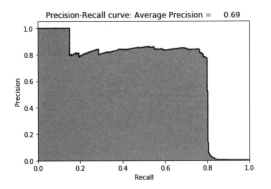

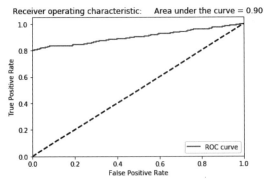

圖 4-6　使用 sparse PCA 和 27 個主成分的結果

如圖 4-6 所顯示，結果與普通 PCA 相同。這是可以被預期的結果，因為普通 PCA 與 sparse PCA 是非常相似的，後者的結果只是前者的稀疏表示而已。

使用 GitHub（*http://bit.ly/2Gd4v7e*）上的程式碼，你可以藉由修改被產生出來的主成分數量和 alpha 參數進行實驗，但基於我們的實驗結果，目前的設定即是最好的 sparse PCA 詐欺偵測解決方案。

Kernel PCA 異常偵測

現在讓我們使用 kernel PCA 來設計一個詐欺偵測解決方案。它是非線性版本 PCA，而且如果詐欺交易無法與非詐欺交易進行線性分割時，它將發揮作用。

我們需要指明想要產生的成分數量、kernel（我們會使用如上一章所使用的 RBF kernel）和 gamma（它預設上被設置成 1/ 特徵數，以我們的例子來說，為 1/30）值。我們還需要設定 `fit_inverse_transform` 為 true，來使用內建由 Scikit-Learn 所提供的 `inverse_transform` 函式。

最後，由於 kernel PCA 進行訓練是很昂貴的，因此我們會只對交易資料集的前兩千筆資料進行訓練。這樣的配置並不理想，但它對於進行快速地試驗是必要的方法。

我們會使用這個訓練來轉變全部的訓練集和產生主成分。然後，我們會使用 `inverse_transform` 函式，基於 kernel PCA 推導出的主成分來重新建立原始維度：

```
# Kernel PCA
from sklearn.decomposition import KernelPCA

n_components = 27
kernel = 'rbf'
gamma = None
fit_inverse_transform = True
random_state = 2018
n_jobs = 1

kernelPCA = KernelPCA(n_components=n_components, kernel=kernel, \
                gamma=gamma, fit_inverse_transform= \
                fit_inverse_transform, n_jobs=n_jobs, \
                random_state=random_state)

kernelPCA.fit(X_train.iloc[:2000])
X_train_kernelPCA = kernelPCA.transform(X_train)
X_train_kernelPCA = pd.DataFrame(data=X_train_kernelPCA, \
```

```
                                    index=X_train.index)

X_train_kernelPCA_inverse = kernelPCA.inverse_transform(X_train_kernelPCA)
X_train_kernelPCA_inverse = pd.DataFrame(data=X_train_kernelPCA_inverse, \
                                    index=X_train.index)

scatterPlot(X_train_kernelPCA, y_train, "Kernel PCA")
```

圖 4-7 顯示 kernel PCA 的散佈圖。

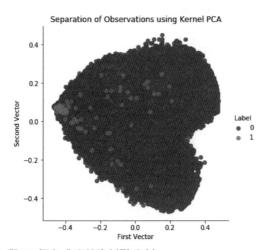

圖 4-7　使用 kernel PCA 與 27 個主成分的資料點分割

現在讓我們計算異常分數並且印出結果。

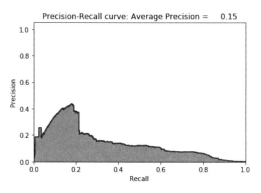

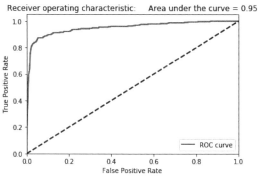

圖 4-8　使用 kernel PCA 和 27 個主成分的結果

如圖 4-8 所示，結果遠不及普通 PCA 與 sparse PCA。儘管值得使用 kernel PCA 進行試驗，但我們不會使用它作為詐欺偵測的解決方案，因為在之前的試驗中，我們已經有較好的解決方案。

我們不會使用 SVD 來建立異常偵測解決方案，因為這個解決方案十分相似於普通 PCA。這樣的情況是可預期的，因為 PCA 與 SVD 緊密相關。

作為交換，讓我們移到下個以隨機投影為基礎的異常偵測解決方案。

高斯隨機投影異常偵測

現在，讓我們試著使用高斯隨機投影來開發異常偵測解決方案。記住，我們可以設定成分的數量，也可以設定 *eps* 參數，該參數控制著基於 Johnson–Lindenstrauss 引理推導出來的 embedding 品質。

我們選擇明確地設定成分的數量。高斯隨機投影的訓練速度非常快速,所以我們可以針對全部的訓練集進行訓練。

如使用 sparse PCA 一樣,我們會需要導出自己的 inverse_transform 函式,因為 Scikit-Learn 沒有提供這樣的函式:

```
# 高斯隨機投影
from sklearn.random_projection import GaussianRandomProjection

n_components = 27
eps = None
random_state = 2018

GRP = GaussianRandomProjection(n_components=n_components, \
                                eps=eps, random_state=random_state)

X_train_GRP = GRP.fit_transform(X_train)
X_train_GRP = pd.DataFrame(data=X_train_GRP, index=X_train.index)

scatterPlot(X_train_GRP, y_train, "Gaussian Random Projection")
```

圖 4-9 顯示了高斯隨機投影的散佈圖。圖 4-10 顯示了高斯隨機投影的結果。

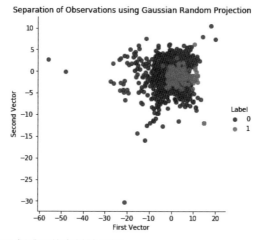

圖 4-9　使用隨機投影與 27 個成分的資料點分割

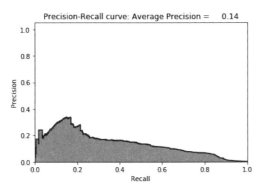

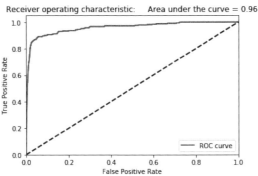

圖 4-10　使用隨機投影和 27 個成分的結果

這些結果是糟糕的，所以我們不會使用高斯投影作為詐欺偵測的解決方案。

稀疏隨機投影異常偵測

讓我們使用稀疏隨機投影來設計一個異常偵測解決方案。

我們會指定想要的成分數量（不是設定 *eps* 參數）。而且如同高斯隨機投影一般，我們會使用自己的 `inverse_transform` 函式，從稀疏隨機投影推導出的成分重新建立原始的維度：

```
# 稀疏隨機投影

from sklearn.random_projection import SparseRandomProjection

n_components = 27
density = 'auto'
```

```
eps = .01
dense_output = True
random_state = 2018

SRP = SparseRandomProjection(n_components=n_components, \
        density=density, eps=eps, dense_output=dense_output, \
                            random_state=random_state)

X_train_SRP = SRP.fit_transform(X_train)
X_train_SRP = pd.DataFrame(data=X_train_SRP, index=X_train.index)

scatterPlot(X_train_SRP, y_train, "Sparse Random Projection")
```

圖 4-11 顯示稀疏隨機投影的散佈圖。圖 4-12 顯示稀疏隨機投影的結果。

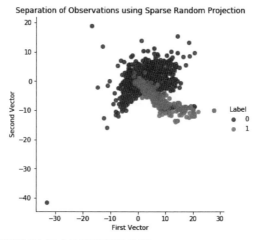

圖 4-11　使用稀疏隨機投影與 27 個成分的資料點分割

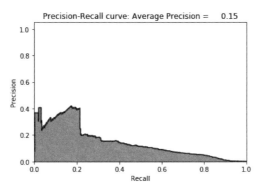

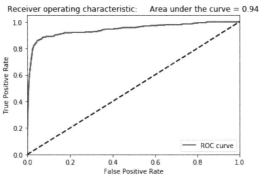

圖 4-12　使用稀疏隨機投影和 27 個成分的結果

就像高斯隨機投影一樣，這些結果是差勁的。讓我們繼續使用其他維度縮減的方法建立異常偵測系統。

非線性異常偵測

到目前為止，我們已經使用線性維度縮減方法來開發詐欺偵測解決方案（如普通 PCA、sparse PCA、高斯隨機投影和稀疏隨機投影），也使用了非線性版本的 kernel PCA 開發了一個解決方案。

到目前為止，PCA 是最好的解決方案。

雖然我們轉移方向到非線性維度縮減演算法，但是這些演算法的開源版本執行非常緩慢，而且無法實際用在快速的異常偵測。因此，我們需要略過這些演算法，而直接到不是以距離為基礎的維度縮減方法：字典學習和獨立成分分析。

字典學習異常偵測

讓我們使用字典學習來開發異常偵測解決方案。回想一下，在字典學習裡，演算法學習原始資料的稀疏表示方式。透過使用學習到的字典裡的向量，每一個原始資料裡的資料實例可以用這些向量的加權總和重新被建立。

對於異常偵測來說，我們想要學習的是低完備字典，以便讓字典裡的向量數目少於原始維度的數目。有了這個限制，將更容易地重新建立較常發生的一般交易，而且更難建立非常稀少的詐欺交易。

以我們的例子來說，我們將產生 28 個向量（成分）。為了進行字典學習，我們會分成 10 個批次，每個批次有 200 個樣本。

我們也會需要使用自己的 inverse_transform 函式：

```
# 小批次字典學習
from sklearn.decomposition import MiniBatchDictionaryLearning

n_components = 28
alpha = 1
batch_size = 200
n_iter = 10
random_state = 2018

miniBatchDictLearning = MiniBatchDictionaryLearning( \
    n_components=n_components, alpha=alpha, batch_size=batch_size, \
    n_iter=n_iter, random_state=random_state)

miniBatchDictLearning.fit(X_train)
X_train_miniBatchDictLearning = \
    miniBatchDictLearning.fit_transform(X_train)
X_train_miniBatchDictLearning = \
    pd.DataFrame(data=X_train_miniBatchDictLearning, index=X_train.index)

scatterPlot(X_train_miniBatchDictLearning, y_train, \
            "Mini-batch Dictionary Learning")
```

圖 4-13 顯示字典學習的散佈圖。圖 4-14 顯示字典學習的結果。

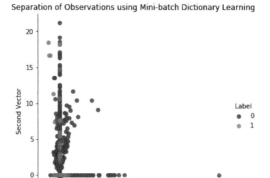

圖 4-13　使用字典學習與 28 個成分的資料點分割

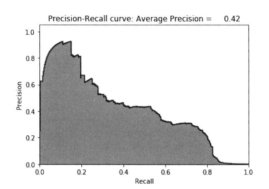

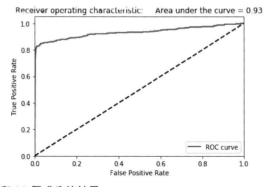

圖 4-14　使用字典學習和 28 個成分的結果

這些結果比 kernel PCA、高斯隨機投影和稀疏隨機投影要來得好，但仍遜於普通 PCA。

你可以使用 GitHub 上的程式碼來試試看是否可以改善這個解決方案。但以現在來說，PCA 對於信用卡交易資料集仍然是最好的詐欺偵測解決方案。

獨立成分分析異常偵測

我們使用 ICA 來設計最後一個詐欺偵測解決方案。

我們將設定成分的數量為 27。Scikit-Learn 提供了 inverse_transform 函式，因此我們不需要使用自己的版本：

```
# 獨立成分分析

from sklearn.decomposition import FastICA

n_components = 27
algorithm = 'parallel'
whiten = True
max_iter = 200
random_state = 2018

fastICA = FastICA(n_components=n_components, \
    algorithm=algorithm, whiten=whiten, max_iter=max_iter, \
    random_state=random_state)

X_train_fastICA = fastICA.fit_transform(X_train)
X_train_fastICA = pd.DataFrame(data=X_train_fastICA, index=X_train.index)

X_train_fastICA_inverse = fastICA.inverse_transform(X_train_fastICA)
X_train_fastICA_inverse = pd.DataFrame(data=X_train_fastICA_inverse, \
                                    index=X_train.index)

scatterPlot(X_train_fastICA, y_train, "Independent Component Analysis")
```

圖 4-15 顯示了 ICA 的散佈圖。圖 4-16 顯示了 ICA 的結果。

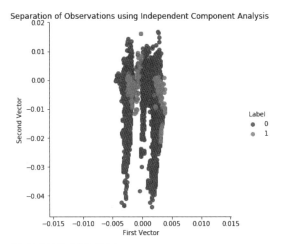

圖 4-15　使用 ICA 與 27 個成分的資料點分割

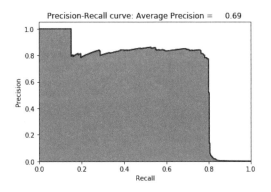

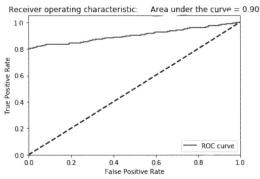

圖 4-16　使用 ICA 和 27 個成分的結果

這些結果都與普通 PCA 相同。使用 ICA 的詐欺偵測解決方案與我們目前開發出的最佳方案表現一樣好。

運用測試資料檢驗詐欺偵測

現在，為了評估我們詐欺偵測解決方案，讓我們將它們使用在從未見過的測試資料集上。我們會對已經開發出來的前三名解決方案進行這樣的檢驗，包括了普通 PCA、ICA 和字典學習。我們不會使用 sparse PCA，因為它和普通 PCA 太過相似。

檢驗 PCA 異常偵測

讓我們從普通 PCA 開始。我們會使用透過 PCA 演算法在訓練集學到的 PCA embedding，並且使用這個 embedding 來轉換測試集。然後使用 Scikit-Learn 的 inverse_transform 函式從測試集的主成分矩陣重新建立原始維度。

藉由比較原始測試集矩陣和重建的矩陣，我們可以計算出異常分數（如同我們在這個章節之前，已經做過許多次的計算一樣）：

```
# 應用訓練完成的 PCA 模型到測試集上
X_test_PCA = pca.transform(X_test)
X_test_PCA = pd.DataFrame(data=X_test_PCA, index=X_test.index)

X_test_PCA_inverse = pca.inverse_transform(X_test_PCA)
X_test_PCA_inverse = pd.DataFrame(data=X_test_PCA_inverse, \
                                  index=X_test.index)

scatterPlot(X_test_PCA, y_test, "PCA")
```

圖 4-17 顯示了 PCA 基於測試集的散佈圖。圖 4-18 顯示了 PCA 基於測試集的結果。

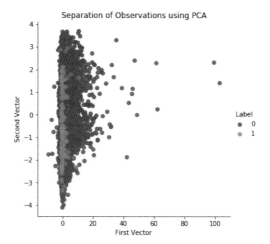

圖 4-17　基於測試集使用 PCA 與 27 個成分的資料點分割

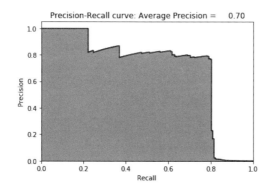

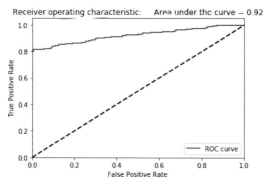

圖 4-18　基於測試集使用 PCA 與 27 個成分的結果

這個結果讓人印象深刻。我們能夠從測試集中捕捉到 80% 的已知詐欺交易，並且有 80% 的精準率，這一切的訓練均沒有使用任何的標籤。

檢驗 ICA 異常偵測

現在讓我們轉到 ICA，並使用測試集進行詐欺偵測。

```
# I 應用訓練完成的 ICA 模型到測試集上
X_test_fastICA = fastICA.transform(X_test)
X_test_fastICA = pd.DataFrame(data=X_test_fastICA, index=X_test.index)

X_test_fastICA_inverse = fastICA.inverse_transform(X_test_fastICA)
X_test_fastICA_inverse = pd.DataFrame(data=X_test_fastICA_inverse, \
                                      index=X_test.index)

scatterPlot(X_test_fastICA, y_test, "Independent Component Analysis")
```

圖 4-19 顯示了 ICA 基於測試集的散佈圖。圖 4-20 顯示了 ICA 基於測試集的結果。

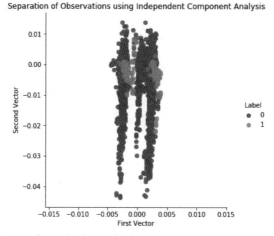

圖 4-19　基於測試集使用 ICA 與 27 個成分的資料點分割

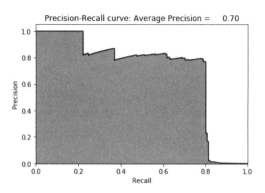

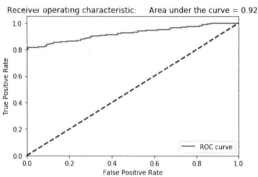

圖 4-20　基於測試集使用 ICA 與 27 個成分的結果

結果與普通 PCA 相同，也因此相當令人印象深刻。

檢驗字典學習異常偵測

現在讓我們轉到字典學習，這個方法並沒有像普通 PCA 與 ICA 表現的一樣好，但仍值得看看：

```
X_test_miniBatchDictLearning = miniBatchDictLearning.transform(X_test)
X_test_miniBatchDictLearning = \
    pd.DataFrame(data=X_test_miniBatchDictLearning, index=X_test.index)

scatterPlot(X_test_miniBatchDictLearning, y_test, \
            "Mini-batch Dictionary Learning")
```

圖 4-21 顯示了字典學習基於測試集的散佈圖。圖 4-22 顯示了字典學習基於測試集的結果。

圖 4-21　基於測試集使用字典學習與 28 個成分的資料點分割

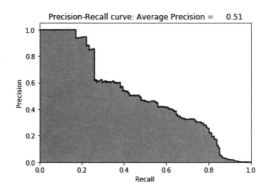

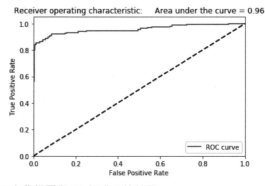

圖 4-22　基於測試集使用字典學習與 28 個成分的結果

雖然結果並不是太糟糕，可以捕捉到 80% 的詐欺交易，並且有 20% 的精準率。但結果仍然遠落後於普通 PCA 與 ICA。

結論

在本章，我們使用了前一個章節所介紹的主要維度縮減演算法，為第二章提及的信用卡交易資料集開發了詐欺偵測解決方案。

在第二章，我們使用了標籤建立詐欺偵測解決方案，但在本章，我們在訓練的過程中沒使用任何的標籤。換言之，我們建立了一個使用非監督式學習的詐欺偵測應用系統。

雖然並非所有的維度縮減演算法在信用卡交易資料集上都表現得很好，但有兩個表現得十分卓越，分別是普通 PCA 和 ICA。

普通 PCA 和 ICA 捕捉到了超越 80% 的已知詐欺交易，並且有著 80% 的精準率。透過比較，第二章中表現最好的監督式學習詐欺偵測系統能夠捕捉 90% 的已知詐欺，並且有 80% 的精準率。這個非監督式詐欺偵測系統在捕捉已知的詐欺樣式上，僅略遜色於監督式系統。

回想一下，非監督式詐欺偵測系統在訓練時並不需要標籤，能順應改變中的詐欺樣式進行調適，並且捕捉到先前未能發現的詐欺交易。基於這些已知的優點，非監督式學習的解決方案在捕捉已知和未知，或是未來新出現的詐欺樣式上，普遍表現得較監督式學習解決方案好，雖然兩者一起使用是最好的。

現在，我們介紹了維度縮減和異常偵測。讓我們探索另一個在非監督式學習領域中重要的概念——分群。

## 第五章

分群

在第三章,我們介紹了非監督式學習裡最重要的維度縮減演算法,並且強調了它們濃縮資訊的能力。在第四章,我們使用了維度縮減演算法來建立了異常偵測系統。特別的是,我們採用了這些演算法來偵測信用卡詐欺交易,而且沒有使用到任何的標籤。這些演算法學習了信用卡交易資料裡的基礎結構。然後我們基於重建誤差,從一般的交易中分離出稀少且極有可能為詐欺的交易。

在這個章節,我們會透過介紹**分群**來建立非監督式學習的概念,分群意味著會基於資料的相似度將物件群聚起來。分群演算法沒有使用任何標籤來完成分群的目標,而是藉由比較「資料與資料」和「資料與群集」之間的相似度。

分群演算法有許多應用。舉例來說,在信用卡詐欺偵測裡,分群可以將詐欺交易從一般交易中分離出來,並且分成一組。或者,如果在資料集中只有一些資料具有標籤,我們可以先將資料進行分群(不需要使用標籤),然後遷移這些少數具有標籤的資料的標籤到其他同組別中無標籤的資料上。這是**遷移學習**(*transfer learning*)的一種形式,也是一個在機器學習中快速成長的領域。

在線上和零售購物、行銷、社交多媒體和電影、音樂、書籍、約會等推薦系統,分群可以將相似的人,基於他們的行為群聚起來。當這些群組被建立時,商務使用者將會對他們的使用者有更深的了解,和為每個不同的群組設計量身訂做的商務策略。

如同我們在維度縮減時所進行的方式,我們在本章會先介紹分群的概念,然後在下一章建立一個應用非監督式學習的解決方案。

MNIST 數字資料集

為了讓事情保持簡單，我們會繼續使用第三章所介紹的 MNIST 圖片資料集。

資料準備

先載入必要的函式庫：

```
# 匯入函式庫
'''Main'''
import numpy as np
import pandas as pd
import os, time
import pickle, gzip

'''Data Viz'''
import matplotlib.pyplot as plt
import seaborn as sns
color = sns.color_palette()
import matplotlib as mpl

%matplotlib inline

'''Data Prep and Model Evaluation'''
from sklearn import preprocessing as pp
from sklearn.model_selection import train_test_split
from sklearn.metrics import precision_recall_curve, average_precision_score
from sklearn.metrics import roc_curve, auc, roc_auc_score
```

接著，載入資料集，並且建立 Pandas DataFrame：

```
# 載入資料集
current_path = os.getcwd()
file = '\\datasets\\mnist_data\\mnist.pkl.gz'

f = gzip.open(current_path+file, 'rb')
train_set, validation_set, test_set = pickle.load(f, encoding='latin1')
f.close()

X_train, y_train = train_set[0], train_set[1]
X_validation, y_validation = validation_set[0], validation_set[1]
X_test, y_test = test_set[0], test_set[1]

# 建立 Pandas DataFrames
train_index = range(0,len(X_train))
```

```
validation_index = range(len(X_train), \
                         len(X_train)+len(X_validation))
test_index = range(len(X_train)+len(X_validation), \
                   len(X_train)+len(X_validation)+len(X_test))

X_train = pd.DataFrame(data=X_train,index=train_index)
y_train = pd.Series(data=y_train,index=train_index)

X_validation = pd.DataFrame(data=X_validation,index=validation_index)
y_validation = pd.Series(data=y_validation,index=validation_index)

X_test = pd.DataFrame(data=X_test,index=test_index)
y_test = pd.Series(data=y_test,index=lest_index)
```

分群演算法

在進行分群之前，我們會利用 PCA 縮減資料的維度。如同第三章所述，維度縮減演算法會捕捉原始資料集裡的顯著資訊，同時縮減資料集的大小。

當我們將資料從高維度空間移到低維空間時，資料集的噪音會被最小化，因為維度縮減演算法（在這例子中，採用的是 PCA）需要捕捉原始資料集中最重要的面向，而非將心力耗費在不常發生的元素上（如，資料集中的噪音）。

回顧一下，維度縮減演算法在學習資料基礎結構是非常強大的。在第三章，我們展示了經過維度縮減後，只要使用兩個維度便能將 MNIST 圖片按照顯示的數字有意義地分別出來。

我們再次將 PCA 應用到 MNIST 資料集：

```
# 主成分分析
from sklearn.decomposition import PCA

n_components = 784
whiten = False
random_state = 2018

pca = PCA(n_components=n_components, whiten=whiten, \
          random_state=random_state)

X_train_PCA = pca.fit_transform(X_train)
X_train_PCA = pd.DataFrame(data=X_train_PCA, index=train_index)
```

雖然我們沒有縮減維度，但是我們會在分群階段指定主成分的數量，以便更有效地縮減維度。

現在讓我們移到分群這主題上。有三種主要分群演算法，分別是 *k-means*、*階層式分群法* 和 *DBSCAN*。底下會逐個介紹並探索。

k-Means

分群的目標是識別出資料集中不同的群組，以便讓同群組內的資料點彼此相似，但不同於其他群組的資料點。在使用 *k-means* 分群時，我們指定預期的群組數量 k，接著演算法會分配每個資料點到 k 群的其中一群。演算法透過最小化**群內差異**（或稱**慣性**，*inertia*），以便讓 k 群的群內差異總和盡可能的小。

不同回合的 *k-means* 會產生些微不同的群組分配，因為 *k-means* 隨機的分派資料點到 k 群中的任意一群，以便開始整個分群的流程。*k-means* 透過隨機的初始來加速分群的過程。在隨機初始後，由於 *k-means* 會試著最小化每個資料點與群組中心或簇心之間的歐式距離，所以會重新分配資料點到不同的群組內。這個隨機的初始化是一個隨機來源，進而導致每一回合的分派都會有所不同。

典型上來說，*k-means* 演算法會跑數回合，並且從這些回合中選擇能讓 k 個群組的各群內差異總和最小的分割，作為最佳的分割。

k-Means 慣性（Inertia）

來介紹一下這個演算法。我們需要設定想要的群組個數（n_clusters）、期望執行初始的次數（n_init）、演算法進行資料點重新分配的次數（max_iter），以便最小化資料點與簇心的距離和收斂的容忍值（tol）。

我們保持預設的初始次數（10），最大迭代數（300）和容忍值（0.0001）。目前我們會使用前一百個由 PCA 產生出來的主成分（cutoff）。為了測試我們指定的群組數量如何影響簇心的評估，我們從群組數量 2 到 20 依序執行 *k-means* 演算法，並且紀錄每次的簇心。

程式碼如下：

```
# k-means - 慣性隨著群組個數變化而產生改變
from sklearn.cluster import KMeans
```

```
n_clusters = 10
n_init = 10
max_iter = 300
tol = 0.0001
random_state = 2018
n_jobs = 2

kMeans_inertia = pd.DataFrame(data=[],index=range(2,21), \
                              columns=['inertia'])
for n_clusters in range(2,21):
    kmeans = KMeans(n_clusters=n_clusters, n_init=n_init, \
            max_iter=max_iter, tol=tol, random_state=random_state, \
            n_jobs=n_jobs)

    cutoff = 99
    kmeans.fit(X_train_PCA.loc[:,0:cutoff])
    kMeans_inertia.loc[n_clusters] = kmeans.inertia_
```

如圖 5-1 所示,群組內的慣性隨著群組數量增加而減少。這現象是合理的。群組越多,在各群組內資料點的同質性就越大。然而,較少的群組數比較多的群組數要來得容易處理。因此在運用 *k*-means 時,找尋一個適當的群組數量是一個重要的考慮點。

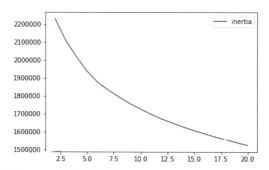

圖 5-1 k-means 在群組數量 2~20 的慣性變化

評估分群結果

為了展現 *k*-means 的效力,以及增加群組數如何讓群組內的同質性變高。我們來設計一個函式來分析所做的每一個實驗。由分群演算法產生出來的群組分配會被儲存在 Pandas DataFrame 中,稱為 clusterDF。

計算每個群組內的資料點數量，並存在 Pandas DataFrame 中，稱為 countByCluster：

```
def analyzeCluster(clusterDF, labelsDF):
    countByCluster = \
        pd.DataFrame(data=clusterDF['cluster'].value_counts())
    countByCluster.reset_index(inplace=True,drop=False)
    countByCluster.columns = ['cluster','clusterCount']
```

接著，將稱為 labelsDF 的真值標籤陣列加入 clusterDF 中：

```
preds = pd.concat([labelsDF,clusterDF], axis=1)
preds.columns = ['trueLabel','cluster']
```

也為訓練集中每個真值標籤計算資料點的數量（這數量不會改變，但對我們來說，知道它是好的）：

```
countByLabel = pd.DataFrame(data=preds.groupby('trueLabel').count())
```

現在，對於每個群組，我們計算了群組內每個不同標籤的資料點數量。舉例來說，如果一個給定的群組內有三千個資料點，兩千個資料點代表數字 2，五百個資料點代表數字 1，三百個資料點代表數字 0，而剩下的兩百個資料點代表 9。

當為各群組內不同類別的資料點進行計數時，我們會為每個群組紀錄最大計數值。以上述例子來說，我們會紀錄最大計數值 2000，也就是數字 2 的資料點數量：

```
countMostFreq = \
    pd.DataFrame(data=preds.groupby('cluster').agg( \
                    lambda x:x.value_counts().iloc[0]))
countMostFreq.reset_index(inplace=True,drop=False)
countMostFreq.columns = ['cluster','countMostFrequent']
```

最終，我們會基於每個群組內資料點的密集程度來判斷每次分群是否成功。舉例來說，以上述的例子，這個群組內共有三千個資料點，其中有兩千個資料點擁有相同的標籤。

這個區隔出來的群組表現並不好，因為我們理想上希望將相似的資料點聚集在同一群組內，並且排除不相似的觀察點。

讓我們定義分群的整體精準率為所有群組裡，最常發生的資料點數量總和除以訓練集的所有資料點數量（換言之，50,000）：

```
accuracyDF = countMostFreq.merge(countByCluster, \
                left_on="cluster",right_on="cluster")
overallAccuracy = accuracyDF.countMostFrequent.sum()/ \
                accuracyDF.clusterCount.sum()
```

也可以評估單一群組的精準率:

```
accuracyByLabel = accuracyDF.countMostFrequent/ \
                accuracyDF.clusterCount
```

為了簡單明瞭,我們將所有程式碼放在單一函式內,可以在 GitHub (*http://bit. ly/2Gd4v7e*) 取得。

k-Means 精準率

現在執行我們先前做的實驗,但不再計算慣性。我們會基於所定義的精準率估算,為 MNIST 數字數據集計算群組的整體同質性:

```
# k-means - 精準率隨著群組數量變化而產生改變

n_clusters = 5
n_init = 10
max_iter = 300
tol = 0.0001
random_state = 2018
n_jobs = 2

kMeans_inertia = \
    pd.DataFrame(data=[],index=range(2,21),columns=['inertia'])
overallAccuracy_kMeansDF = \
    pd.DataFrame(data=[],index=range(2,21),columns=['overallAccuracy'])

for n_clusters in range(2,21):
    kmeans = KMeans(n_clusters=n_clusters, n_init=n_init, \
                max_iter=max_iter, tol=tol, random_state=random_state, \
                n_jobs=n_jobs)

    cutoff = 99
    kmeans.fit(X_train_PCA.loc[:,0:cutoff])
    kMeans_inertia.loc[n_clusters] = kmeans.inertia_
    X_train_kmeansClustered = kmeans.predict(X_train_PCA.loc[:,0:cutoff])
    X_train_kmeansClustered = \
        pd.DataFrame(data=X_train_kmeansClustered, index=X_train.index, \
                    columns=['cluster'])
```

```
countByCluster_kMeans, countByLabel_kMeans, countMostFreq_kMeans, \
    accuracyDF_kMeans, overallAccuracy_kMeans, accuracyByLabel_kMeans \
    = analyzeCluster(X_train_kmeansClustered, y_train)

overallAccuracy_kMeansDF.loc[n_clusters] = overallAccuracy_kMeans
```

圖 5-2 顯示了不同群組數量的整體精準率的圖表。

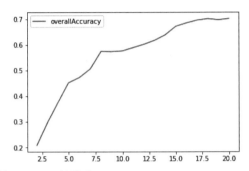

圖 5-2 群組數量 2～20 的 k-means 精準率

如圖 5-2 所示,精準率隨著群組數量而增加。換言之,隨著我們增加群組的數量,群組內會變得更加相似,因為每個群組變得更小,形成變得更緊密。

每個群組的精準率則相當有些變化,有些群組展現出高度的相似度,但有些則無。舉例來說,有些群組有超過 90% 的圖片有相同的數字,而其他的群組則低於 50% 的圖片有相同的數字:

```
0     0.636506
1     0.928505
2     0.848714
3     0.521805
4     0.714337
5     0.950980
6     0.893103
7     0.919040
8     0.404707
9     0.500522
10    0.381526
11    0.587680
12    0.463382
13    0.958046
14    0.870888
15    0.942325
```

```
16    0.791192
17    0.843972
18    0.455679
19    0.926480
dtype:  float64
```

k-Means 和主成分的數量

讓我們進行另外一個實驗。這次我們會評估在分群演算法中使用的主成分數量如何影響群組的同質性（被定義為精準率）。

在先前的實驗中，我們使用一百個由普通 PCA 所產出來的主成分。回想一下原始 MNIST 數字資料集的維度數量為 784。如果 PCA 盡可能緊密地成功捕捉到資料的基礎結構，分群演算法將相似圖片分在一起時將更為容易，而無關分群演算法使用多少主成分的數量。換言之，分群演算法使用 10 或 50 個主成分的表現，應該就如同使用 100 或者是數百個主成分一樣。

來測試一下這個假設。我們傳入 10、50、100、200、300、400、500、600、700 和 784 個主成分，並且測量每個分群實驗的精準率。然後繪出這些結果，來觀察主成分的數量變化如何影響分群的精準率：

```
# k-means - 精準率隨著成分數量變化而產生改變

n_clusters = 20
n_init = 10
max_iter = 300
tol = 0.0001
random_state = 2018
n_jobs = 2

kMeans_inertia = pd.DataFrame(data=[],index=[9, 49, 99, 199, \
                299, 399, 499, 599, 699, 784],columns=['inertia'])

overallAccuracy_kMeansDF = pd.DataFrame(data=[],index=[9, 49, \
                99, 199, 299, 399, 499, 599, 699, 784], \
                columns=['overallAccuracy'])

for cutoffNumber in [9, 49, 99, 199, 299, 399, 499, 599, 699, 784]:
    kmeans = KMeans(n_clusters=n_clusters, n_init=n_init, \
                max_iter=max_iter, tol=tol, random_state=random_state, \
                n_jobs=n_jobs)

    cutoff = cutoffNumber
```

```
kmeans.fit(X_train_PCA.loc[:,0:cutoff])
kMeans_inertia.loc[cutoff] = kmeans.inertia_
X_train_kmeansClustered = kmeans.predict(X_train_PCA.loc[:,0:cutoff])
X_train_kmeansClustered = pd.DataFrame(data=X_train_kmeansClustered, \
                            index=X_train.index, columns=['cluster'])

countByCluster_kMeans, countByLabel_kMeans, countMostFreq_kMeans, \
    accuracyDF_kMeans, overallAccuracy_kMeans, accuracyByLabel_kMeans \
    = analyzeCluster(X_train_kmeansClustered, y_train)

overallAccuracy_kMeansDF.loc[cutoff] = overallAccuracy_kMeans
```

圖 5-3 顯示了不同主成分數量的分群精確度圖表。

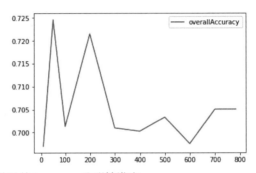

圖 5-3　使用不同主成分數量的 k-means 分群精準率

這個圖表支持了我們的假設。隨著主成分數量從 10 到 784 的改變，分群的精準率穩定且一致地保持在 70%。採用維度縮減資料集，分群演算法一般來說在時間和分群的精準率上表現得更好。這也是為什麼執行分群演算法必須基於維度縮減資料集的理由之一。

在我們的例子中，對於分群演算法來說，MNIST 資料集原始 784 個維度是可以被處理的，但想像一下，如果原始資料集有數以千計或是數以百萬計的維度，這樣的情況下，在執行分群前先進行維度縮減的動作，就顯得更為重要。

k-Means 在原始資料集上的表現狀況

為了讓這個觀點更加地清楚，讓我們基於原始資料集進行分群，並且估算傳入分群演算法的維度數量改變如何影響分群精準率。

針對前個章節的 PCA-reduced 資料集來說，改變傳入分群演算法的主成分數量並不影響分群的精準率，精準率穩定且一致地保持在 70% 左右。這樣的結果對於原始資料集來說，也是對的嗎？

```
# k-means - 精準率隨著成分數量變化而產生改變
# 基於原始 MNIST 資料（非 PCA-reduced）

n_clusters = 20
n_init = 10
max_iter = 300
tol = 0.0001
random_state = 2018
n_jobs - 2

kMeans_inertia = pd.DataFrame(data=[],index=[9, 49, 99, 199, \
                    299, 399, 499, 599, 699, 784],columns=['inertia'])

overallAccuracy_kMeansDF = pd.DataFrame(data=[],index=[9, 49, \
                    99, 199, 299, 399, 499, 599, 699, 784], \
                    columns=['overallAccuracy'])

for cutoffNumber in [9, 49, 99, 199, 299, 399, 499, 599, 699, 784]:
    kmeans = KMeans(n_clusters=n_clusters, n_init=n_init, \
                max_iter=max_iter, tol=tol, random_state=random_state, \
                n_jobs=n_jobs)

    cutoff = cutoffNumber
    kmeans.fit(X_train.loc[:,0:cutoff])
    kMeans_inertia.loc[cutoff] = kmeans.inertia_
    X_train_kmeansClustered = kmeans.predict(X_train.loc[:,0:cutoff])
    X_train_kmeansClustered = pd.DataFrame(data=X_train_kmeansClustered, \
                        index=X_train.index, columns=['cluster'])

    countByCluster_kMeans, countByLabel_kMeans, countMostFreq_kMeans, \
        accuracyDF_kMeans, overallAccuracy_kMeans, accuracyByLabel_kMeans \
        = analyzeCluster(X_train_kmeansClustered, y_train)

    overallAccuracy_kMeansDF.loc[cutoff] = overallAccuracy_kMeans
```

圖 5-4 顯示了採用不同維度數量的分群精確度圖表。

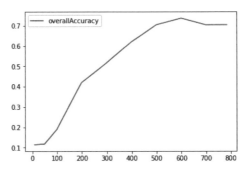

圖 5-4　使用不同原始維度數量的 k-means 分群精準率

如圖表所示,分群精準率在低維度數時,表現十分糟糕,僅當維度數量達到 600 時,表現才改善至 70% 左右。

在 PCA 的例子中,分群精準率即便在 10 個維度數量下,仍有將近 70 %。這樣的結果展現了維度縮減在濃縮原始資料集顯著資訊的威力。

階層式分群法(Hierarchical Clustering)

一起來看看第二個分群方法——**階層式分群法**。這個方法不需要我們先設定一個群組的數量,而是在階層式分群法執行結束後,再選擇我們想要多少個群組。

透過使用我們資料集內的觀察點,階層式分群演算法會建立一個**樹狀圖**,這個樹狀圖是一個由上而下的樹,樹葉在底部,而樹幹則位於頂部。

在最底部的樹葉是資料集內的個別資料實例。隨著我們垂直地從這由上而下的樹往上時,階層式分群法會基於葉點之間的相似度進行合併。資料實例(或者是一群資料實例)之間越相似的合併較快,而較不相似的實例則晚些合併。

經過這個迭代的過程後,所有的資料實例最終都會連結在一起,形成一個有單一主幹的樹。

這個垂直的樹狀描繪是非常有幫助的。當階層式分群演算法完成執行後,我們可以檢視這個樹狀圖,並且決定想要從哪裡裁剪這棵樹。從越低處裁剪,我們將會留存越多的個別分支(換言之更多的群組)。如果想要少一些群組,我們可以從樹狀圖的較高處進行裁剪(換言之,越靠近樹狀圖頂端的主幹)。

這個縱向裁切點的選擇與 k-means 分群演算法中的選擇群組數目 k 相似。

聚合式階層分群法
（Agglomerative Hierarchical Clustering）

這個我們將要探索的階層式分群演算法稱為聚合式階層分群法（*agglomerative hierarchical clustering*）。雖然 Scikit-Learn 已經有相應的函式庫了，但是它運行效率非常緩慢，所以，我們會選用另一個叫作 *fastcluster* 的階層式分群方法來進行實作，這是一個用 C++ 實作的函式庫，並且在 Python/SciPy 中提供相關使用的介面 [1]。

在這個套件中，我們會使用的主要函式是 `fastcluster.linkage_vector`。這個函式需要幾個引數，包括訓練集矩陣 *X*、*method* 和 *metric*。method 可以設定為 `single`、`centroid`、`median` 或是 `ward`，這會指定分群的方案，用來決定樹狀圖中心的節點與其他節點的距離。metric 在大多數的情況下應該會被設定為 `euclidean`，如果 method 被設定為 `centroid`、`median` 或 `ward`，則必須設定為 `euclidean`。有關這些引數的更多資訊請參閱 fastcluster 的文件。

來為我們的資料設定階層式分群演算法。如同之前一般，我們會基於 PCA-reduced MNIST 圖片資料集的前一百個主成分來進行這個演算法的訓練。我們會設定 method 為 `ward`（這個方法是目前基於實驗運行最好的），而 metric 則設為 `euclidean`。

Ward 代表 *Ward's 最小變異方法*（*Ward's minimum variance method*）。你可以從網路上了解更多這個方法（*http://bit.ly/2WwOJK5*）。Ward 是使用階層式分群法時很好的預設選項，但最好的選擇總是直接基於你的資料集進行實驗。

```
import fastcluster
from scipy.cluster.hierarchy import dendrogram, cophenet
from scipy.spatial.distance import pdist

cutoff = 100
Z = fastcluster.linkage_vector(X_train_PCA.loc[:,0:cutoff], \
                               method='ward', metric='euclidean')
Z_dataFrame = pd.DataFrame(data=Z, \
    columns=['clusterOne','clusterTwo','distance','newClusterSize'])
```

這個階層式分群演算法會傳回一個矩陣 Z。此演算法會將我們 50,000 MNIST 數字資料集的每一個資料點視為一個僅有一個點的群組，並且在每一次訓練的迭代中，將有最小距離的兩個群組進行合併。

1　更多有關 fastcluster（*https://pypi.org/project/fastcluster/*）的資訊，請參閱專案的網頁。

一開始，這個演算法只會合併單一點的群組，但隨著處理過程，它會合併多點群組與單點群組或者是多點群組。最終，透過這個迭代的過程，所有的群組都會合併在一起，形成一個有單一主幹從上而下的樹狀圖。

樹狀圖

表 5-1 顯示了由分群演算法產生出來的矩陣 Z，呈現這個演算法所完成的結果。

表 5-1　階層式分群法的矩陣 Z 首數列

	clusterOne	clusterTwo	distance	newClusterSize
0	42194.0	43025.0	0.562682	2.0
1	28350.0	37674.0	0.590866	2.0
2	26696.0	44705.0	0.621506	2.0
3	12634.0	32823.0	0.627762	2.0
4	24707.0	43151.0	0.637668	2.0
5	20465.0	24483.0	0.662557	2.0
6	466.0	42098.0	0.664189	2.0
7	46542.0	49961.0	0.665520	2.0
8	2301.0	5732.0	0.671215	2.0
9	37564.0	47668.0	0.675121	2.0
10	3375.0	26243.0	0.685797	2.0
11	15722.0	30368.0	0.686356	2.0
12	21247.0	21575.0	0.694412	2.0
13	14900.0	42486.0	0.696769	2.0
14	30100.0	41908.0	0.699261	2.0
15	12040.0	13254.0	0.701134	2.0
16	10508.0	25434.0	0.708872	2.0
17	30695.0	30757.0	0.710023	2.0
18	31019.0	31033.0	0.712052	2.0
19	36264.0	37285.0	0.713130	2.0

表格中的前面兩個欄位 clusterOne 和 clusterTwo，列出了基於它們彼此距離即將被合併的兩個群組——可能是單點群組（換言之，原始資料點）或者是多點群組。第三個欄位 distance 則顯示了由傳入分群演算法 Ward method 和 euclidean metric 所計算出來的距離值。

如你所見，distance 單調地增加。換言之，最短距離的群組會最先被合併，而且這個演算法會迭代地合併下個最短距離的群組，直到所有的點都已經被合併到樹狀圖頂端的群組內。

一開始，這個演算法合併單點群組，形成群組大小為 2 的新群組，如同第四個欄位 newClusterSize 所顯示。然後，當我們繼續往前迭代，演算法會合併更大的多點群組，如同表 5-2 所示。在最後一個迭代（49,998），兩個大群組合併在一起形成有全部 50,000 原始資料點的單一群組，也就是樹幹的最頂端。

表 5-2　階層式分群法的矩陣 Z 末數列

	clusterOne	clusterTwo	distance	newClusterSize
49980	99965.0	99972.0	161.106998	5197.0
49981	99932.0	99980.0	172.070003	6505.0
49982	99945.0	99960.0	182.840860	3245.0
49983	99964.0	99976.0	184.475761	3683.0
49984	99974.0	99979.0	185.027847	7744.0
49985	99940.0	99975.0	185.345207	5596.0
49986	99957.0	99967.0	211.854714	5957.0
49987	99938.0	99983.0	215.494857	4846.0
49988	99978.0	99984.0	216.760365	11072.0
49989	99970.0	99973.0	217.355871	4899.0
49990	99969.0	99986.0	225.468298	8270.0
49991	99981.0	99982.0	238.845135	9750.0
49992	99968.0	99977.0	266.146782	5567.0
49993	99985.0	99989.0	270.929453	10495.0
49994	99990.0	99991.0	346.840948	18020.0
49995	99988.0	99993.0	394.365194	21567.0
49996	99987.0	99995.0	425.142387	26413.0
49997	99992.0	99994.0	440.148301	23587.0
49998	99996.0	99997.0	494.383855	50000.0

你可能會對表格中的 clusterOne 和 clusterTwo 感到有些困惑。舉例來說，在最後一列——49,998——群組 99,996 與群組 99,997 合併在一起。但如你所知的，在 MNIST 數字資料集裡只有 50,000 個資料點。

編號 0 到 49,999，clusterOne 和 clusterTwo 代表原來的資料點。編號 49,999 以下，群組的編號代表之前合併起來的群組。舉例來說，在第 0 列，50,000 代表新形成的群組，在第 1 列，50,001 代表新形成的群組，依此類推。

在第 49,998 列，clusterOne 99,996 代表第 49,996 列所形成的群組，而 clusterTwo 99,997 代表第 49,997 列形成的群組。你可繼續按這個方法順著表格進行推演，看看群組是如何被合併起來的。

評估分群結果

現在我們有一張樹狀圖了，我們要決定從樹狀圖的何處進行裁切，以便得到我們所期待的群組數目。為了更容易比較階層式分群與 k-means，將此樹狀圖切割成剛好 20 個群組。然後我們會使用在 k-means 章節所定義的分群精準率指標，來判斷階層式分群法的群組同質性表現如何。

為了從樹狀圖創建想要的群組，我們從 SciPy 載入 *fcluster* 函式庫。我們需要指明樹狀圖的**距離門檻值**，以便決定有幾個不同的群組。距離門檻值越大，我們將有越少的群組。我們所設定的距離門檻值內的資料點會屬於相同的群組。高距離門檻值近似於從樹狀圖的高處位置進行裁切。裁切的位置越高，則越多資料點會被分配在同一組內，因此群組數量越少。

為了獲得剛好 20 個群組，我們需要進行距離門檻值的實驗。*fcluster* 函式庫會使用我們所指定的距離門檻值對樹狀圖進行裁切。在 50,000 個資料點的 MNIST 數字資料集裡，每一個資料點會得到一個群組標籤，我們會將這些資訊存在 Pandas DataFrame 裡：

```
from scipy.cluster.hierarchy import fcluster

distance_threshold = 160
clusters = fcluster(Z, distance_threshold, criterion='distance')
X_train_hierClustered = \
    pd.DataFrame(data=clusters,index=X_train_PCA.index,columns=['cluster'])
```

基於我們給定的距離門檻值，我們來驗證看看是否剛好有 20 個不同的群組：

```
print("Number of distinct clusters: ", \
    len(X_train_hierClustered['cluster'].unique()))
```

如預期般，這個資訊確認了這 20 個群組：

```
Number of distinct clusters: 20
```

現在，我們評估這個結果：

```
countByCluster_hierClust, countByLabel_hierClust, \
    countMostFreq_hierClust, accuracyDF_hierClust, \
    overallAccuracy_hierClust, accuracyByLabel_hierClust \
    = analyzeCluster(X_train_hierClustered, y_train)

print("Overall accuracy from hierarchical clustering: ", \
    overallAccuracy_hierClust)
```

我們發現整體的精準率大概在 77%，甚至比精準率 70% 左右的 k-means 要來得好：

```
Overall accuracy from hierarchical clustering: 0.76882
```

我們來評估單一群組的精準率。

如顯示，精準率相當有變化。對一些群組而言，精準率相當的高，將近 100%。對於另一些群組而言，精準率僅只有 50%：

```
0       0.987962
1       0.983727
2       0.988998
3       0.597356
4       0.678642
5       0.442478
6       0.950033
7       0.829060
8       0.976062
9       0.986141
10      0.990183
11      0.992183
12      0.971033
13      0.554273
14      0.553617
15      0.720183
16      0.538891
17      0.484590
18      0.957732
19      0.977310
dtype:  float64
```

整體上來說，階層式分群在 MNIST 數字資料集上表現得不錯。記得我們沒有使用任何的標籤就達到這樣的結果了。

這正是個實際的例子,來說明這演算法是如何發揮它的效果:我們會先使用維度縮減(如,PCA),接著執行分群演算法(如,階層式分群演算法),最後為每個群組的資料點打上標籤。舉例來說,在 MNIST 數字資料集中,如果沒有任何的標籤,我們會檢視一下每個群組內的圖片,然後基於圖片上的數字為這些圖片進行標記。所以只要群組的同質性夠高,由我們手動產出的少量標籤,就能夠自動地應用到群組內所有其他的圖片上。

在沒有付出太多心力的情況下,我們就能夠很快地為 50,000 張圖片的資料集打上標籤,而且有將近 77% 精準率。這結果讓人印象深刻且突顯了非監督式學習的威力。

DBSCAN

現在我們來看第三個、也是最後一個主要的分群演算法 ——*DBSCAN*,它代表基於密度的具噪音應用分群演算法。如它的名稱所意指的,這個分群演算法是基於資料點的密度。

DBSCAN 會將密集的點聚集在一起,密集的定義是在一個特定距離內一定要存在的最少資料點數量。如果資料點在一定距離內同時處在多個群組裡,那這個資料點會被聚集到最密集的群組內。不在任一群組的特定距離內的資料實例會被標記為離群值。

在 *k*-means 和階層式分法,所有的點都會被分配至群組內,而且離群值並未被妥善處理。在 DBSCAN,我們可以將離群值標記出來,並且避免將它們分配到任一個群組內。這是很有用的。對比其他的分群演算法,DBSCAN 一般來說較不容易因為資料內的離群值而被扭曲。此外,就像階層式分群法一樣(而不像 *k*-means),我們不需要先指定群組數量。

DBSCAN 演算法

我們先使用 Scikit-Learn 裡的 DBSCAN 函式庫。我們需要指定兩點之間**最小距離**(稱 eps),在這個距離內的兩點會被考慮在同一個鄰域內,以及 *minimum samples*(稱 min_samples)作為該組合是否可以被稱為群組的依據。預設的 eps 為 0.5,而 min_samples 的預設值為 5。如果 eps 被設得太低,那麼就沒有點被認為與其他點足夠靠近,而可以被視為同一個鄰域內。因此,所有點都會保持在未分群的狀態。如果 eps 設得過高,許多點都會被劃分在群組裡,而僅有少量的點維持在未分群的狀態,可以有效地被標記為資料集的離群值。

我們需要為 MNIST 數字資料集找尋最佳的 eps。min_samples 指定了在 eps 距離內需要有多少的資料點才可以被稱為群組，一旦有 min_samples 緊密近鄰的點，所有在核心點距離 eps 內的其他點都是該群組的一部分，即使這些點距離 eps 內沒有 min_samples 數量的點。如果這些點在距離 eps 內沒有 min_samples 個點，則稱為群組的邊界點。

一般來說，當 min_samples 增加，群集的數量就會減少。如同 eps 一樣，我們需要為 MNIST 數字資料集找尋最佳的 min_samples。如你所見，這些群集有核心點和邊界點，但對於所有意圖和目的來說，它們都屬於相同的群組。不管是作為核心點或者是邊界點，所有未被群組起來的點都會被標記為離群值。

應用 DBSCAN 到資料集上

現在讓我們轉到具體的問題上。如同之前一樣，我們會把 DBSCAN 使用到 PCA-reduced MNIST 數字資料集的前一百個主成分上：

```
from sklearn.cluster import DBSCAN

eps = 3
min_samples = 5
leaf_size = 30
n_jobs = 4

db = DBSCAN(eps=eps, min_samples=min_samples, leaf_size=leaf_size,
            n_jobs=n_jobs)

cutoff = 99
X_train_PCA_dbscanClustered = db.fit_predict(X_train_PCA.loc[:,0:cutoff])
X_train_PCA_dbscanClustered = \
    pd.DataFrame(data=X_train_PCA_dbscanClustered, index=X_train.index, \
                 columns=['cluster'])

countByCluster_dbscan, countByLabel_dbscan, countMostFreq_dbscan, \
    accuracyDF_dbscan, overallAccuracy_dbscan, accuracyByLabel_dbscan \
    = analyzeCluster(X_train_PCA_dbscanClustered, y_train)

overallAccuracy_dbscan
```

我們會保持 min_samples 在預設值，但調整 eps 到 3，來避免太少點被群組起來。

底下是整體的精準率：

```
Overall accuracy from DBSCAN: 0.242
```

如同你所見的，相較於 k-means 和階層式分群法，這個方法的精準率非常差。我們可以使用 eps 和 min_samples 來改善結果，但對於這個特定資料集來說，DBSCAN 似乎並不適合分群這些資料點。

為了探索理由，讓我們觀察一下群組（表 5-3）。

表 5-3 DBSCAN 的分群結果

	cluster	clusterCount
0	–1	39575
1	0	8885
2	8	720
3	5	92
4	18	51
5	38	38
6	41	22
7	39	22
8	4	16
9	20	16

大多數的點並未被分到群組內。你可以從圖表中看到。訓練集 50,000 個資料點中，有 39,651 個點在群組 -1 裡，這意味著它們並不屬於任何群組。它們會被標記為離群值，換言之，也就是噪音。

8,885 個點屬於群組 0。然後有一群數量很小的群組。這顯示了 DBSCAN 很難找出不同的密集點群集，因此，在基於 MNIST 所顯示數字的分群任務中表現得很差。

HDBSCAN

讓我們試試另外一個版本的 DBSCAN，並且看看是否結果有所改善。這個方法被稱為 *HDBSCAN*，或階層式 *DBSCAN*。這個方法使用了我們介紹的 DBSCAN 演算法，並且將它轉換成了階層式分群演算法。換言之，它基於密度進行群組，然後迭代地將這些以密度為基礎的群組，根據距離連接起來，如同前面章節介紹的階層式分群演算法一樣。

這個演算法的兩個主要參數是 min_cluster_size 和 min_samples，當 min_samples 設為 None 時，預設採用 min_cluster_size。我們採用易於使用的群組選擇法，並測量 HDBSCAN 在 MNIST 數字資料集上是否比 DBSCAN 表現得好：

```
import hdbscan

min_cluster_size = 30
min_samples = None
alpha = 1.0
cluster_selection_method = 'eom'

hdb = hdbscan.HDBSCAN(min_cluster_size=min_cluster_size, \
        min_samples=min_samples, alpha=alpha, \
        cluster_selection_method=cluster_selection_method)

cutoff = 10
X_train_PCA_hdbscanClustered = \
    hdb.fit_predict(X_train_PCA.loc[:,0:cutoff])

X_train_PCA_hdbscanClustered = \
    pd.DataFrame(data=X_train_PCA_hdbscanClustered, \
    index=X_train.index, columns=['cluster'])

countByCluster_hdbscan, countByLabel_hdbscan, \
    countMostFreq_hdbscan, accuracyDF_hdbscan, \
    overallAccuracy_hdbscan, accuracyByLabel_hdbscan \
    = analyzeCluster(X_train_PCA_hdbscanClustered, y_train)
```

下面是整體的精準率：

```
Overall accuracy from HDBSCAN: 0.24696
```

精準率在 25%，這僅僅只稍微優於 DBSCAN，而且遠遜於 k-means 和階層式分群法 70% 以上的精準率。表 5-4 呈現了不同群組的精準率。

表 5-4　HDBSCAN 的分群結果

	cluster	clusterCount
0	−1	42570
1	4	5140
2	7	942
3	0	605
4	6	295
5	3	252
6	1	119
7	5	45
8	2	32

我們看到如同在 DBSCAN 所遇到的相似狀況。大部分的點並未被分群，而且有一群數量很小的群組。這個結果並沒有太多的改善。

結論

本章介紹了三種主要的分群演算法，分別是 k-means、階層式分群法和 DBSCAN，並且應用它們在維度縮減的 MNIST 數字資料集上。前兩個分群演算法在這個資料集上表現十分出色，能夠將圖片分群得夠好，各群的精準率穩定地達到 70% 以上。

DBSCAN 在這個資料集上表現欠佳，但仍然是個可用的分群演算法。現在，我們已經介紹了分群演算法，讓我們在第六章使用這些演算法建造一個非監督式學習的解決方案。

群組區隔

在第五章，我們介紹了分群，該方法是用於識別資料基礎結構，並且基於相似度將資料點進行分組的一種非監督式學習方法。這些組別（稱為群集）應該內部相似度高，而各組迥異。換言之，群組內的資料點應該彼此相似，而且相異於其他群組內的資料點。

從一個應用的觀點來看，將資料點基於相似度分割成組別，而不需要任何標籤的指引是非常有用的。舉個例子來說，這樣的技術可以被應用在線上零售業者的場景上，用以找尋不同的消費者族群，以便為每個不同的族群客製一個行銷策略（換言之，按照預算的購物者、時尚達人、愛鞋成癡的人、科技迷、發燒友等）。群組區隔（group segmentation）可以改善線上廣告的投放和提升有關電影、音樂、新聞、社群網路和線上交友的推薦系統的能力。

本章會使用前一章所介紹的分群演算法來建立一個應用非監督式學習的解決方案。更具體地來說，我們會進行群組區隔。

借貸俱樂部資料集

這一章裡，我們會使用來自借貸俱樂部（Lending Club）的借貸資料，該公司是美國一間點對點的借貸公司。平台上的借款者可以採用 3 到 5 年期無抵押個人貸款的方式，借得 $1,000 到 $40,000。

投資者可以瀏覽這些貸款申請，並且基於這些貸款者的歷史信用資料、貸款總額、貸款等級和貸款目的來決定是否資助這些貸款。投資者從貸款的利息獲得收益，而借貸俱樂部則收取貸款初始費用和服務費用。

我們會使用的貸款資料是來自 2007 ～ 2011 年的時間區間，而且它可以在借貸俱樂部的網站上公開地被取得（*http://bit.ly/2FYN2zX*）。資料的索引也可以在網站上取得。

資料準備

和前些章節一樣，我們先來準備處理借貸俱樂部資料的環境。

載入函式庫

首先，載入必要的函式庫：

```python
# 匯入函式庫
'''Main'''
import numpy as np
import pandas as pd
import os, time, re
import pickle, gzip

'''Data Viz'''
import matplotlib.pyplot as plt
import seaborn as sns
color = sns.color_palette()
import matplotlib as mpl

%matplotlib inline

'''Data Prep and Model Evaluation'''
from sklearn import preprocessing as pp
from sklearn.model_selection import train_test_split
from sklearn.metrics import precision_recall_curve, average_precision_score
from sklearn.metrics import roc_curve, auc, roc_auc_score

'''Algorithms'''
from sklearn.decomposition import PCA
from sklearn.cluster import KMeans
import fastcluster
from scipy.cluster.hierarchy import dendrogram, cophenet, fcluster
from scipy.spatial.distance import pdist
```

探索資料

接著載入借貸資料，並且指定哪些欄位需要被保留下來：

原始的借貸資料檔案有 144 個欄位，但大多數的欄位都是空白的且對我們來說沒什麼價值。因此，我們將選擇一部分最常被用到且在我們的分群應用中有價值的欄位。這些欄位包含了借貸的屬性，如請求的貸款總額、募得資金的總量、貸款週期、利率、借款等級等，和貸款者的屬性，如受雇時間長度、房屋所有權狀態、年收入、地址和借錢的目的。

我們也會探索下資料：

```
# 載入資料
current_path = os.getcwd()
file = '\\datasets\\lending_club_data\\LoanStats3a.csv'
data = pd.read_csv(current_path + file)

# 選擇要保留下來的欄位
columnsToKeep = ['loan_amnt','funded_amnt','funded_amnt_inv','term', \
                'int_rate','installment','grade','sub_grade', \
                'emp_length','home_ownership','annual_inc', \
                'verification_status','pymnt_plan','purpose', \
                'addr_state','dti','delinq_2yrs','earliest_cr_line', \
                'mths_since_last_delinq','mths_since_last_record', \
                'open_acc','pub_rec','revol_bal','revol_util', \
                'total_acc','initial_list_status','out_prncp', \
                'out_prncp_inv','total_pymnt','total_pymnt_inv', \
                'total_rec_prncp','total_rec_int','total_rec_late_fee', \
                'recoveries','collection_recovery_fee','last_pymnt_d', \
                'last_pymnt_amnt']

data = data.loc[:,columnsToKeep]

data.shape

data.head()
```

總共有 42,542 筆貸款和 37 個特徵（42,542, 37）。

表 6-1 為資料的預覽。

表 6-1　首數筆貸款資料

	loan_amnt	funded_amnt	funded_amnt_inv	term	int_rate	instsallment	grade
0	5000.0	5000.0	4975.0	36 months	10.65%	162.87	B
1	2500.0	2500.0	2500.0	60 months	15.27%	59.83	C
2	2400.0	2400.0	2400.0	35 months	15.96%	84.33	C
3	10000.0	10000.0	10000.0	36 months	13.49%	339.31	C
4	3000.0	3000.0	3000.0	60 months	12.69%	67.79	B

轉換字串格式到數值格式

有一些特徵（如貸款週期、貸款利率、貸款者受雇時長和貸款者的循環利用率）需要從字串格式轉換到數值格式。我們執行轉換：

```
# 將特徵值型態由字串轉為數值
for i in ["term","int_rate","emp_length","revol_util"]:
    data.loc[:,i] = \
        data.loc[:,i].apply(lambda x: re.sub("[^0-9]", "", str(x)))
    data.loc[:,i] = pd.to_numeric(data.loc[:,i])
```

對於我們的分群應用來說，我們只考慮數值型態的特徵，而忽略所有質化的特徵，因為非數值型態的特徵無法以它們現在的型態被我們的分群演算法所處理。

處理缺漏值

我們搜尋所有的量化特徵，並且計算每個特徵中，值為 NaN 的數量。然後我們會使用特徵的平均值，或者在一些情況下會使用 0 來取代這些 NaN 的值，如何處理這些值，取決於這些特徵在業務觀點下代表的意義：

```
# 判斷哪些特徵為數值型態
numericalFeats = [x for x in data.columns if data[x].dtype != 'object']

# 顯示各特徵中值為 NaN 的數量
nanCounter = np.isnan(data.loc[:,numericalFeats]).sum()
nanCounter
```

下面按特徵列出 NaN 的數量：

```
loan_amnt               7
funded_amnt             7
funded_amnt_inv         7
```

```
term                         7
int_rate                     7
installment                  7
emp_length                   1119
annual_inc                   11
dti                          7
delinq_2yrs                  36
mths_since_last_delinq       26933
mths_since_last_record       38891
open_acc                     36
pub_rec                      36
revol_bal                    7
revol_util                   97
total_acc                    36
out_prncp                    7
out_prncp_inv                7
total_pymnt                  7
total_pymnt_inv              7
total_rec_prncp              7
total_rec_int                7
total_rec_late_fee           7
recoveries                   7
collection_recovery_fee      7
last_pymnt_amnt              7
dtype: int64
```

大多數的特徵只有一些 NaN，而有些特徵（如 months since last delinquency 和 last change in record）有許多 NaN 的情況。

為這些缺漏值進行填補，以便我們無須在分群處理過程中，處理任何的缺漏值：

```
# 以平均值填補 NaN
fillWithMean = ['loan_amnt','funded_amnt','funded_amnt_inv','term', \
                'int_rate','installment','emp_length','annual_inc',\
                'dti','open_acc','revol_bal','revol_util','total_acc',\
                'out_prncp','out_prncp_inv','total_pymnt', \
                'total_pymnt_inv','total_rec_prncp','total_rec_int', \
                'last_pymnt_amnt']

# 以 0 填補 NaN
fillWithZero = ['delinq_2yrs','mths_since_last_delinq', \
                'mths_since_last_record','pub_rec','total_rec_late_fee', \
                'recoveries','collection_recovery_fee']

# 執行填補
```

```
im = pp.Imputer(strategy='mean')
data.loc[:,fillWithMean] = im.fit_transform(data[fillWithMean])

data.loc[:,fillWithZero] = data.loc[:,fillWithZero].fillna(value=0,axis=1)
```

讓我們再計算一次缺漏值的數量，以便確認沒有任何缺漏值存在。

我們現在已經安全了。所有的缺漏值都已經被填補：

```
numericalFeats = [x for x in data.columns if data[x].dtype != 'object']

nanCounter = np.isnan(data.loc[:,numericalFeats]).sum()
nanCounter
```

```
loan_amnt                     0
funded_amnt                   0
funded_amnt_inv               0
term                          0
int_rate                      0
installment                   0
emp_length                    0
annual_inc                    0
dti                           0
delinq_2yrs                   0
mths_since_last_delinq        0
mths_since_last_record        0
open_acc                      0
pub_rec                       0
revol_bal                     0
revol_util                    0
total_acc                     0
out_prncp                     0
out_prncp_inv                 0
total_pymnt                   0
total_pymnt_inv               0
total_rec_prncp               0
total_rec_int                 0
total_rec_late_fee            0
recoveries                    0
collection_recovery_fee       0
last_pymnt_amnt               0
dtype: int64
```

構建新特徵

讓我們建構更多的特徵到現在的特徵集中。這些新的特徵大多數為貸款總額、循環信用、支付和貸款者年所得之間的比率：

```
# 特徵工程
data['installmentOverLoanAmnt'] = data.installment/data.loan_amnt
data['loanAmntOverIncome'] = data.loan_amnt/data.annual_inc
data['revol_balOverIncome'] = data.revol_bal/data.annual_inc
data['totalPymntOverIncome'] = data.total_pymnt/data.annual_inc
data['totalPymntInvOverIncome'] = data.total_pymnt_inv/data.annual_inc
data['totalRecPrncpOverIncome'] = data.total_rec_prncp/data.annual_inc
data['totalRecIncOverIncome'] = data.total_rec_int/data.annual_inc

newFeats = ['installmentOverLoanAmnt','loanAmntOverIncome', \
            'revol_balOverIncome','totalPymntOverIncome', \
            'totalPymntInvOverIncome','totalRecPrncpOverIncome', \
            'totalRecIncOverIncome']
```

確認特徵集與正規化

接著，我們要為分群演算法產生訓練用的 dataframe 並且縮放特徵：

```
# 選取用來訓練的特徵
numericalPlusNewFeats = numericalFeats+newFeats
X_train = data.loc[:,numericalPlusNewFeats]

# 縮放資料
sX = pp.StandardScaler()
X_train.loc[:,:] = sX.fit_transform(X_train)
```

為評估指定標籤

分群法是一種非監督學習的方法，因此不會使用到標籤。然而，為了能夠評斷分群演算法在借貸俱樂部資料集中，找尋相異且同質性高的貸款者群組時的表現狀況，我們會使用貸款等級作為一個代理的標籤。

目前這個貸款等級是採用字母作為標記。貸款等級 A 代表信用等級最好且最安全，而貸款等級 G 則為最差的標記：

```
labels = data.grade
labels.unique()

array(['B', 'C', 'A', 'E', 'F', 'D', 'G', nan], dtype=object)
```

在貸款等級中有一些缺漏值。我們會使用 Z 值進行填補,然後使用 Scikit-Learn 的
LabelEncoder 將這些字母等級轉變為數值等級。為了保持一致性,我們會將這些標籤載
入 y_train 中:

```
# 填補標籤
labels = labels.fillna(value="Z")

# 將標籤數值化
lbl = pp.LabelEncoder()
lbl.fit(list(labels.values))
labels = pd.Series(data=lbl.transform(labels.values), name="grade")

# 儲存為 y_train
y_train = labels

labelsOriginalVSNew = pd.concat([labels, data.grade],axis=1)
labelsOriginalVSNew
```

表 6-2　數值等級 vs. 字母等級

	grade	grade
0	1	B
1	2	C
2	2	C
3	2	C
4	1	B
5	0	A
6	2	C
7	4	E
8	5	F
9	1	B
10	2	C
11	1	B
12	2	C
13	1	B
14	1	B
15	3	D
16	2	C

如你在表 6-2 所見,所有「A」等級被轉換成為 0,「B」等級被轉換成 1,依此類推。

我們也檢查一下是否等級「A」的貸款通常有較低的利率,因為它們風險最低,而其他
等級的貸款者則利率會漸進增高:

```
# 比較利率與貸款等級
interestAndGrade = pd.DataFrame(data=[data.int_rate,labels])
interestAndGrade = interestAndGrade.T

interestAndGrade.groupby("grade").mean()
```

表 6-3 確認了上述的推論。較高字母等級的貸款者有較高的利率[1]。

表 6-3　等級 vs. 利率

grade	int_rate
0.0	734.270844
1.0	1101.420857
2.0	1349.988902
3.0	1557.714927
4.0	1737.676783
5.0	1926.530361
6.0	2045.125000
7.0	1216.501563

分群結果評估基準

現在,資料已經準備就緒。我們有含括所有 34 個數值特徵的 X_train 和有數值化的貸款
等級 y_train,我們僅會使用 y_train 來驗證結果,而不是如同我們在監督式機器學習問
題裡一樣將它拿來進行演算法的訓練。在建立我們的第一個分群應用之前,我們來介紹
一個用來分析分群結果好壞的函式。具體地來說,我們會使用同質性的概念來估算每個
群組的好壞。

如果分群演算法在借貸俱樂部資料集的分類借貸者任務中表現得好,每一個群集所包含
的借貸者應該彼此相似,並且與其他群組的借貸者相異。按理來說,彼此相似的借貸者
應該有著相似的信用評等。換言之,它們的信用應該相似。

1　我們可以忽略等級 "7",它代表貸款等級 "Z"。這些是沒有貸款級別的借款,該級別是由我們所進行填
　　補的。

如果情況就是這樣的話（在實際的問題裡，這些許多的假設只有部份是真的），在相同群集裡的借貸者應該有相同的量化借貸等級，我們將會利用 y_train 裡所設定的量化借貸等級來進行驗證。如果在每一個群集裡，有較高比例借貸者有相同的量化借貸等級，這個分群應用的表現就越好。

舉個例子來說，考慮一個群集有一百個借貸者。如果有 30 位借貸者量化借貸等級為 0，25 位借貸者為 1，20 位借貸者為 2，而剩下的借貸者則分佈在等級 3 到 7 之間，我們可以說這個群集有 30% 的精準率，因為這個群集有最高次數的借貸等級只有對應到群集裡的 30% 的借貸者。

如果我們沒有具有量化借貸等級的 y_train 來驗證分群的好壞，可以使用另一個替代的方法。我們可以在每一個群集內進行一些取樣，手動地決定這些借貸者的量化借貸等級，然後決定我們是否給那些借貸者相同的量化借貸等級。如果是，那麼這個群集就是好的群集，因為它有足夠高的同質性，以致於我們會給予取樣的借貸者相同的量化借貸等級。如果不是，這個群集就不夠好，因為借貸者太過迥異，而我們應該試著透過使用更多的資料或者是不同的分群演算法進行改善。

雖然我們不需要進行取樣，並且手動為借貸者打上標籤，那是因為我們已經有量化借貸等級，但如果你需要處理的問題並沒有相關標籤時，記得上述這個處理方法是重要的。

以下是用來分析這個群集的函式：

```python
def analyzeCluster(clusterDF, labelsDF):
    countByCluster = \
        pd.DataFrame(data=clusterDF['cluster'].value_counts())
    countByCluster.reset_index(inplace=True,drop=False)
    countByCluster.columns = ['cluster','clusterCount']

    preds = pd.concat([labelsDF,clusterDF], axis=1)
    preds.columns = ['trueLabel','cluster']

    countByLabel = pd.DataFrame(data=preds.groupby('trueLabel').count())

    countMostFreq = pd.DataFrame(data=preds.groupby('cluster').agg( \
        lambda x:x.value_counts().iloc[0]))
    countMostFreq.reset_index(inplace=True,drop=False)
    countMostFreq.columns = ['cluster','countMostFrequent']

    accuracyDF = countMostFreq.merge(countByCluster, \
        left_on="cluster",right_on="cluster")

    overallAccuracy = accuracyDF.countMostFrequent.sum()/ \
```

```
        accuracyDF.clusterCount.sum()

    accuracyByLabel = accuracyDF.countMostFrequent/ \
        accuracyDF.clusterCount

    return countByCluster, countByLabel, countMostFreq, \
        accuracyDF, overallAccuracy, accuracyByLabel
```

k-Means 應用程式

我們第一個使用借貸俱樂部資料集的分群應用程式是使用 *k*-means，我們在第五章介紹過它。回想一下 *k*-means 分群法，我們需要指定預期的群組數量 *k*，而且這個演算法只會把每個借貸者分配到 *k* 群集的其中之一群集裡。

這個演算法完成分群，是透過最小化群組內的變異度（也稱為慣性，inertia），以致於各群的群內的變異度總和盡可能地達到最小。

我們不會只指定一個 *k* 值，而是從 10 到 30 的 *k* 值進行一個完整的實驗，並且利用我們在前述章節所定義的精準率，將結果繪出。

基於表現最好的 *k* 值，我們可以建立一個採用這個最佳 *k* 值的分群流水線：

```
from sklearn.cluster import KMeans

n_clusters = 10
n_init = 10
max_iter = 300
tol = 0.0001
random_state = 2018
n_jobs = 2

kmeans = KMeans(n_clusters=n_clusters, n_init=n_init, \
                max_iter=max_iter, tol=tol, \
                random_state=random_state, n_jobs=n_jobs)

kMeans_inertia = pd.DataFrame(data=[],index=range(10,31), \
                                columns=['inertia'])

overallAccuracy_kMeansDF = pd.DataFrame(data=[], \
    index=range(10,31),columns=['overallAccuracy'])

for n_clusters in range(10,31):
    kmeans = KMeans(n_clusters=n_clusters, n_init=n_init, \
```

```
                        max_iter=max_iter, tol=tol, \
                        random_state=random_state, n_jobs=n_jobs)

        kmeans.fit(X_train)
        kMeans_inertia.loc[n_clusters] = kmeans.inertia_
        X_train_kmeansClustered = kmeans.predict(X_train)
        X_train_kmeansClustered = pd.DataFrame(data= \
            X_train_kmeansClustered, index=X_train.index, \
            columns=['cluster'])

        countByCluster_kMeans, countByLabel_kMeans, \
        countMostFreq_kMeans, accuracyDF_kMeans, \
        overallAccuracy_kMeans, accuracyByLabel_kMeans = \
        analyzeCluster(X_train_kmeansClustered, y_train)

        overallAccuracy_kMeansDF.loc[n_clusters] = \
            overallAccuracy_kMeans

    overallAccuracy_kMeansDF.plot()
```

圖 6-1 顯示了結果的圖表。

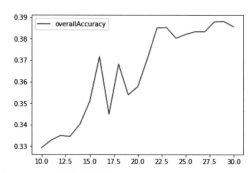

圖 6-1　針對不同 k 值使用 k-means 的整體精準率

如我們所見，精準率在 30 個群集左右時表現最佳，而且在將近 39% 保持平穩。換言之，對於任何群集來說，群集裡最高頻發生的標籤會對應到將近 39% 的借貸者上。剩餘 61% 的借貸者所具有的標籤則並非高頻發生的標籤。

下面程式碼顯示出每個群集在 k = 30 時的精準率：

```
0        0.326633
1        0.258993
2        0.292240
3        0.234242
```

```
4       0.388794
5       0.325654
6       0.303797
7       0.762116
8       0.222222
9       0.391381
10      0.292910
11      0.317533
12      0.206897
13      0.312709
14      0.345233
15      0.682208
16      0.327250
17      0.366605
18      0.234783
19      0.288757
20      0.500000
21      0.375466
22      0.332203
23      0.252252
24      0.338509
25      0.232000
26      0.464418
27      0.261583
28      0.376327
29      0.269129
dtype: float64
```

精準率在各個群集中有相當的變化。有些群集相較於其他群集的同質性高。舉例來說，群集 7 的精準率為 76%，但群集 12 則只有 21% 的精準率。這是建立分群應用程式，以便基於借貸者之間的相似度，自動分配新的借貸俱樂部的借貸者到已經存在的群組中的一個起點，自動指定一個假設的量化借貸等級給新的借貸者是可能的，而且正確率目前可以達到將近 39%。

這並不是最佳的解決方案，而且我們應該考慮一些方法看看是否會改善結果，包括獲得更多的資料、進行更多的特徵工程和特徵選擇、為 k-means 演算法選擇不同的參數或者使用不同的分群演算法。我們是可能沒有足夠的資料將借貸者分類到更不同且同質性更高的群組內。如果是這個情況，更多的資料、更多的特徵工程與特徵選取將會是必須的。抑或可能是，對我們擁有的有限資料而言，k-means 並不是最好的分類方法。

我們轉換到階層式分群法來看看是否結果會有所改善。

階層式分群法應用程式

回想一下階層式分群法,我們不需要先指定特定的群集數量,而是在階層式分群法完成執行後選擇想要多少個群集。階層式分群法會建立一個樹狀圖,該樹狀圖概念上看起來就如同一棵上下顛倒的樹,最底部的樹葉是各個在借貸俱樂部申請貸款的借貸者。

基於這些借貸者的相似程度,我們循著樹垂直往上,階層式分群法將相似的借貸者合併起來。彼此最相似的借貸者較快被合併,彼此較不相似的借貸者則較晚被合併。最終,所有的借貸者都在樹的主幹最頂端被合併。

從商業的角度來看,這個分群的過程顯然地非常有用。如果能夠找到彼此相似的借貸者並將它們聚集起來,我們可以更有效率地指派信用等級給他們。我們可以針對不同的借貸者群組提出不同的策略,並且能從關係的角度上更好地管理他們,以及提供更好且更完整的客戶服務。

一旦階層式分群演算法結束執行,我們可以決定想從樹的哪個部位進行裁切,裁切的位置越低,則區隔出的借貸者群組越多。

首先,如我們在第五章所做的,進行階層式分群演算法的訓練:

```
import fastcluster
from scipy.cluster.hierarchy import dendrogram
from scipy.cluster.hierarchy import cophenet
from scipy.spatial.distance import pdist

Z = fastcluster.linkage_vector(X_train, method='ward', \
                               metric='euclidean')

Z_dataFrame = pd.DataFrame(data=Z,columns=['clusterOne', \
             'clusterTwo','distance','newClusterSize'])
```

表 6-4 顯示了訓練結果的 dataframe。前幾列是最底部的借貸者的初始連接。

表 6-4　階層式分群法的最底部葉節點

	clusterOne	clusterTwo	distance	newClusterSize
0	39786.0	39787.0	0.000000e+00	2.0
1	39788.0	42542.0	0.000000e+00	3.0
2	42538.0	42539.0	0.000000e+00	2.0
3	42540.0	42544.0	0.000000e+00	3.0
4	42541.0	42545.0	3.399350e-17	4.0
5	42543.0	42546.0	5.139334e-17	7.0
6	33251.0	33261.0	1.561313e-01	2.0
7	42512.0	42535.0	3.342654e-01	2.0
8	42219.0	42316.0	3.368231e-01	2.0
9	6112.0	21928.0	3.384368e-01	2.0
10	33248.0	33275.0	3.583819e-01	2.0
11	33253.0	33265.0	3.595331e-01	2.0
12	33258.0	42552.0	3.719377e-01	3.0
13	20430.0	23299.0	3.757307e-01	2.0
14	5455.0	32845.0	3.828709e-01	2.0
15	28615.0	30306.0	3.900294e-01	2.0
16	9056.0	9769.0	3.967378e-01	2.0
17	11162.0	13857.0	3.991124e-01	2.0
18	33270.0	42548.0	3.995620e-01	3.0
19	17422.0	17986.0	4.061704e-01	2.0

回想一下，最後的幾列代表樹的頂端，而且最終全部 42,541 位借貸者被合併在一起（請見表 6-5）。

表 6-5　階層式分群法最頂部的葉節點

	clusterOne	clusterTwo	distance	newClusterSize
42521	85038.0	85043.0	132.715723	3969.0
42522	85051.0	85052.0	141.386569	2899.0
42532	85026.0	85027.0	146.976703	2351.0
42524	85048.0	85049.0	152.660192	5691.0
42525	85036.0	85059.0	153.512281	5956.0
42526	85033.0	85044.0	160.825959	2203.0
42527	85055.0	85061.0	163.701428	668.0
42528	85062.0	85066.0	168.199295	6897.0

	clusterOne	clusterTwo	distance	newClusterSize
42529	85054.0	85060.0	168.924039	9414.0
42530	85028.0	85064.0	185.215769	3118.0
42531	85067.0	85071.0	187.832588	15370.0
42532	85056.0	85073.0	203.212147	17995.0
42533	85057.0	85063.0	205.285993	9221.0
42534	85068.0	85072.0	207.902660	5321.0
42535	85069.0	85075.0	236.754581	9889.0
42536	85070.0	85077.0	298.587755	16786.0
42537	85058.0	85078.0	309.946867	16875.0
42538	85074.0	85079.0	375.698458	34870.0
42539	85065.0	85080.0	400.711547	37221.0
42504	85076.0	85081.0	644.047472	42542.0

現在，裁切這個樹狀圖，以便得到可處理的群集數量。這個設定是基於 distance_threahold。根據試誤，distance_threshold 設為 100 時，會產生 32 個群組，這是我們在這個例子裡會使用的配置。

```
from scipy.cluster.hierarchy import fcluster
distance_threshold = 100
clusters = fcluster(Z, distance_threshold, criterion='distance')
X_train_hierClustered = pd.DataFrame(data=clusters,
 index=X_train_PCA.index,columns=['cluster'])

print("Number of distinct clusters: ",
 len(X_train_hierClustered['cluster'].unique()))
```

在給定的距離門檻值下，不同群集的數量為 32：

```
countByCluster_hierClust, countByLabel_hierClust, countMostFreq_hierClust,
 accuracyDF_hierClust, overallAccuracy_hierClust, accuracyByLabel_hierClust =
 analyzeCluster(X_train_hierClustered, y_train)
print("Overall accuracy from hierarchical clustering: ",
 overallAccuracy_hierClust)
```

下面的代碼顯示了階層式分群法整體的精準率：

```
Overall accuracy from hierarchical clustering: 0.3651685393258427
```

整體的精準率將近 37%，稍差於 *k*-means 分群法。話雖如此，但階層式分群法的運作方式不同於 *k*-means，且可能對於某些借貸者的分組要比 *k*-means 來得精準，然而有些則是 *k*-means 的分組表現要比階層式分群法來得精準。

換言之，兩個分群演算法或許彼此互補。值得探索一下整合兩種演算法，並且拿整合的訓練結果和任一種單一演算法解決方案進行比較 [2]。就像使用 *k*-means，各群集精準率的變化也相當大。有些群集要較其他群集同質性更高：

```
Accuracy by cluster for hierarchical clustering

0       0.304124
1       0.219001
2       0.228311
3       0.379722
4       0.240064
5       0.272011
6       0.314560
7       0.263930
8       0.246138
9       0.318942
10      0.302752
11      0.269772
12      0.335717
13      0.330403
14      0.346320
15      0.440141
16      0.744155
17      0.502227
18      0.294118
19      0.236111
20      0.254727
21      0.241042
22      0.317979
23      0.308771
24      0.284314
25      0.243243
26      0.500000
27      0.289157
28      0.365283
29      0.479693
30      0.393559
31      0.340875
```

2　我們在第二章探索過。如果你需要重新複習一下，請回顧第 66 頁的「整體學習」。

HDBSCAN 應用程式

現在,我們使用 HDBSCAN,將這個借貸俱樂部資料集裡的相似借貸者聚集起來。

回想一下,HDBSCAN 會根據在高維度空間中借貸者的屬性密集程度來將他們聚集起來。不像 *k*-means 或是階層式分群法,並非所有的借貸者都會被分到群集。有些借貸者與其他群組內的借貸者非常不同時,他會保持在未被分群的狀態。這些離群的借貸者值得我們檢視看看是否有任何好的商業理由,使得他們不同於其他的借貸者。自動指派量化借貸等級給借貸者中的某些群組是可能的,但對於那些不相似的其他借貸者可能需要一個更加細緻的信用評分方法。

讓我們看看 HDBSCAN 表現得多好:

```
import hdbscan

min_cluster_size = 20
min_samples = 20
alpha = 1.0
cluster_selection_method = 'leaf'

hdb = hdbscan.HDBSCAN(min_cluster_size=min_cluster_size, \
    min_samples=min_samples, alpha=alpha, \
    cluster_selection_method=cluster_selection_method)

X_train_hdbscanClustered = hdb.fit_predict(X_train)
X_train_hdbscanClustered = pd.DataFrame(data= \
    X_train_hdbscanClustered, index=X_train.index, \
    columns=['cluster'])

countByCluster_hdbscan, countByLabel_hdbscan, \
    countMostFreq_hdbscan, accuracyDF_hdbscan, \
    overallAccuracy_hdbscan, accuracyByLabel_hdbscan = \
    analyzeCluster(X_train_hdbscanClustered, y_train)
```

下面的代碼呈現了 HDBSCAN 整體的精準率:

```
Overall accuracy from HDBSCAN: 0.3246203751586667
```

如同這裡所見,整體的精準率大約在 32%,相較於 *k*-means 或者是階層式分群法表現得差。

表 6-6 顯示了不同的群集和群集的大小。

表 6-6　HDBSCAN 的分群結果

	cluster	clusterCount
0	-1	32708
1	7	4070
2	2	3668
3	1	1096
4	4	773
5	0	120
6	6	49
7	3	38
8	5	20

有 32,708 的借貸者是群集 -1，這意味著它們尚未被群組起來。

下面顯示了各群集的精準率：

```
0        0.284487
1        0.341667
2        0.414234
3        0.332061
4        0.552632
5        0.438551
6        0.400000
7        0.408163
8        0.590663
```

在這些群集裡，精準率的範圍從 28% 到 59%。

結論

在這個章節裡，我們利用借貸俱樂部在 2007 年到 2011 年之間的無抵押個人貸款者資料，建立了非監督式分群應用程式。這個應用程式有基於 k-means、階層式分群法和階層式 DBSCAN 三種版本。k-means 表現得最好，精準率可以將近 39%。

雖然這些應用程式可以順利地執行，但它們仍有著相當大的改善空間。你應該基於這樣的結果並且著手利用這些演算法進行實驗來改善解決方案。

至此，我們透過這本書使用 Scikit-Learn 的部份，為非監督式學習的介紹做了一個總結，接下來將使用 TensorFlow 和 Keras 來探索基於類神經網路的非監督式學習。我們會在第七章，從表徵學習和自動編碼器開始介紹。

## 第三部分

使用 TensorFlow 和 Keras 開發非監督式學習

我們剛介紹完這本書有關 Scikit-Learn 的非監督式學習部份,現在來看看以類神經網路為基礎的非監督式學習。在接下來數章中,我們會介紹類神經網路,包括用來應用它們的受歡迎工具 TensorFlow 和 Keras。

在第七章我們會使用一個自動編碼器(一個淺的神經網路)來自動執行特徵工程和特徵選取。基於這個介紹,在第八章,我們會應用自動編碼器到一個實際的問題上。隨著介紹的過程,第九章會從非監督式學習轉到半監督式學習上,該方法會使用一些既存的標籤資料來改善一個純非監督式模型的精準率和召回率。

當結束了淺神經網路的探索,我們會開始專注在本書最後一個部份 —— 深度神經網路。

自動編碼器
（Autoencoder）

這本書前六章探索如何使用非監督式學習來進行維度縮減和分群，以及關於協助我們基於相似度建立異常偵測和群組區隔應用程式的概念。

然而，非監督式學習能做得到更多。非監督式學習的一個擅長的領域是**特徵擷取**，這是一種用來從原始特徵集產生新的特徵表示的方法。這個新的特徵表示方法稱為**基於學習的表示法**，用於改善監督式學習問題的表現結果。換句話說，對於監督式應用來說，特徵擷取是一種非監督式的工具。

自動編碼器是特徵擷取的一種方法。它使用**前饋非遞歸神經網路**來進行**特徵學習**。特徵學習是關於神經網路機器學習整個分支的核心部份。

在自動編碼器裡，神經網路的每一層都會學習到一種基於原始特徵的特徵表示方法，而接續的一層會基於前一層學習到的特徵表示方式進行學習。自動編碼器漸進地從簡單的特徵表示法學習到複雜的表示法，逐層建立所謂越來越抽象的概念階層。

輸出層是基於原來的特徵，最後學習到的新特徵表示法。在改善泛化誤差的目標上，這個學習到的特徵表示法能作為監督式學習模型的輸入。

在我們走得太遠之前，先來介紹神經網路與 Python 的實作框架（TensorFlow 和 Keras）。

神經網路

從本質的角度來看，神經網路進行特徵學習，學習過程是每一層都會基於前一層的輸出，學習特徵表示方法。藉由逐層建立越來越細緻的特徵表示方法，神經網路可以完成相當令人驚訝的任務，如電腦視覺、語音辨識和機器翻譯。

神經網路有兩種形式，一種是廣，而另一種是深。淺層網路層數非常少。深度學習的名字來自於它所使用的深度（許多層）神經網路。淺層神經網路並沒有特別的有用，因為特徵學習的程度受限於少量的層數。另一方面，深度學習的功能則是強大到令人難以置信，而它現在正是機器學習最熱門領域的其中之一。

更清楚地來說，基於使用神經網路的淺層學習與深度學習只是整個機器學習生態系的其中一部分。介於使用神經網路的機器學習和傳統的機器學習之間的主要差異在於，在神經網路裡，特徵表示是自動地進行學習，而傳統機器學習則是由人工方式進行設計。

神經網路有一個**輸入層**，一個或多個**隱藏層**和一個**輸出層**。隱藏層的數目定義了神經網路有多深。你可以視這些隱藏層為中間計算，這些隱藏層一起運作讓整個神經網路可以進行複雜的函數近似。

每一層有一定數量的**節點**（也稱為**神經元**或是**單元**），這些節點構成了神經網路的一層。每一層的節點會連接到下一層的節點。在訓練過程中，神經網路決定最佳的權重給每一個節點。

除了增加更多層外，我們可以增加更多的節點給神經網路，來增加神經網路的容量，以便為更複雜的關係塑模。這些節點的運算結果會送給**激活函數**（*activation function*），函數會決定最終傳給下一層的數值。常見的激活函數有**線性函數**、*sigmod*、**雙曲正切函數**（*hyperbolic tangent*）、**線性整流函數**（*rectified linear unit, ReLU*）。最終的激活函數通常為 *softmax* **函數**，該函數會輸出輸入觀察點所屬類別的機率，相當適用於分類的問題。

神經網路也可能有**偏差節點**（*bias nodes*)，這些節點不像正常的節點，總是輸出常數值，並且不與前一個神經網路層連接。相反地，它們讓激活函數的輸出值可以變得較高或較低。透過包含節點、偏差節點和激活函數，神經網路試著學習到正確的近似函數，以便將輸入層對應到輸出層。

在監督式學習的問題案例中，這是相當直接的。輸入層代表傳入神經網路的特徵，而輸出層代表分配給各資料點的標籤。在訓練過程中，神經網路決定整個網路內的**權重**，以便協助最小化資料點的實際標籤與預測標籤之間的誤差。在非監督式學習問題中，神經網路在沒有標籤的指引下，透過不同的隱藏層學習輸入層的特徵。

神經網路的功能強大，且能夠對傳統機器學習演算法難以處理的複雜非線性關係進行一定程度的塑模。一般來說，這是神經網路的一個重要特質，但也有一個潛在的風險。因為神經網路可以對如此複雜的非線性關係進行塑模，它們也非常易於過擬合，這是在基於使用神經網路設計機器學習應用時需要被意識到並解決的 [1]。

神經網路雖然有多種型態，如**遞歸神經網路**。該網路裡，資料可以以任意的方向流動（被使用在語音辨識和機器翻譯），以及**卷積神經網路**（被使用在電腦視覺），我們會專注在較為直接的前饋神經網路，顧名思義，資料在網路內移動只有一個方向：正向。

我們一定也要進行很多的超參數優化，以便得到可以運作得當的神經網路，這優化包括：成本函數的選擇、最小化損失的演算法、權重的初始方法、訓練迭代的次數（換言之，訓練的回合數）、每次進行權重調整前傳入的資料點數量（換言之，批次大小），以及在訓練過程中，每一次調整權重的步伐大小（換言之，學習率）。

TensorFlow

在介紹自動編碼器之前，我們先來探索 *TensorFlow*，我們主要用來建立神經網路的函式庫。TensorFlow 是針對高效數值運算的一個開源函式庫，它一開始是由 Google Brain team 為了內部 Google 使用所開發的。在 2015 年 11 月，它以開源軟體的方式被釋出 [2]。

TensorFlow 在許多作業系統上都能使用（包括 Linux、macOS、Windows、Android 和 iOS），而且可以在多 CPU 和 GPU 上運行，使得軟體在高效率執行與部署到多種裝置（包括，桌上型電腦、手機、網站和雲）供用戶使用的方向上，有很好的擴展性。

TensorFlow 的美妙之處在於使用者可以利用 Python 定義一個神經網路（或者更一般地來說，一張運算圖），另外，使用者可以採用 C++ 代碼的方式執行這個神經網路，執行效率比 Python 更快。

1　這個流程被稱為正規化。

2　更多有關 TensorFlow 的資訊，可以參閱 *https://www.tensorflow.org/*。

TensorFlow 也能夠平行化運算，將整體的操作切割成小區塊，並且跨多個 CPU 和 GPU 平行地運行它們。這樣的執行方式對於大規模機器學習應用（比方說 Google 運行的核心功能，如搜尋）來說，是非常重要的考量。

雖然有其他的開源函式庫有相似的能力，但 TensorFlow 已經變成最受歡迎的函式庫，有部份原因是歸功於 Google 的品牌。

TensorFlow 範例

在繼續往前之前，我們先來建一個 TensorFlow 的運算圖並且執行一次運算。我們會載入 TensorFlow、透過 TensorFlow API（它會重新整合我們之前章節使用過的 Scikit-Learn API）定義一些變數，接著計算那些變數的值：

```python
import tensorflow as tf

b = tf.constant(50)
x = b * 10
y = x + b

with tf.Session() as sess:
    result = y.eval()
    print(result)
```

你必須了解到此處有兩個階段，這點非常重要。首先，我們建立運算圖，圖裡定義了 b、x 和 y。然後，我們透過呼叫 tf.Session() 執行運算圖。除非我們呼叫這個函式，否則沒有任何的計算透過 CPU 和 / 或 GPU 被執行。更準確地說，只有那些用於計算的指令被儲存起來。當你執行上述的程式碼，你將會得到預期的結果「500」。

稍後，我們會使用 TensorFlow 建立一個真正的神經網路。

Keras

Keras 是一個開源軟體函式庫，並且提供運行在 TensorFlow 上的高階 API。它提供了一個比直接使用 TensorFlow 指令更友善的使用者介面，可以讓資料科學家與研究者更快且更容易的進行實驗。Keras 也是主要由 Google 的工程師 Francois Chollet 所撰寫。

當我們開始使用 TensorFlow 建立模型時，我們會操作 Keras 並且探索它的優點。

自動編碼器：編碼器與解碼器

現在，我們已經介紹了神經網路和受歡迎的函式庫（TensorFlow 和 Keras），接著我們便會使用 Python 來運用它們。我們先來建立一個自動編碼器，它是最簡單的非監督式學習神經網路的其中一種。

自動編碼器由兩部份組成，一個是編碼器，另一個是解碼器。編碼器透過特徵學習轉換輸入的特徵集成為另一種表示方式，而解碼器則是將這個新學到的表示方式轉換為原來的表示方法。

自動編碼器的核心概念非常近似於第三章所提及的維度縮減。相似於維度縮減，自動編碼器並沒有記住原來的點與特徵，就像是所知的恆等函數（identity function）。如果自動編碼器就是學習到恆等函數，這個自動編碼器就不是太有用。更具體地說，自動編碼器新學到的表示方法必須盡可能逼近、但不完全等同地近似原先的資料點。換句話說，自動編碼器學習到的是一個恆等函數的近似函數。

因為自動編碼器是受限的，它被迫學習從原始資料的最顯著資訊，並且捕捉資料的內在結構。這非常相似維度縮減時所進行的事情。這樣的限制是自動編碼器非常重要的特徵，這樣的限制強迫自動編碼器聰明地選擇什麼是重要的資訊需要被捕捉，以及什麼是不重要或無相關的資訊需要被拋棄。

自動編碼器已經存在數十年，而且你可能已經猜到它們早已被廣泛地使用到維度縮減和自動特徵工程與學習上。時至今日，它們是最常被使用來建立生成模型（generative models），如生成對抗網路（generative adversarial networks）。

低完備自動編碼器
（Undercomplete Autoencoders）

在自動編碼器中，我們最在意的是編碼器，因為這個元件是用來學習原始資料新的表示方式的元件。這個新的表示方式是由原來特徵集與資料點推導出來的新特徵集。

我們將自動編碼器的編碼器函數當作 $h = f(x)$，這個函數使用原來的資料點 x，並且使用函數 f 所捕捉到新的特徵表示方式輸出為 h。這個解碼器函數則是使用編碼器函數重新建構原始資料點，可以表示為 $r = g(h)$。

如同你所見到的，解碼器使用編碼器的輸出 h，並且透過重建函數 g，重新建立資料點 r。如果正確地完成，$g(f(x))$ 將不會完全等同於 x，但會足夠逼近。

我們要如何限制編碼器函數對 x 近似，以致於它只學習 x 中重要的顯著特徵，而不是完整的複製所有的資訊？

我們可以限制編碼器函數的輸出 h，以便低於 x 的維度。這就是所謂的**低完備**自動編碼器，因為編碼器的維度較原來輸入維度少。這又再一次類似於維度縮減，在維度縮減裡，我們使用原始的輸入維度並且縮減它們到一個較小的集合。

透過這樣的限制方式，自動編碼器會試著最小化我們所定義的**損失函數**，使得解碼器利用編碼器的輸出重建近似的資料點時，所產生的重建誤差能夠盡可能的縮小。知道隱藏層的維度是受到限制這點非常重要。換句話說，編碼器的輸出比原始輸入的維度來得少。但是由於解碼器的輸出是重建的原始資料，因此它與原始輸入的維度相同。

當解碼器是線性的且損失函數是均方根誤差時，一個低完備自動編碼器會學習到如同 **PCA** 一樣的新特徵表示法。然而，如果編碼器與解碼器函數是非線性時，自動編碼器可以學習到更複雜的非線性表示方式。這是我們更關心的部份。但必須要注意的是，如果自動編碼器有較大的空間為更複雜的非線性特徵塑模時，它會簡單地記住或者是複製原始的資料點，而不是從資料點中萃取最顯著的資訊。因此，我們必須有意義地限制自動編碼器，以避免這樣的事情發生。

過完備自動編碼器 （Overcomplete Autoencoders）

如果編碼器學習到的特徵表示方式比原始輸入維度要來得多時，自動編碼器被視為**過完備**（*overcomplete*）。這樣的自動編碼器會直接複製原始資料點，而非被迫如同低完備自動編碼器一樣，有效率且簡潔地從原始資料分佈中捕捉重要資訊。話雖如此，如果我們使用某些**正規化**，它會添加懲罰項到神經網路中，以便避免學會不必要的複雜函數，過完備自動編碼器可以成功地被使用來進行維度縮減或是自動特徵工程。

對比低完備自動編碼器，**正規化過完備自動編碼器**較難以被成功地設計，但它們潛在地更為有用，因為它們學習到更為複雜（但並非過於複雜）的特徵表示方式，而這樣的表示方式在未完整複製資料點的情況下，能更好地近似原始的資料點。

簡言之，表現好的自動編碼器是那些可以學習到新的特徵表示方式，但這個表示方式是夠近似於原始的資料點，但並非等同於原始的資料點。為了達到這個目標，自動編碼器基本上必須學會一個新的機率分佈。

密集 vs. 稀疏自動編碼器

如果你回想一下，在第三章，維度縮減演算法有兩種版本，一種是 dense（普通版本），而另一種是稀疏的版本。自動編碼器也有相似的作法。到目前為止，我們已經討論的正是普通的自動編碼器，它最終輸出一個密集的矩陣，使得少量的特徵有著來自原始資料裡最顯著的資訊。然而，我們可能想要最終輸出一個稀疏的矩陣，使得被捕捉到的資訊可以更好地分佈在自動編碼器所學到的特徵空間中。

為了達到這個目標，我們需要包含不只是**重建誤差**成為自動編碼器的一部分，也需要包含**稀疏懲罰**（*sparsity penalty*），使得自動編碼器必須把最終矩陣的稀疏度列入考慮。稀疏自動編碼器一般來說都是過完備的（也就是說，隱藏層有比原始輸入特徵數還多的單元），然後透過限制只有少部份的隱藏單元可以同時被激活。當這樣的設定時，一個**稀疏自動編碼器**輸出的最終矩陣裡會四處內嵌 0，而且被捕捉的資訊會更好地分佈在學習到的特徵空間裡。

對於某些機器學習應用來說，稀疏自動編碼器有較好的表現，而且學習到不同於普通（密集）自動編碼器的特徵表示方式。稍後，我們會使用實際的例子來看看這兩種自動編碼器有哪些不同之處。

降噪自動編碼器

如同你目前所知的，自動編碼器能夠從原始的輸入資料中學習新（改善後）的特徵表示方式，捕捉最顯著的元素，但並不關心原始資料中的噪音。

在某些例子中，我們或許想要自己設計的自動編碼器能夠更主動地忽略資料中的噪音，尤其是如果我們猜測原始資料已經有某種程度的毀損情況時。想像一下，在某天裡，錄製兩個人在嘈雜咖啡廳的對話，我們希望能將對談（訊號）從背景的聊天聲音（噪音）中隔離。也或者，想像一個圖片的資料集裡，由於低解析度或經過某種模糊處理，圖片品質是粗糙或是失真的，而我們想要從失真（噪音）中分離出核心的影像（訊號）。

對於這些問題，我們能夠設計一個降噪自動編碼器，該自動編碼器接收毀損的資料當作輸入，並且透過訓練盡可能地輸出一個原始且未受損的資料。當然，雖然這並不容易達成，但這很明顯是自動編碼器可以用來解決實際問題的強大應用之一。

變分自動編碼器（Variational Autoencoder）

到目前為止，我們已經討論了自動編碼器的使用是為了學到原始輸入資料新的特徵表示方式（透過編碼器），以便最小化新的重建資料（透過解碼器）和原始輸入資料之間的重建誤差。

在這些例子中，編碼器具有固定的大小 n，n 一般來說小於原始資料的維度數量——換句話說，我們訓練的是一個低完備自動編碼器。或是 n 可能比原始資料的維度數量大（過完備自動編碼器），但帶有正規化的懲罰或是稀疏懲罰等。但在所有這些情況中，編碼器的輸出都是一個固定大小 n 的單一向量。

另一種可供選擇的自動編碼器是所謂的變分自動編碼器，它有一個可以輸出兩個向量而不是一個向量的編碼器：一個是平均值向量 mu，而另一個則為標準差向量 $sigma$。這兩個向量構成隨機變數，使得 mu 和 $sigma$ 中第 i 個元素對應到第 i 個隨機變數的平均值和標準差。藉由透過編碼器形成這個複雜的輸出，變分自動編碼器基於它從輸入資料學得的資訊，能夠從連續空間中取樣。

變分自動編碼器沒有受限於所採用的訓練樣本，而可以泛化並且輸出新的樣本，即使它可能從未見過相似的樣本。這是十分有用的，因為現在變分自動編碼器可以產生合成的資料，而這些資料屬於變分自動編碼器從原始資料所學得的機率分佈。這樣的進展導致了非監督式學習裡的一個全新且流行的領域，也就是所謂的生成模型，它包括了生成對抗網路。透過這些模型，可能產生合成影像、語音、音樂、藝術等，為 AI 生成的資料開啟了一個充滿可能性的世界。

結論

本章我們介紹了神經網路和受歡迎的開源函式庫——TensorFlow 和 Keras，也探索了自動編碼器和它可以從原始輸入資料中學習新的特徵表示方式的能力。差異性包括了稀疏自動編碼器、降噪自動編碼器、變分自動編碼器和其他自動編碼器彼此之間的比較。

在第八章，我們會使用本章討論過的技術建立一個實際操作的應用。

在我們繼續之前，讓我們重溫一下為什麼自動特徵擷取是如此的重要。沒有自動擷取特徵的能力情況下，資料科學家和機器學習工程師必須手動設計哪些特徵對於解決實際問題是重要的，這非常耗時且明顯地限制 AI 領域的進展。

實際上，直到 Geoffrey Hinton 和其他的研究者透過使用神經網路開發了自動學習新特徵的方法，啟動了 2006 年開始的深度學習革命，那時涉及電腦視覺、語音識別、機器學習等問題仍然非常難以解決。

當自動編碼器與其他神經網路的變形被用來自動地從輸入資料中擷取特徵時，有許多這類的問題變得可以被解決，導致了過去十年機器學習領域的重要突破。

你將在第八章的自動編碼器的實際操作應用中，看到這些自動特徵擷取的威力。

實際操作自動編碼器

在本章，我們會使用各種版本的自動編碼器來建立應用，包括低完備、過完備、稀疏、降噪和變分自動編碼器。

我們回到第三章所介紹的信用卡詐欺問題。在這個問題裡，我們有 284,807 筆信用卡交易資料，當中有 492 筆是詐欺交易。使用監督式模型，我們達到 0.82 的平均精準率，這結果是非常讓人印象深刻的。我們可以找出超過 80% 的詐欺交易，而且有超過 80% 的精準率。使用非監督式模型，我們達到 0.69 的平均精準率，考量到我們並未使用標籤，這結果依然十分出色。我們可以找到超過 75% 的詐欺交易，並且有超過 75% 的精準率。

我們來看看同樣的問題可以如何透過自動編碼器被解決，自動編碼器也是非監督式演算法，但它是基於神經網路。

資料準備

我們載入必要的函式庫：

```
'''Main'''
import numpy as np
import pandas as pd
import os, time, re
import pickle, gzip

'''Data Viz'''
import matplotlib.pyplot as plt
import seaborn as sns
```

```
color = sns.color_palette()
import matplotlib as mpl

%matplotlib inline

'''Data Prep and Model Evaluation'''
from sklearn import preprocessing as pp
from sklearn.model_selection import train_test_split
from sklearn.model_selection import StratifiedKFold
from sklearn.metrics import log_loss
from sklearn.metrics import precision_recall_curve, average_precision_score
from sklearn.metrics import roc_curve, auc, roc_auc_score

'''Algos'''
import lightgbm as lgb

'''TensorFlow and Keras'''
import tensorflow as tf
import keras
from keras import backend as K
from keras.models import Sequential, Model
from keras.layers import Activation, Dense, Dropout
from keras.layers import BatchNormalization, Input, Lambda
from keras import regularizers
from keras.losses import mse, binary_crossentropy
```

下一步，載入資料集，並且把資料準備好以供使用。我們會創建 dataX 矩陣，該矩陣有所有 PCA 的成分和特徵 Amount，但丟棄 Class 和 Time。我們會把 Class 標籤儲存在 dataY 矩陣，也會縮放 dataX 裡的特徵，使得所有特徵的平均值為 0 而標準差為 1：

```
data = pd.read_csv('creditcard.csv')
dataX = data.copy().drop(['Class','Time'],axis=1)
dataY = data['Class'].copy()
featuresToScale = dataX.columns
sX = pp.StandardScaler(copy=True, with_mean=True, with_std=True)
dataX.loc[:,featuresToScale] = sX.fit_transform(dataX[featuresToScale])
```

如第三章所做的，我們會建立一個佔三分之二的資料與標籤的訓練集，和一個佔三分之一的資料與標籤的測試集。

我們儲存訓練集和測試集為 *X_train_AE* 和 *X_test_AE*。我們很快地會在自動編碼器中使用這些資料集：

```
X_train, X_test, y_train, y_test = \
    train_test_split(dataX, dataY, test_size=0.33, \
                     random_state=2018, stratify=dataY)

X_train_AE = X_train.copy()
X_test_AE = X_test.copy()
```

我們重新利用本書早些時候介紹過的函式——anomalyScores，來計算原始特徵矩陣和新的重建特徵矩陣之間的重建誤差。這個函式使用平方誤差的總和，並且將它們歸一化至 0 到 1 的範圍。

這是一個很重要的函式。誤差接近 1 的交易最有可能是異常的（換言之，有最高的重建誤差），因此最有可能是詐欺交易；誤差靠近 0 的交易有最低的重建誤差，最可能是正常的交易：

```
def anomalyScores(originalDF, reducedDF):
    loss = np.sum((np.array(originalDF) - \
                  np.array(reducedDF))**2, axis=1)
    loss = pd.Series(data=loss,index=originalDF.index)
    loss = (loss-np.min(loss))/(np.max(loss)-np.min(loss))
    return loss
```

我們也會重新使用繪製精準率 - 召回率曲線、平均精準率和 ROC 曲線的函式。這個函式叫作 plotResults：

```
def plotResults(trueLabels, anomalyScores, returnPreds = False):
    preds = pd.concat([trueLabels, anomalyScores], axis=1)
    preds.columns = ['trueLabel', 'anomalyScore']
    precision, recall, thresholds = \
        precision_recall_curve(preds['trueLabel'], \
                               preds['anomalyScore'])
    average_precision = average_precision_score( \
                        preds['trueLabel'], preds['anomalyScore'])

    plt.step(recall, precision, color='k', alpha=0.7, where='post')
    plt.fill_between(recall, precision, step='post', alpha=0.3, color='k')

    plt.xlabel('Recall')
    plt.ylabel('Precision')
    plt.ylim([0.0, 1.05])
    plt.xlim([0.0, 1.0])

    plt.title('Precision-Recall curve: Average Precision = \
        {0:0.2f}'.format(average_precision))
```

```
fpr, tpr, thresholds = roc_curve(preds['trueLabel'], \
                                 preds['anomalyScore'])
areaUnderROC = auc(fpr, tpr)

plt.figure()
plt.plot(fpr, tpr, color='r', lw=2, label='ROC curve')
plt.plot([0, 1], [0, 1], color='k', lw=2, linestyle='--')
plt.xlim([0.0, 1.0])
plt.ylim([0.0, 1.05])
plt.xlabel('False Positive Rate')
plt.ylabel('True Positive Rate')
plt.title('Receiver operating characteristic: Area under the \
    curve = {0:0.2f}'.format(areaUnderROC))
plt.legend(loc="lower right")
plt.show()

if returnPreds==True:
    return preds
```

自動編碼器的元件

首先，我們建立一個非常簡單的自動編碼器，它具備輸入層、單一隱藏層和輸出層。我們會把原始的特徵矩陣 x 傳入自動編碼器——這由輸入層所代表。然後一個激活函數會被應用到輸入層，產生出隱藏層。這個激活函數被稱為 f，代表自動編碼器的**編碼器**部份。這個隱藏層被稱為 h（它等同於 $f(x)$），代表新學習到的特徵表示。

下一步，一個激活函數被應用到隱藏層（換言之，新學習到的特徵表示），以便重建原始的資料點。這個激活函數稱為 g，代表自動編碼器解碼器的部份。輸出層則叫作 r（它等同於 $g(h)$），代表新重建的資料點。為了計算重建誤差，我們會比較新建構的資料點 r 和原始的資料點 x。

激活函數

在決定使用於自動編碼器隱藏層的節點數量之前，我們先來討論一下激活函數。

一個神經網路學習配置每一層節點的權重，但節點是否會被激活是受到激活函數所決定。換言之，一個激活函數在每一層被使用於加權後的輸入（如果有偏差值則加上偏差值）。我們稱這個加權後的輸入加偏差值為 Y。

這個激活函數在接收 Y 並且決定是否激活（如果 Y 在某個門檻值之上）。如果被激活，節點中的資訊就會傳遞至下一層。否則，將不傳遞至下層。但我們並不想要一個這樣簡單的二元激活函數，我們要的是一個針對激活值有範圍限制的激活函數。為了達到這個目的，我們可以選擇一個線性或是非線性的激活函數。線性激活函數是無限界的，它能產生出的激活值介於負無限大與正無限大之間。常見的非線性激活函數包括了 sigmoid、雙曲正切函數（或以 tanh 表示）、線性整流函數（或以 ReLu 表示）和 softmax：

Sigmoid 函數

　　sigmoid 函數是有限界的，產生的激活值介於 0 和 1 之間。

Tanh 函數

　　tanh 函數也是有限界的，產生的激活值介於負 1 到正 1 之間。它的梯度要比 sigmoid 函數陡峭。

ReLu 函數

　　ReLu 函數有一種有趣的特色。如果 Y 是正值，ReLu 會傳回 Y。否則，它會傳回 0。因此，ReLu 對於正值的 Y 是無限界的。

Softmax 函數

　　Softmax 函數被使用在分類問題中，神經網路的最後一層激活函數，因為它正規化分類機率，讓它們的機率總和為 1。

這裡全部的函數，線性激活函數是最簡單且最不耗費運算力的函數。ReLu 則是次一個不耗費運算力的函數。

第一個自動編碼器

我們從一個具有兩層、且編碼器與解碼器都採用線性激活函數的自動編碼器開始。注意，只有隱藏層的數量加上輸出層會被採計為神經網路的**層數**。因為我們只有單一隱藏層，所以稱為兩層神經網路。

為了透過使用 TensorFlow 和 Keras 來建立這個模型，我們必須先呼叫 *Sequential model API*。Sequential model 是線性堆疊的網路層，而我們會在編譯模型和基於資料進行訓練之前，傳入想要在模型中採用的網路層類別[1]。

```
# Model one
# 採用線性激活函數的兩層完備自動編碼器

# 呼叫神經網路 API
model = Sequential()
```

一旦我們呼叫 Sequential model，我們接著需要透過指定維度的數量來明確規範輸入的形狀。這個維度數量需要與原先的特徵矩陣（*dataX*）維度數量相同，維度的數量為29。

我們也需要明確規範激活函數（也就是所謂的編碼器函數），這個激活函數會應用到輸入層以及我們希望隱藏層所擁有的節點上。我們會傳入 *linear* 當作激活函數。

讓我們從使用完備自動編碼器作為開始，這個自動編碼器的隱藏層節點數量會等同於輸入層的節點數量，也就是 29。上述都可以簡單地在一行程式碼內被完成：

```
model.add(Dense(units=29, activation='linear',input_dim=29))
```

很像前述所進行的，我們需要明確規範激活函數（也就是解碼器函數），這個激活函數會應用到隱藏層，以便重新建構資料點和我們希望輸出層具有的維度數量。因為我們想要最終的重構矩陣與原來的矩陣有相同的維度數量，這個維度需要為 29，我們也會使用線性的激活函數作為解碼器：

```
model.add(Dense(units=29, activation='linear'))
```

下一步，我們需要為我們所設計的神經網路的網路層進行編譯。這需要我們選擇一個用以引導權重學習的**損失函數**（*loss function*）（也就是**目標函數**（*objective function*））、用以設定權重學習過程的**優化器**（*optimizer*），和用以幫助我們評估神經網路的好壞狀況的輸出指標。

損失函數

讓我們從損失函數開始。回想一下，我們藉由透過自動編碼器新重建的特徵矩陣和原本用來作為自動編碼器輸入的特徵矩陣兩者的重建誤差來評估模型。

因此，我們想要使用**方均差**（*mean squared error*）當作我們的衡量指標（對於我們自訂的評估函式來說，採用的是平方差總和，這是相似的指標）[2]。

1　關於 Keras Sequential model 更多的資訊，請參閱官方文件（*http://bit.ly/2FZbUrq*）。

2　更多有關損失函數的資訊，請參考 Keras 的官方文件（*https://keras.io/losses/*）。

優化器

神經網路進行多回合的訓練（也就是所謂的 *epoch*）。在每一回合裡，神經網路重新調整它學習到的權重，以便減少前一回合裡的損失。這個學習這些權重的過程是由優化器所設定。我們想要一個流程，這個流程可以協助神經網路針對所有網路層中的節點，有效率地學習最佳的權重，以便最小化我們所選擇的損失函數。

為了學習最佳的權重，神經網路需要以一個聰明的方法調整它「猜測」的可能最佳權重。一種方法是迭代地在一個方向上改變權重，以便協助漸次地減少損失函數。但有另一種更好的方法是在這個方向上改變權重，但以一種隨機的程度進行改變。也就是說，隨機地改變權重。

雖然這個過程有更多的背景知識，但這個流程就是所謂的**隨機梯度下降**（*stochasitc gradient descent, SGD*），是最常被使用來訓練神經網路的優化器[3]。SGD 有一個訓練率，稱為 *alpha*，它被用來更新所有的權重，而且這個學習率不會隨著訓練有所改變。然而，在大多數的例子中，隨著訓練過程調整學習率是更好的作法。舉例來說，在初期的回合，大幅度地調整權重（換言之，就是有更大的學習率或者是 alpha 值）是更有道理的。

在比較後期的回合，當權重更加優化時，小幅度地調整權重是較為合理的，以便細微地改善權重，而不是在某一方向上大步幅地改動。因此，*Adam 最佳化演算法*（*Adam optimization algorithm*）是比 SGD 更好的優化器，和 SGD 不同，Adam 優化器會在訓練過程中動態地調整學習率，我們將使用這個最佳化器[4]。

對於此優化器，我們可以設定 alpha，這個值會設定權重調整的步幅。在學習率被更新之前，較大的 alpha 值會導致初始有較快的學習速度。

訓練模型

最後，需要選擇衡量的指標，為了讓整個訓練簡單一些，我們會設定精確度作為衡量的指標[5]：

```
model.compile(optimizer='adam',
              loss='mean_squared_error',
              metrics=['accuracy'])
```

3　查閱 Wikipedia 以便得到更多有關隨機梯度下降的資訊（*http://bit.ly/2G3Ak30*）。

4　有關更多優化器的資訊，請參閱文件（*https://keras.io/optimizers/*）。

5　有關更多評估指標，請參閱文件（*https://keras.io/metrics/*）。

接著,我們需要選擇 epochs 的數量以及批次的大小,然後才藉由呼叫方法 *fit* 開始訓練的過程。epochs 的數量決定了基於整個傳入神經網路的資料集進行訓練的次數,我們會設定該值為 10。

批次設定了進行下一次梯度更新之前,神經網路進行訓練的樣本數量。如果批次的大小等同於所有資料點的數量,神經網路會在每一次 epoch 進行梯度更新。否則,它會在每一次 epoch 裡進行多次的更新。我們會設定這個值為 32 個樣本數。我們會將初始的輸入矩陣 *x* 和目標矩陣 *y* 傳入 fit 方法中。

在我們的例子中,*x* 和 *y* 會是原始的特徵矩陣 *X_train_AE*,因為我們想要比較自動編碼器的輸出(重建的特徵矩陣)與原始的特徵矩陣,以便計算重建誤差。

記得,這是一個純粹的非監督式解決方案,因此我們完全不會使用矩陣 *y*。我們也會驗證模型,因為我們透過基於整個訓練矩陣,測試重建誤差:

```
num_epochs = 10
batch_size = 32

history = model.fit(x=X_train_AE, y=X_train_AE,
                    epochs=num_epochs,
                    batch_size=batch_size,
                    shuffle=True,
                    validation_data=(X_train_AE, X_train_AE),
                    verbose=1)
```

因為這是一個完備自動編碼器(模型的隱藏層與輸入層有相同的維度數量),因此對於訓練集與驗證集來說,損失都是非常的低:

```
Training history of complete autoencoder

Train on 190820 samples, validate on 190820 samples
Epoch 1/10
190820/190820 [==============================] - 29s 154us/step - loss: 0.1056
- acc: 0.8728 - val_loss: 0.0013 - val_acc: 0.9903
Epoch 2/10
190820/190820 [==============================] - 27s 140us/step - loss: 0.0012
- acc: 0.9914 - val_loss: 1.0425e-06 - val_acc: 0.9995
Epoch 3/10
190820/190820 [==============================] - 23s 122us/step - loss: 6.6244
e-04 - acc: 0.9949 - val_loss: 5.2491e-04 - val_acc: 0.9913
Epoch 4/10
190820/190820 [==============================] - 23s 119us/step - loss: 0.0016
- acc: 0.9929 - val_loss: 2.2246e-06 - val_acc: 0.9995
```

```
Epoch 5/10
190820/190820 [==============================] - 23s 119us/step - loss: 5.7424
e-04 - acc: 0.9943 - val_loss: 9.0811e-05 - val_acc: 0.9970
Epoch 6/10
190820/190820 [==============================] - 22s 118us/step - loss: 5.4950
e-04 - acc: 0.9941 - val_loss: 6.0598e-05 - val_acc: 0.9959
Epoch 7/10
190820/190820 [==============================] - 22s 117us/step - loss: 5.2291
e-04 - acc: 0.9946 - val_loss: 0.0023 - val_acc: 0.9675
Epoch 8/10
190820/190820 [==============================] - 22s 117us/step - loss: 6.5130
e-04 - acc: 0.9932 - val_loss: 4.5059e-04 - val_acc: 0.9945
Epoch 9/10
190820/190820 [==============================] - 23s 122us/step - loss: 4.9077
e-04 - acc: 0.9952 - val_loss: 7.2591e-04 - val_acc: 0.9908
Epoch 10/10
190820/190820 [==============================] - 23s 118us/step - loss: 6.1469
e-04 - acc: 0.9945 - val_loss: 4.4131e-06 - val_acc: 0.9991
```

這並不是最佳的結果,因為自動編碼器已經過度精準地重建了原始特徵矩陣,也就是記住了輸入的資料。

回想一下,自動編碼器是為了學習新的特徵表示,這意味著捕捉了原始輸入矩陣的最顯著的資訊,同時丟棄了較不相關的資訊。簡單地記住輸入資料(也就是所謂的學習到恆等函數)不會產生新的且改善的特徵學習。

評估模型

我們使用測試集來評估這個自動編碼器能多成功地從信用卡交易資料集中識別詐欺交易。我們將使用 predict 方法來完成這個評估:

```
predictions = model.predict(X_test, verbose=1)
anomalyScoresAE = anomalyScores(X_test, predictions)
preds = plotResults(y_test, anomalyScoresAE, True)
```

如同圖 8-1 所示,平均精準率是 0.30,這並沒有非常好。基於第四章,使用非監督式學習最好的評估精準率為 0.69,而且監督式系統平均精準率為 0.82。然而,對於已經訓練完成的自動編碼器來說,每一個訓練過程都會產生些微不同的結果,所以你可能不會從你自己的執行結果中看到相同的表現。

為了更了解兩層完備自動編碼器基於測試集的表現，讓我們分開地執行這個訓練過程十次，並且為每一回合儲存基於測試集的平均精準率。我們會從這十個回合中，基於平均精準率的平均值來評估這個完備自動編碼器多擅長於捕捉詐欺交易。

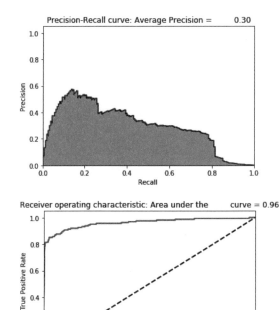

圖 8-1　完備自動編碼器的評估指標

為了讓我們到目前為止的討論更加實際，底下是用來模擬 10 回合，從開始到結束的程式碼：

```python
# 10 回合 - 我們會捕捉平均精準率的平均值
test_scores = []
for i in range(0,10):
    # 呼叫神經網路 API
    model = Sequential()

    # 在輸入層，使用線性激活函數
    # 產生 29 個節點的隱藏層，數量與輸入層一致
    model.add(Dense(units=29, activation='linear',input_dim=29))

    # 在隱藏層，使用線性激活函數
```

```python
# 產生 29 個節點的輸出層
model.add(Dense(units=29, activation='linear'))

# 編譯模型
model.compile(optimizer='adam',
                loss='mean_squared_error',
                metrics=['accuracy'])

# 訓練模型
num_epochs = 10
batch_size = 32

history = model.fit(x=X_train_AE, y=X_train_AE,
                        epochs=num_epochs,
                        batch_size=batch_size,
                        shuffle=True,
                        validation_data=(X_train_AE, X_train_AE),
                        verbose=1)

# 基於測試集進行評估
predictions = model.predict(X_test, verbose=1)
anomalyScoresAE = anomalyScores(X_test, predictions)
preds, avgPrecision = plotResults(y_test, anomalyScoresAE, True)
test_scores.append(avgPrecision)

print("Mean average precision over 10 runs: ", np.mean(test_scores))
test_scores
```

下面的代碼總結了這 10 回合的結果。平均精準率的平均值為 0.30，但平均精準率的範圍從最低的 0.02 到 0.72。變異係數（標準差除以 10 回合的平均值）是 0.88。

```
Mean average precision over 10 runs: 0.30108318944579776
Coefficient of variation over 10 runs: 0.8755095071789248

[0.25468022666666157,
0.092705950994909,
0.716481644928299,
0.01946589342639965,
0.25623865457838263,
0.33597083510378234,
0.018757053070824415,
0.6188569405068724,
0.6720552647581304,
0.025619070873716072]
```

讓我們透過為這個自動編碼器加入不同的因子，來試著改善結果。

採用線性激活函數的兩層低完備自動編碼器

讓我們嘗試低完備自動編碼器而不是完備自動編碼器。

對比先前的自動編碼器，唯一有改變的是隱藏層節點的數量。我們會設定節點數量為 20，而不是原始維度（29）。換言之，這個自動編碼器是一個受限的自動編碼器。編碼器被迫使用較少的節點從輸入層捕捉資訊，且解碼器必須採用這個新的特徵表示來重建原始的矩陣。

我們應該期待這裡的損失值對比先前的完備自動編碼器要來得高。讓我們執行程式碼。我們會執行十次獨立的回合，來測試這個變化的低完備自動編碼器如何擅長捕捉詐欺交易：

```
# 10 回合 - 我們會捕捉平均精準率的平均值
test_scores = []
for i in range(0,10):
    # 呼叫神經網路 API
    model = Sequential()

    # 在輸入層，使用線性激活函數
    # 產生 20 個節點的隱藏層
    model.add(Dense(units=20, activation='linear',input_dim=29))

    # 在隱藏層，使用線性激活函數
    # 產生 29 個節點的輸出層
    model.add(Dense(units=29, activation='linear'))

    # 編譯模型
    model.compile(optimizer='adam',
                  loss='mean_squared_error',
                  metrics=['accuracy'])

    # 訓練模型
    num_epochs = 10
    batch_size = 32

    history = model.fit(x=X_train_AE, y=X_train_AE,
                        epochs=num_epochs,
                        batch_size=batch_size,
                        shuffle=True,
                        validation_data=(X_train_AE, X_train_AE),
                        verbose=1)

    # 基於測試集進行評估
```

```
    predictions = model.predict(X_test, verbose=1)
    anomalyScoresAE = anomalyScores(X_test, predictions)
    preds, avgPrecision = plotResults(y_test, anomalyScoresAE, True)
    test_scores.append(avgPrecision)

print("Mean average precision over 10 runs: ", np.mean(test_scores))
test_scores
```

如下面所示，低完備自動編碼器的損失值明顯較完備自動編碼器高。有一點很清楚的是
自動編碼器學習到一個新的且較原始輸入矩陣受限的特徵表示，自動編碼器並不是簡單
的將輸入記住：

```
Training history of undercomplete autoencoder with 20 nodes

Train on 190820 samples, validate on 190820 samples
Epoch 1/10
190820/190820 [==============================] - 28s 145us/step - loss: 0.3588
- acc: 0.5672 - val_loss: 0.2789 - val_acc: 0.6078
Epoch 2/10
190820/190820 [==============================] - 29s 153us/step - loss: 0.2817
- acc: 0.6032 - val_loss: 0.2757 - val_acc: 0.6115
Epoch 3/10
190820/190820 [==============================] - 28s 147us/step - loss: 0.2793
- acc: 0.6147 - val_loss: 0.2755 - val_acc: 0.6176
Epoch 4/10
190820/190820 [==============================] - 30s 155us/step - loss: 0.2784
- acc: 0.6164 - val_loss: 0.2750 - val_acc: 0.6167
Epoch 5/10
190820/190820 [==============================] - 29s 152us/step - loss: 0.2786
- acc: 0.6188 - val_loss: 0.2746 - val_acc: 0.6126
Epoch 6/10
190820/190820 [==============================] - 29s 151us/step - loss: 0.2776
- acc: 0.6140 - val_loss: 0.2752 - val_acc: 0.6043
Epoch 7/10
190820/190820 [==============================] - 30s 156us/step - loss: 0.2775
- acc: 0.5947 - val_loss: 0.2745 - val_acc: 0.5946
Epoch 8/10
190820/190820 [==============================] - 29s 149us/step - loss: 0.2770
- acc: 0.5903 - val_loss: 0.2740 - val_acc: 0.5882
Epoch 9/10
190820/190820 [==============================] - 29s 153us/step - loss: 0.2768
- acc: 0.5921 - val_loss: 0.2770 - val_acc: 0.5801
Epoch 10/10
190820/190820 [==============================] - 29s 150us/step - loss: 0.2767
- acc: 0.5803 - val_loss: 0.2744 - val_acc: 0.5743
93987/93987[==============================] - 3s 36us/step
```

這就是自動編碼器的功用，它學習了一個新的特徵表示。圖 8-2 顯示這個新的特徵表示如何有效地識別詐欺。

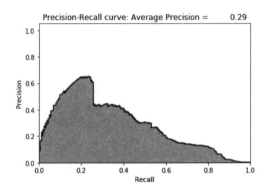

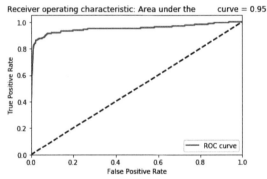

圖 8-2　用 20 個節點的低完備自動編碼器的評估指標

平均精準率是 0.29，近似於完備自動編碼器的結果。

下面的資訊顯示了這 10 回合平均精準率的分佈。平均精準率的平均值為 0.31，但是離散程度非常的小（因為變異係數為 0.03）。這是明顯比完備自動編碼器穩定的系統。

```
Mean average precision over 10 runs: 0.30913783987972737
Coefficient of variation over 10 runs: 0.032251659812254876

[0.2886910204920736,
0.3056142045082387,
0.31658073591381186,
0.30590858583039254,
0.31824197682595556,
0.3136952374067599,
0.30888135217515555,
```

```
0.31234000424933206,
0.29695149753706923,
0.3244746838584846]
```

但是我們仍然卡在平庸的平均精準率。為什麼低完備自動編碼器沒有表現得更好呢？有可能是這個低完備自動編碼器沒有足夠的節點。或者，我們可能需要使用更多的隱藏層來進行訓練。讓我們逐一實驗這兩個變動。

增加神經節點數量

下面的資訊顯示了，當使用有 27 個節點而不是 20 個節點的兩層低完備自動編碼器時，訓練的損失值：

```
Training history of undercomplete autoencoder with 27 nodes

Train on 190820 samples, validate on 190820 samples

Epoch 1/10
190820/190820 [==============================] - 29s 150us/step - loss: 0.1169
- acc: 0.8224 - val_loss: 0.0368 - val_acc: 0.8798
Epoch 2/10
190820/190820 [==============================] - 29s 154us/step - loss: 0.0388
- acc: 0.8610 - val_loss: 0.0360 - val_acc: 0.8530
Epoch 3/10
190820/190820 [==============================] - 30s 156us/step - loss: 0.0382
- acc: 0.8680 - val_loss: 0.0359 - val_acc: 0.8745
Epoch 4/10
190820/190820 [==============================] - 30s 156us/step - loss: 0.0371
- acc: 0.8811 - val_loss: 0.0353 - val_acc: 0.9021
Epoch 5/10
190820/190820 [==============================] - 30s 155us/step - loss: 0.0373
- acc: 0.9114 - val_loss: 0.0352 - val_acc: 0.9226
Epoch 6/10
190820/190820 [==============================] - 30s 155us/step - loss: 0.0377
- acc: 0.9361 - val_loss: 0.0370 - val_acc: 0.9416
Epoch 7/10
190820/190820 [==============================] - 30s 156us/step - loss: 0.0361
- acc: 0.9448 - val_loss: 0.0358 - val_acc: 0.9378
Epoch 8/10
190820/190820 [==============================] - 30s 156us/step - loss: 0.0354
- acc: 0.9521 - val_loss: 0.0350 - val_acc: 0.9503
Epoch 9/10
190820/190820 [==============================] - 29s 153us/step - loss: 0.0352
- acc: 0.9613 - val_loss: 0.0349 - val_acc: 0.9263
Epoch 10/10
```

```
190820/190820 [==============================] - 29s 153us/step - loss: 0.0353
- acc: 0.9566 - val_loss: 0.0343 - val_acc: 0.9477
93987/93987[==============================] - 4s 39us/step
```

圖 8-3 顯示平均精準率、精準率 - 召回率曲線和 auROC 曲線。

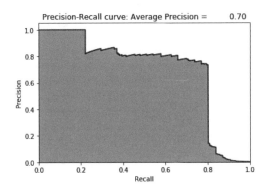

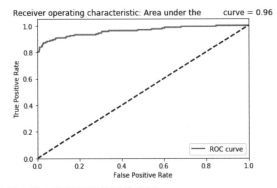

圖 8-3　有 27 個節點的低完備自動編碼器的評估指標

平均精準率明顯提升到 0.70。這比完備自動編碼器的平均精準率好，而且也比第四章裡最好的非監督式學習解決方案來得好。

下面的資訊總結了這 10 回合的平均精準率的分佈。平均精準率的平均值為 0.53，明顯地比先前的～ 0.30 的平均精準率好。平均精準率離散程度是理想的，變異係數指標為 0.50。

```
Mean average precision over 10 runs: 0.5273341559141779
Coefficient of variation over 10 runs: 0.5006880691999009

[0.689799495450694,
0.7092146840717755,
```

```
0.7336692377321005,
0.6154173765950426,
0.7068800243349335,
0.35250757724667586,
0.6904117414832501,
0.02335388808244066,
0.690798140588336,
0.061289393556529626]
```

我們得到了一個明顯的改善，而且超越先前所建立的自動編碼器異常偵測系統。

增加更多的隱藏層

一起來看看是否可以藉由增加自動編碼器的隱藏層來改善我們的結果。我們會繼續使用線性激活函數。

 實驗是為你必須解決的問題找尋最好的神經網路架構主要部份。你所進行的某些改變可能會導致更好的結果，某些則會讓結果變得更糟。修改神經網路和超參數是找尋改善解決方案的一部分，知道如何進行是非常重要的。

我們會使用一個有 28 個節點的隱藏層和一個有 27 個節點的隱藏層，而不是單一一個有 27 個節點的隱藏層。這和之前我們所使用的神經網路僅有些微的差異。現在是一個三層的神經網路，因為我們有兩個隱藏層加上輸出層，這個輸入層沒有被採計進去。

這個額外的隱藏層剛好需要一行額外的程式碼，如這裡所示：

```
# Model two
# 使用線性激活函數的三層低完備自動編碼器 n
# 兩個隱藏層分別使用 28 個與 27 個節點

model = Sequential()
model.add(Dense(units=28, activation='linear',input_dim=29))
model.add(Dense(units=27, activation='linear'))
model.add(Dense(units=29, activation='linear'))
```

下面的資訊總結了這 10 回合的平均精準率的分佈。平均精準率的平均值為 0.36，比我們剛剛達到的 0.53 來得差。平均精準率的離散程度也較糟，變異係數為 0.94（愈高愈差）：

```
Mean average precision over 10 runs: 0.36075271075596366
Coefficient of variation over 10 runs: 0.9361649046827353
```

```
[0.02259626054852924,
0.6984699403560997,
0.011035001202665167,
0.06621450000830197,
0.008916986608776182,
0.705399684020873,
0.6995233144849828,
0.00826306833243631,
0.6904537524978872,
0.6966545994932775]
```

非線性自動編碼器

現在，讓我們建立一個使用非線性激活函數的低完備自動編碼器。我們會使用 ReLU，但鼓勵你對 tanh、sigmoid 和其他非線性激活函數進行實驗。

我們會包含三個隱藏層，分別有 27、22 和 27 個節點。概念上來說，前面兩個激活函數（應用到輸入與第一隱藏層）執行編碼以及創建有 22 個節點的第二層隱藏層。然後，接下來的兩個激活函數執行解碼以及重建 22 個節點的特徵表示成原來的 29 個維度：

```
model = Sequential()
model.add(Dense(units=27, activation='relu',input_dim=29))
model.add(Dense(units=22, activation='relu'))
model.add(Dense(units=27, activation='relu'))
model.add(Dense(units=29, activation='relu'))
```

下面的資訊顯示這個自動編碼器的損失值，圖 8-4 顯示了平均精準率、精準率 - 召回率曲線和 auROC 曲線：

```
Training history of undercomplete autoencoder with three hidden layers and ReLu
activation function

Train on 190820 samples, validate on 190820 samples

Epoch 1/10
190820/190820 [==============================] - 32s 169us/step - loss: 0.7010
- acc: 0.5626 - val_loss: 0.6339 - val_acc: 0.6983
Epoch 2/10
190820/190820 [==============================] - 33s 174us/step - loss: 0.6302
- acc: 0.7132 - val_loss: 0.6219 - val_acc: 0.7465
Epoch 3/10
190820/190820 [==============================] - 34s 177us/step - loss: 0.6224
- acc: 0.7367 - val_loss: 0.6198 - val_acc: 0.7528
Epoch 4/10
```

```
190820/190820 [==============================] - 34s 179us/step - loss: 0.6227
- acc: 0.7380 - val_loss: 0.6205 - val_acc: 0.7471
Epoch 5/10
190820/190820 [==============================] - 33s 174us/step - loss: 0.6206
- acc: 0.7452 - val_loss: 0.6202 - val_acc: 0.7353
Epoch 6/10
190820/190820 [==============================] - 33s 175us/step - loss: 0.6206
- acc: 0.7458 - val_loss: 0.6192 - val_acc: 0.7485
Epoch 7/10
190820/190820 [==============================] - 33s 174us/step - loss: 0.6199
- acc: 0.7481 - val_loss: 0.6239 - val_acc: 0.7308
Epoch 8/10
190820/190820 [==============================] - 33s 175us/step - loss: 0.6203
- acc: 0.7497 - val_loss: 0.6183 - val_acc: 0.7626
Epoch 9/10
190820/190820 [==============================] - 34s 177us/step - loss: 0.6197
- acc: 0.7491 - val_loss: 0.6188 - val_acc: 0.7531
Epoch 10/10
190820/190820 [==============================] - 34s 177us/step - loss: 0.6201
- acc: 0.7486 - val_loss: 0.6188 - val_acc: 0.7540
93987/93987 [==============================] - 5s 48 us/step
```

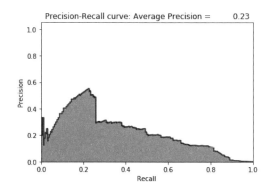

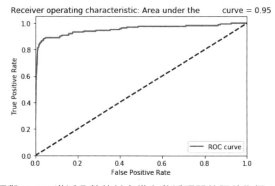

圖 8-4　使用三層隱藏層與 ReLU 激活函數的低完備自動編碼器的評估指標

這個結果明顯地更糟。

下面的資訊總結了這 10 回合的平均精準率的分佈。平均精準率的平均值為 0.22，劣於我們之前達到的 0.53。平均精準率的離散程度非常的小，變異係數為 0.06：

```
Mean average precision over 10 runs:    0.2232934196381843
Coefficient of variation over 10 runs:  0.060779960264380296

[0.22598829389665595,
 0.22616147166925166,
 0.22119489753135715,
 0.2478548473814437,
 0.2251289336369011,
 0.2119454446242229,
 0.2126914064768752,
 0.24581338950742185,
 0.20665608837737512,
 0.20949942328033827]
```

這些結果比使用簡單且線性的自動編碼器來得糟糕。對於這個資料集來說，一個線性且低完備自動編碼器可能是最好的解決方案。

對於其他的資料集來說，並不見得與書中的範例有同樣的結果。因此，找尋最佳的解決方案總是必須透過實驗才能得到。改變神經節點數量、隱藏層數量和激活函數的選用，並觀察解決方案是如何變得更好或者更糟。

這樣的實驗就是所謂的**超參數最佳化**（*hyperparameter optimization*）。在搜尋最佳解決方案中，你所需要調整的超參數包括了神經節點數量、神經網路的層數和激活函數的選用。

採用線性激活函數的過完備自動編碼器

現在讓我們使用過完備自動編碼器來突顯問題的樣貌。過完備自動編碼器隱藏層的神經節點比輸入層與輸出層來得多。因為神經網路模型的**容量**（*capacity*）非常大，所以自動編碼器會直接記住訓練過程中的資料點。

換言之，自動編碼器學到恆等函數，這是我們想避免的狀況。自動編碼器會過擬合於訓練資料，並且在分類詐欺交易與正常交易上，表現很差。

回想一下我們需要自動編碼器學到訓練集中信用卡交易的顯著因子，使得它可以學會正常交易的樣貌，而不用記住那些較不正常且稀有的詐欺交易。

唯有當自動編碼器能夠喪失一些訓練集的特徵資訊時，自動編碼器才能夠順利地分辨正常交易與詐欺交易：

```
model = Sequential()
model.add(Dense(units=40, activation='linear',input_dim=29))
model.add(Dense(units=29, activation='linear'))
```

下面的資訊顯示這個自動編碼器的損失值，圖 8-5 顯示了平均精準率、精準率 - 召回率曲線和 auROC 曲線：

```
Training history of overcomplete autoencoder with single hidden layer and
 linear activation function

Train on 190820 samples, validate on 190820 samples
Epoch 1/10
190820/190820 [==============================] - 31s 161us/step - loss: 0.0498
- acc: 0.9438 - val_loss: 9.2301e-06 - val_acc: 0.9982
Epoch 2/10
190820/190820 [==============================] - 33s 171us/step - loss: 0.0014
- acc: 0.9925 - val_loss: 0.0019 - val_acc: 0.9909
Epoch 3/10
190820/190820 [==============================] - 33s 172us/step - loss: 7.6469
e-04 - acc: 0.9947 - val_loss: 4.5314e-05 - val_acc: 0.9970
Epoch 4/10
190820/190820 [==============================] - 35s 182us/step - loss: 0.0010
- acc: 0.9930 - val_loss: 0.0039 - val_acc: 0.9859
Epoch 5/10
190820/190820 [==============================] - 32s 166us/step - loss: 0.0012
- acc: 0.9924 - val_loss: 8.5141e-04 - val_acc: 0.9886
Epoch 6/10
190820/190820 [==============================] - 31s 163us/step - loss: 5.0655
e-04 - acc: 0.9955 - val_loss: 8.2359e-04 - val_acc: 0.9910
Epoch 7/10
190820/190820 [==============================] - 30s 156us/step - loss: 7.6046
e-04 - acc: 0.9930 - val_loss: 0.0045 - val_acc: 0.9933
Epoch 8/10
190820/190820 [==============================] - 30s 157us/step - loss: 9.1609
e-04 - acc: 0.9930 - val_loss: 7.3662e-04 - val_acc: 0.9872
Epoch 9/10
190820/190820 [==============================] - 30s 158us/step - loss: 7.6287
e-04 - acc: 0.9929 - val_loss: 2.5671e-04 - val_acc: 0.9940
Epoch 10/10
190820/190820 [==============================] - 30s 157us/step - loss: 7.0697
e-04 - acc: 0.9928 - val_loss: 4.5272e-06 - val_acc: 0.9994
93987/93987[==============================] - 4s 48us/step
```

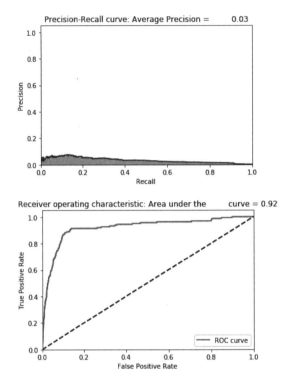

圖 8-5　使用單隱藏層和線性激活函數的過完備自動編碼器的評估指標

如預期的，損失值非常的低，而且過擬合的自動編碼器在偵測詐欺交易時，有很差的表現。

下面的資訊總結了這 10 回合平均精準率的分佈。平均精準率的平均值為 0.31，比之前達到的 0.53 還差。平均精準率的離散程度並沒有很小，變異係數為 0.89：

```
Mean average precision over 10 runs: 0.3061984081568074
Coefficient of variation over 10 runs: 0.8896921668864564

[0.03394897465567298,
0.14322827274920255,
0.03610123178524601,
0.019735235731640446,
0.012571999125881402,
0.6788921569665146,
0.5411349583727725,
0.388474572258503,
0.7089617645810736,
0.4989349153415674]
```

採用線性激活函數和 Dropout 的過完備自動編碼器

一種改善過完備自動編碼器解決方案的方法是使用正規化的技術來減少過擬合。這樣的技術其中之一就是 *dropout*。使用 dropout，我們強迫自動編碼器捨棄神經網路裡一個既定比例的神經節點。

有了這個新的限制，過完備自動編碼器無法直接地把訓練集中的信用卡交易記住。取而代之的是自動編碼器必須更泛化些。自動編碼器被迫學習資料集中更多顯著的特徵，並且丟失一些較不顯著的資訊。

我們會使用 10% 的 dropout，這個設定會應用到隱藏層。換言之，10% 的神經元會被丟棄。dropout 百分比越高，正規化程度就越強。這個只要靠一行額外的程式碼便能完成。

讓我們看看這是否會改善結果：

```
model = Sequential()
model.add(Dense(units=40, activation='linear', input_dim=29))
model.add(Dropout(0.10))
model.add(Dense(units=29, activation='linear'))
```

下面的資訊顯示了這個自動編碼器的損失值，而圖 8-6 顯示了平均精準率、精準率 - 召回率曲線和 auROC 曲線：

```
Training history of overcomplete autoencoder with single hidden layer,
dropout, and linear activation function

Train on 190820 samples, validate on 190820 samples
Epoch 1/10
190820/190820 [==============================] - 27s 141us/step - loss: 0.1358
- acc: 0.7430 - val_loss: 0.0082 - val_acc: 0.9742
Epoch 2/10
190820/190820 [==============================] - 28s 146us/step - loss: 0.0782
- acc: 0.7849 - val_loss: 0.0094 - val_acc: 0.9689
Epoch 3/10
190820/190820 [==============================] - 28s 149us/step - loss: 0.0753
- acc: 0.7858 - val_loss: 0.0102 - val_acc: 0.9672
Epoch 4/10
190820/190820 [==============================] - 28s 148us/step - loss: 0.0772
- acc: 0.7864 - val_loss: 0.0093 - val_acc: 0.9677
Epoch 5/10
190820/190820 [==============================] - 28s 147us/step - loss: 0.0813
- acc: 0.7843 - val_loss: 0.0108 - val_acc: 0.9631
```

```
Epoch 6/10
190820/190820 [==============================] - 28s 149us/step - loss: 0.0756
- acc: 0.7844 - val_loss: 0.0095 - val_acc: 0.9654
Epoch 7/10
190820/190820 [==============================] - 29s 150us/step - loss: 0.0743
- acc: 0.7850 - val_loss: 0.0077 - val_acc: 0.9768
Epoch 8/10
190820/190820 [==============================] - 29s 150us/step - loss: 0.0767
- acc: 0.7840 - val_loss: 0.0070 - val_acc: 0.9759
Epoch 9/10
190820/190820 [==============================] - 29s 150us/step - loss: 0.0762
- acc: 0.7851 - val_loss: 0.0072 - val_acc: 0.9733
Epoch 10/10
190820/190820 [==============================] - 29s 151us/step - loss: 0.0756
- acc: 0.7849 - val_loss: 0.0067 - val_acc: 0.9749
93987/93987 [==============================] - 3s 32us/step
```

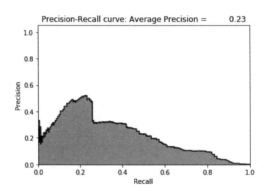

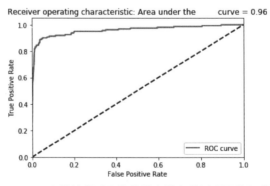

圖 8-6　使用單隱藏層、dropout 和線性激活函數的過完備自動編碼器的評估指標

如預期一般,損失值非常的低,而且這個過擬合的過完備自動編碼器在偵測詐欺信用卡
交易有非常差的表現。

下面的資訊總結了這 10 回合平均精準率的分佈。平均精準率的平均值為 0.21,比之前
達到的 0.53 來得差,變異係數為 0.40:

```
Mean average precision over 10 runs: 0.21150415381770646
Coefficient of variation over 10 runs: 0.40295807771579256

[0.22549974304927337,
0.22451178120391296,
0.17243952488912334,
0.2533716906936315,
0.13251890273915556,
0.1775116247503748,
0.4343283958332979,
0.10469065867732033,
0.19480068075466764,
0.19537213558630712]
```

採用線性激活函數的稀疏過完備自動編碼器

另一個正規化的技術是**稀疏**。我們可以強迫自動編碼器將稀疏矩陣列入考慮,使得大多
數的神經元在多數的時間內未被激活,換言之,神經元並沒有變得興奮(fire)。由於大
多數的神經元無法變得興奮,也就無法輕易地過擬合於資料點,所以即使自動編碼器是
過完備,也難以記住恆等函數。

就像之前所進行的一樣,我們會使用具有 40 個神經節點的單一隱藏層過完備自動編碼
器,不過採用的是稀疏懲罰,而不是 dropout。

讓我們看看是否結果從之前所得到的 0.21 的平均精準率,獲得改善:

```
model = Sequential()
    model.add(Dense(units=40, activation='linear', \
        activity_regularizer=regularizers.l1(10e-5), input_dim=29))
model.add(Dense(units=29, activation='linear'))
```

下面的資訊顯示了這個自動編碼器的損失值,圖 8-7 顯示了平均精準率、精準率 - 召回
率曲線和 auROC 曲線:

Training history of sparse overcomplete autoencoder with single hidden layer
and linear activation function

```
Train on 190820 samples, validate on 190820 samples
Epoch 1/10
190820/190820 [==============================] - 27s 142us/step - loss: 0.0985
- acc: 0.9380 - val_loss: 0.0369 - val_acc: 0.9871
Epoch 2/10
190820/190820 [==============================] - 26s 136us/step - loss: 0.0284
- acc: 0.9829 - val_loss: 0.0261 - val_acc: 0.9698
Epoch 3/10
190820/190820 [==============================] - 26s 136us/step - loss: 0.0229
- acc: 0.9816 - val_loss: 0.0169 - val_acc: 0.9952
Epoch 4/10
190820/190820 [==============================] - 26s 137us/step - loss: 0.0201
- acc: 0.9821 - val_loss: 0.0147 - val_acc: 0.9943
Epoch 5/10
190820/190820 [==============================] - 26s 137us/step - loss: 0.0183
- acc: 0.9810 - val_loss: 0.0142 - val_acc: 0.9842
Epoch 6/10
190820/190820 [==============================] - 26s 137us/step - loss: 0.0206
- acc: 0.9774 - val_loss: 0.0158 - val_acc: 0.9906
Epoch 7/10
190820/190820 [==============================] - 26s 136us/step - loss: 0.0169
- acc: 0.9816 - val_loss: 0.0124 - val_acc: 0.9866
Epoch 8/10
190820/190820 [==============================] - 26s 137us/step - loss: 0.0165
- acc: 0.9795 - val_loss: 0.0208 - val_acc: 0.9537
Epoch 9/10
190820/190820 [==============================] - 26s 136us/step - loss: 0.0164
- acc: 0.9801 - val_loss: 0.0105 - val_acc: 0.9965
Epoch 10/10
190820/190820 [==============================] - 27s 140us/step - loss: 0.0167
- acc: 0.9779 - val_loss: 0.0102 - val_acc: 0.9955
93987/93987 [==============================] - 3s 32us/step
```

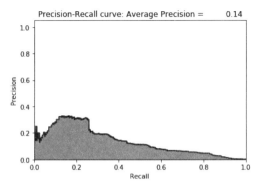

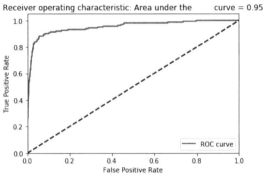

圖 8-7　使用單隱藏層和線性激活函數的稀疏過完備自動編碼器的評估指標

下面的資訊總結了這 10 回合平均精準率的分佈。平均精準率的平均值為 0.21，較之前我們所達到的 0.53 差。變異係數為 0.99：

```
Mean average precision over 10 runs: 0.21373659011504448
Coefficient of variation over 10 runs: 0.9913040763536749

[0.1370972172100049,
0.28328895710699215,
0.6362677613798704,
0.3467265637372019,
0.5197889253491589,
0.01871495737323161,
0.0812609121251577,
0.034749761900336684,
0.04846036143317335,
0.031010483535317393]
```

採用線性激活函數與
Dropout 的稀疏過完備自動編碼器

當然，我們可以合併兩種正規化的技術來改善解決方案。這是一個採用線性激活函數、單一隱藏層裡有 40 個神經節點稀疏過完備自動編碼器，dropout 為 5%：

```
model = Sequential()
    model.add(Dense(units=40, activation='linear', \
        activity_regularizer=regularizers.l1(10e-5), input_dim=29))
    model.add(Dropout(0.05))
model.add(Dense(units=29, activation='linear'))
```

下面的訓練資料顯示了這個自動編碼器的損失值，圖 8-8 顯示了平均精準率、精準率 - 召回率曲線和 auROC 曲線：

```
Training history of sparse overcomplete autoencoder with single hidden layer,
dropout, and linear activation function

Train on 190820 samples, validate on 190820 samples
Epoch 1/10
190820/190820 [==============================] - 31s 162us/step - loss: 0.1477
- acc: 0.8150 - val_loss: 0.0506 - val_acc: 0.9727
Epoch 2/10
190820/190820 [==============================] - 29s 154us/step - loss: 0.0756
- acc: 0.8625 - val_loss: 0.0344 - val_acc: 0.9788
Epoch 3/10
190820/190820 [==============================] - 29s 152us/step - loss: 0.0687
- acc: 0.8612 - val_loss: 0.0291 - val_acc: 0.9790
Epoch 4/10
190820/190820 [==============================] - 29s 154us/step - loss: 0.0644
- acc: 0.8606 - val_loss: 0.0274 - val_acc: 0.9734
Epoch 5/10
190820/190820 [==============================] - 31s 163us/step - loss: 0.0630
- acc: 0.8597 - val_loss: 0.0242 - val_acc: 0.9746
Epoch 6/10
190820/190820 [==============================] - 31s 162us/step - loss: 0.0609
- acc: 0.8600 - val_loss: 0.0220 - val_acc: 0.9800
Epoch 7/10
190820/190820 [==============================] - 30s 156us/step - loss: 0.0624
- acc: 0.8581 - val_loss: 0.0289 - val_acc: 0.9633
Epoch 8/10
190820/190820 [==============================] - 29s 154us/step - loss: 0.0589
- acc: 0.8588 - val_loss: 0.0574 - val_acc: 0.9366
Epoch 9/10
```

```
190820/190820 [==============================] - 29s 154us/step - loss: 0.0596
- acc: 0.8571 - val_loss: 0.0206 - val_acc: 0.9752
Epoch 10/10
190820/190820 [==============================] - 31s 165us/step - loss: 0.0593
- acc: 0.8590 - val_loss: 0.0204 - val_acc: 0.9808
93987/93987 [==============================] - 4s 38us/step
```

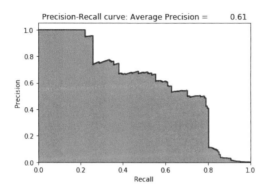

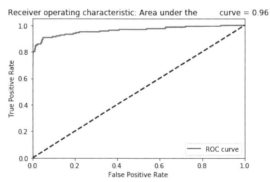

圖 8-8　使用單隱藏層、dropout 和線性激活函數的稀疏過完備自動編碼器的評估指標

下面的資訊總結了這 10 回合平均精準率的分佈。平均精準率的平均值為 0.24，較之前
我們所達到的 0.53 差。變異係數為 0.62：

```
Mean average precision over 10 runs: 0.2426994231628755
Coefifcient of variation over 10 runs: 0.6153219870606188

[0.6078198313533932,
0.20862366991302814,
0.25854513247057875,
0.08496595007072019,
0.26313491674585093,
```

```
0.17001322998258625,
0.15338215561753896,
0.1439107390306835,
0.4073422280287587,
0.1292563784156162]
```

處理具噪資料集

實際資料常見的問題就是具有噪音。資料往往因為取得、搬移或者是轉換的過程中,而產生品質的問題。所以我們期望自動編碼器能足夠強健,而不受這些噪音的影響,進而學會資料中真正重要的基礎結構。

為了模擬這個噪音,我們加入噪音的高斯隨機矩陣到我們的信用卡交易資料集,而且基於這個噪音資料集訓練一個自動編碼器,看看這個自動編碼器如何擅長在噪音測試集中偵測詐欺交易:

```
noise_factor = 0.50
X_train_AE_noisy = X_train_AE.copy() + noise_factor * \
 np.random.normal(loc=0.0, scale=1.0, size=X_train_AE.shape)
X_test_AE_noisy = X_test_AE.copy() + noise_factor * \
 np.random.normal(loc=0.0, scale=1.0, size=X_test_AE.shape)
```

降噪自動編碼器

對比於原來無扭曲的資料集,為了避免過擬合於有噪音的信用卡資料集,添加的懲罰強度會變得更強。當一個資料集有夠多噪音,且自動編碼器又對於噪音資料過度擬合時,該編碼器將很難從一般交易中分辨出詐欺交易。

因此,我們需要一個足夠擬合到資料集的自動編碼器,使得它能夠妥善地重建大多數的資料點,但並不需要妥善地重建那些偶發的噪音。換言之,我們想要自動編碼器去學習內部的結構,但忘記資料中的噪音。

讓我們從目前為止已經進行過的試驗中,嘗試一些新的選項。首先,我們會實驗一個使用線性激活函數和 27 個神經節點的單隱藏層低完備自動編碼器。下一步,我們會嘗試一個使用 dropout 和 40 個神經節點的單隱藏層稀疏過完備自動編碼器。最後,我們會試試使用非線性激活函數的自動編碼器。

採用線性激活函數的兩層降噪低完備自動編碼器

基於這個噪音資料集，使用線性激活函數和 27 個神經節點且具有單一隱藏層的自動編碼器有著 0.69 的平均精準率。我們來看看它在噪音資料集上表現如何。這個自動編碼器就是所謂的降噪自動編碼器（*denoising autoencoder*），因為它處理噪音資料集，並且試著去除資料集中的噪音。

該程式碼和我們先前所提供的相當近似，除了我們現在將它應用到具噪音的訓練資料集和測試資料集 X_train_AE_noisy 和 X_test_AE_noisy 之外：

```python
for i in range(0,10):
    # 呼叫神經網路 API
    model = Sequential()

    # 使用線性激活函數產生 27 個節點的隱藏層
    model.add(Dense(units=27, activation='linear', input_dim=29))

    # 產生 29 個節點的輸出層
    model.add(Dense(units=29, activation='linear'))

    # 編譯模型
    model.compile(optimizer='adam',
                  loss='mean_squared_error',
                  metrics=['accuracy'])

    # 訓練模型
    num_epochs = 10
    batch_size = 32

    history = model.fit(x=X_train_AE_noisy, y=X_train_AE_noisy,
                        epochs=num_epochs,
                        batch_size=batch_size,
                        shuffle=True,
                        validation_data=(X_train_AE, X_train_AE),
                        verbose=1)

    # 基於測試集進行評估
    predictions = model.predict(X_test_AE_noisy, verbose=1)
    anomalyScoresAE = anomalyScores(X_test, predictions)
    preds, avgPrecision = plotResults(y_test, anomalyScoresAE, True)
    test_scores.append(avgPrecision)
    model.reset_states()

print("Mean average precision over 10 runs: ", np.mean(test_scores))
test_scores
```

下面的訓練資料顯示了這個自動編碼器的損失值，圖 8-9 顯示了平均精準率、精準率 - 召回率曲線和 auROC 曲線：

```
Training history of denoising undercomplete autoencoder with single hidden layer
and linear activation function

Train on 190820 samples, validate on 190820 samples
Epoch 1/10
190820/190820 [==============================] - 25s 133us/step - loss: 0.1733
- acc: 0.7756 - val_loss: 0.0356 - val_acc: 0.9123
Epoch 2/10
190820/190820 [==============================] - 24s 126us/step - loss: 0.0546
- acc: 0.8793 - val_loss: 0.0354 - val_acc: 0.8973
Epoch 3/10
190820/190820 [==============================] - 24s 126us/step - loss: 0.0531
- acc: 0.8764 - val_loss: 0.0350 - val_acc: 0.9399
Epoch 4/10
190820/190820 [==============================] - 24s 126us/step - loss: 0.0525
- acc: 0.8879 - val_loss: 0.0342 - val_acc: 0.9573
Epoch 5/10
190820/190820 [==============================] - 24s 126us/step - loss: 0.0530
- acc: 0.8910 - val_loss: 0.0347 - val_acc: 0.9503
Epoch 6/10
190820/190820 [==============================] - 24s 126us/step - loss: 0.0524
- acc: 0.8889 - val_loss: 0.0350 - val_acc: 0.9138
Epoch 7/10
190820/190820 [==============================] - 24s 126us/step - loss: 0.0531
- acc: 0.8845 - val_loss: 0.0343 - val_acc: 0.9280
Epoch 8/10
190820/190820 [==============================] - 24s 126us/step - loss: 0.0530
- acc: 0.8798 - val_loss: 0.0339 - val_acc: 0.9507
Epoch 9/10
190820/190820 [==============================] - 24s 126us/step - loss: 0.0526
- acc: 0.8877 - val_loss: 0.0337 - val_acc: 0.9611
Epoch 10/10
190820/190820 [==============================] - 24s 127us/step - loss: 0.0528
- acc: 0.8885 - val_loss: 0.0352 - val_acc: 0.9474
93987/93987 [==============================] - 3s 34us/step
```

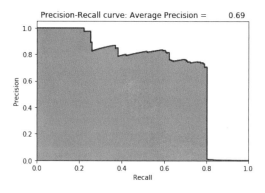

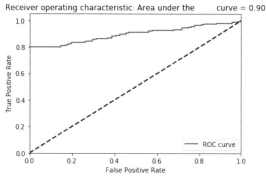

圖 8-9 使用單隱藏層和線性激活函數的降噪低完備自動編碼器的評估指標

現在平均精準率的平均值為 0.28。你可以發現線性自動編碼器相當難以去除具噪資料集中的噪音：

```
Mean average precision over 10 runs: 0.2825997155005206
Coeficient of variation over 10 runs: 1.1765416185187383

[0.6929639885685303,
0.008450118408150287,
0.6970753417267612,
0.011820311633718597,
0.008924124892696377,
0.010639537507746342,
0.6884911855668772,
0.006549332886020607,
0.6805304226634528,
0.02055279115125298]
```

它苦於把資料真正的基礎結構從我們所添加的高斯噪音中分離出來。

採用線性激活函數的兩層過完備自動編碼器

現在，讓我們嘗試有 40 個神經節點、一個正規化器和 0.05% dropout 的單隱藏層過完備自動編碼器。

這個組合在原始資料集上有 0.56 的平均精準率：

```
model = Sequential()
model.add(Dense(units=40, activation='linear',
 activity_regularizer=regularizers.l1(10e-5),
                input_dim=29))
model.add(Dropout(0.05))
model.add(Dense(units=29, activation='linear'))
```

下面的訓練資料顯示了這個自動編碼器的損失值，圖 8-10 顯示了平均精準率、精準率 - 召回率曲線和 auROC 曲線：

```
Training history of denoising overcomplete autoencoder with dropout and linear
activation function

Train on 190820 samples, validate on 190820 samples
Epoch 1/10
190820/190820 [==============================] - 28s 145us/step - loss: 0.1726
- acc: 0.8035 - val_loss: 0.0432 - val_acc: 0.9781
Epoch 2/10
190820/190820 [==============================] - 26s 138us/step - loss: 0.0868
- acc: 0.8490 - val_loss: 0.0307 - val_acc: 0.9775
Epoch 3/10
190820/190820 [==============================] - 26s 138us/step - loss: 0.0809
- acc: 0.8455 - val_loss: 0.0445 - val_acc: 0.9535
Epoch 4/10
190820/190820 [==============================] - 26s 138us/step - loss: 0.0777
- acc: 0.8438 - val_loss: 0.0257 - val_acc: 0.9709
Epoch 5/10
190820/190820 [==============================] - 27s 139us/step - loss: 0.0748
- acc: 0.8434 - val_loss: 0.0219 - val_acc: 0.9787
Epoch 6/10
190820/190820 [==============================] - 26s 138us/step - loss: 0.0746
- acc: 0.8425 - val_loss: 0.0210 - val_acc: 0.9794
Epoch 7/10
190820/190820 [==============================] - 26s 138us/step - loss: 0.0713
- acc: 0.8437 - val_loss: 0.0294 - val_acc: 0.9503
Epoch 8/10
190820/190820 [==============================] - 26s 138us/step - loss: 0.0708
- acc: 0.8426 - val_loss: 0.0276 - val_acc: 0.9606
```

```
Epoch 9/10
190820/190820 [==============================] - 26s 139us/step - loss: 0.0704
- acc: 0.8428 - val_loss: 0.0180 - val_acc: 0.9811
Epoch 10/10
190820/190820 [==============================] - 27s 139us/step - loss: 0.0702
- acc: 0.8424 - val_loss: 0.0185 - val_acc: 0.9710
93987/93987 [==============================] - 4s 38us/step
```

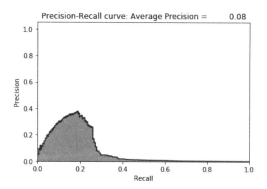

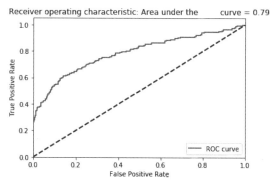

圖 8-10　使用線性機函數和 dropout 的降噪過完備自動編碼器的評估指標

下面的資訊總結了這 10 回合平均精準率的分佈。平均精準率的平均值為 0.10，較之前我們所達到的 0.53 差。變異係數為 0.83：

```
Mean average precision over 10 runs: 0.10112931070692295
Coefficient of variation over 10 runs: 0.8343774832756188

[0.08283546387140524,
0.043070120657586454,
0.018901753737287603,
0.02381040174486509,
```

```
0.16038446580196433,
0.03461061251209459,
0.17847771715513427,
0.2483282420447288,
0.012981344347664117,
0.20789298519649893]
```

採用 ReLu 激活函數的兩層降噪過完備自動編碼器

最後，我們來看看採用 ReLu 作為激活函數而不是使用線性激活函數的相同自動編碼器
運行得如何。回想一下，在原始的資料集上，使用非線性激活函數的自動編碼器並沒表
現得如使用線性激活函數的自動編碼器一樣好：

```
model = Sequential()
    model.add(Dense(units=40, activation='relu',  \
        activity_regularizer=regularizers.l1(10e-5), input_dim=29))
    model.add(Dropout(0.05))
model.add(Dense(units=29, activation='relu'))
```

下面的訓練資料顯示了這個自動編碼器的損失值，圖 8-11 顯示了平均精準率、精準率 -
召回率曲線和 auROC 曲線：

```
Training history of denoising overcomplete autoencoder with dropout and ReLU
activation function

Train on 190820 samples, validate on 190820 samples
Epoch 1/10
190820/190820 [==============================] - 29s 153us/step - loss: 0.3049
- acc: 0.6454 - val_loss: 0.0841 - val_acc: 0.8873
Epoch 2/10
190820/190820 [==============================] - 27s 143us/step - loss: 0.1806
- acc: 0.7193 - val_loss: 0.0606 - val_acc: 0.9012
Epoch 3/10
190820/190820 [==============================] - 27s 143us/step - loss: 0.1626
- acc: 0.7255 - val_loss: 0.0500 - val_acc: 0.9045
Epoch 4/10
190820/190820 [==============================] - 27s 143us/step - loss: 0.1567
- acc: 0.7294 - val_loss: 0.0445 - val_acc: 0.9116
Epoch 5/10
190820/190820 [==============================] - 27s 143us/step - loss: 0.1484
- acc: 0.7309 - val_loss: 0.0433 - val_acc: 0.9136
Epoch 6/10
190820/190820 [==============================] - 27s 144us/step - loss: 0.1467
- acc: 0.7311 - val_loss: 0.0375 - val_acc: 0.9101
Epoch 7/10
```

```
190820/190820 [==============================] - 27s 143us/step - loss: 0.1427
- acc: 0.7335 - val_loss: 0.0384 - val_acc: 0.9013
Epoch 8/10
190820/190820 [==============================] - 27s 143us/step - loss: 0.1397
- acc: 0.7307 - val_loss: 0.0337 - val_acc: 0.9145
Epoch 9/10
190820/190820 [==============================] - 27s 143us/step - loss: 0.1361
- acc: 0.7322 - val_loss: 0.0343 - val_acc: 0.9066
Epoch 10/10
190820/190820 [==============================] - 27s 144us/step - loss: 0.1349
- acc: 0.7331 - val_loss: 0.0325 - val_acc: 0.9107
93987/93987 [==============================] - 4s 41us/step
```

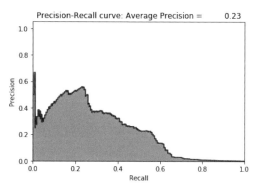

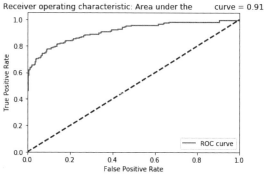

圖 8-11　使用 dropout 與 ReLU 激活函數的降噪過完備自動編碼器的評估指標

下面的資訊總結了這 10 回合平均精準率的分佈。平均精準率的平均值為 0.20，較之前我們所達到的 0.53 差。變異係數為 0.55：

```
Mean average precision over 10 runs: 0.1969608394689088
Coefficient of variation over 10 runs: 0.5566706365802669

[0.22960316854089222,
0.37609633487223315,
0.11429775486529765,
0.10208135698072755,
0.4002384343852861,
0.13317480663248088,
0.15764518571284625,
0.2406315655171392,
0.05080529996343734,
0.1650344872187474]
```

你可以使用神經節點數量、神經網路層數、稀疏度、dropout 佔比和激活函數,看看自己是否可以從這些因素改善結果。

結論

本章我們回到書中稍早的章節裡所介紹的信用卡詐欺問題,來開發一個以神經網路為基礎的非監督詐欺偵測解決方案。

為了替自動編碼器找到最佳的架構,我們嘗試了不同的自動編碼器。我們嘗試了單隱藏層或數個隱藏層的完備、低完備和過完備自動編碼器。也試了線性與非線性兩種函數,並且使用了稀疏度與 dropout 兩種不同的正規化方法。

我們找到一個採用線性激活函數,且相當簡潔的兩層低完備神經網路在原始的信用卡資料集上表現最好,但我們需要一個使用線性激活函數和 dropout 的稀疏兩層過完備自動編碼器來解決具噪音的信用卡資料集。

我們的實驗有許多是基於試誤,在每一次的實驗中,我們調整數個超參數,並且和先前實驗回合的結果進行比較。找到一個更好的而且採用自動編碼器為基礎的詐欺偵測解決方案是有可能的,我鼓勵你們自己進行實驗,來看看你會發現些什麼。

這本書到目前為止,我們已經將監督式與非監督式視為獨立且不同方法。但在第九章,我們將會探索如何同時使用監督式與非監督式兩種方法,來開發所謂的半監督式解決方案,而這個解決方案將比單一方法的解決方案來得好。

半監督式學習

到目前為止，我們將監督式與非監督式視為機器學習兩種獨立而不同的分支。當資料集有標籤時，監督式學習是合適的選擇；當資料集是無標籤時，非監督式學習則是必要的。

但在實際的情況下，這個不同之處並非如此清楚。資料集通常是部份資料有標籤，而當我們利用這些標籤集的資訊時，我們想要有效地為這些未標記的資料點進行標記。當使用非監督式學習時，我們需要處理大多數的資料，但卻不知道要如何善用我們所擁有的極少量標籤。

半監督式學習領域融合了監督式與非監督式學習的優點，善用了可取得的少量標籤來發掘資料集內的結構，並且協助為剩下的資料進行標記。

我們在本章會繼續使用信用卡交易資料集，以便展示半監督式學習。

資料準備

如同之前，我們載入必要的函式庫並準備資料。現在，這應該是相當熟稔的步驟了：

```
'''Main'''
import numpy as np
import pandas as pd
import os, time, re
import pickle, gzip

'''Data Viz'''
import matplotlib.pyplot as plt
import seaborn as sns
```

```
color = sns.color_palette()
import matplotlib as mpl

%matplotlib inline

'''Data Prep and Model Evaluation'''
from sklearn import preprocessing as pp
from sklearn.model_selection import train_test_split
from sklearn.model_selection import StratifiedKFold
from sklearn.metrics import log_loss
from sklearn.metrics import precision_recall_curve, average_precision_score
from sklearn.metrics import roc_curve, auc, roc_auc_score

'''Algos'''
import lightgbm as lgb

'''TensorFlow and Keras'''
import tensorflow as tf
import keras
from keras import backend as K
from keras.models import Sequential, Model
from keras.layers import Activation, Dense, Dropout
from keras.layers import BatchNormalization, Input, Lambda
from keras import regularizers
from keras.losses import mse, binary_crossentropy
```

如之前一般,我們會產生訓練集與測試集。但是我們會從訓練集中丟棄 90% 的信用卡詐欺交易,來模擬如何處理部份標記的資料。

雖然這個步驟看起來非常激進,但是現實世界牽涉詐欺支付的問題有著相似的低詐欺發生率(如 1/10,000 一樣低)。藉由從訓練集中移除 90% 的標籤資訊,我們可以模擬這種型態的情境:

```
# 載入資料
current_path = os.getcwd()
file = '\\datasets\\credit_card_data\\credit_card.csv'
data = pd.read_csv(current_path + file)

dataX = data.copy().drop(['Class','Time'],axis=1)
dataY = data['Class'].copy()

# 縮放資料
featuresToScale = dataX.columns
sX = pp.StandardScaler(copy=True, with_mean=True, with_std=True)
dataX.loc[:,featuresToScale] = sX.fit_transform(dataX[featuresToScale])
```

```
# 將資料集分為訓練集與測試集
X_train, X_test, y_train, y_test = \
    train_test_split(dataX, dataY, test_size=0.33, \
                     random_state=2018, stratify=dataY)

# 從訓練集中丟棄 90% 的標籤
toDrop = y_train[y_train==1].sample(frac=0.90,random_state=2018)
X_train.drop(labels=toDrop.index,inplace=True)
y_train.drop(labels=toDrop.index,inplace=True)
```

我們再次使用 anomalyScores 和 plotResults 函式：

```
def anomalyScores(originalDF, reducedDF):
    loss = np.sum((np.array(originalDF) - \
                  np.array(reducedDF))**2, axis=1)
    loss = pd.Series(data=loss,index=originalDF.index)
    loss = (loss-np.min(loss))/(np.max(loss)-np.min(loss))
    return loss

def plotResults(trueLabels, anomalyScores, returnPreds = False):
    preds = pd.concat([trueLabels, anomalyScores], axis=1)
    preds.columns = ['trueLabel', 'anomalyScore']
    precision, recall, thresholds = \
        precision_recall_curve(preds['trueLabel'], \
                               preds['anomalyScore'])
    average_precision = average_precision_score( \
                        preds['trueLabel'], preds['anomalyScore'])

    plt.step(recall, precision, color='k', alpha=0.7, where='post')
    plt.fill_between(recall, precision, step='post', alpha=0.3, color='k')

    plt.xlabel('Recall')
    plt.ylabel('Precision')
    plt.ylim([0.0, 1.05])
    plt.xlim([0.0, 1.0])

    plt.title('Precision-Recall curve: Average Precision = \
        {0:0.2f}'.format(average_precision))

    fpr, tpr, thresholds = roc_curve(preds['trueLabel'], \
                                     preds['anomalyScore'])
    areaUnderROC = auc(fpr, tpr)

    plt.figure()
    plt.plot(fpr, tpr, color='r', lw=2, label='ROC curve')
```

```
    plt.plot([0, 1], [0, 1], color='k', lw=2, linestyle='--')
    plt.xlim([0.0, 1.0])
    plt.ylim([0.0, 1.05])
    plt.xlabel('False Positive Rate')
    plt.ylabel('True Positive Rate')
    plt.title('Receiver operating characteristic: Area under the \
        curve = {0:0.2f}'.format(areaUnderROC))
    plt.legend(loc="lower right")
    plt.show()

    if returnPreds==True:
        return preds, average_precision
```

最後,這裡有一個新的函式叫做 precisionAnalysis,可幫助我們在某個召回率的等級下評估我們的模型。更具體地來說,我們會決定模型精準率是多少,以便捕捉在測試集內 75% 的詐欺信用卡交易。

這是一個合理的基準。換言之,我們想要捕捉 75% 的詐欺交易,並且有最好的精準率。如果精準率不夠高,我們會拒絕不必要拒絕的好信用卡交易,很可能因此激怒客戶:

```
def precisionAnalysis(df, column, threshold):
    df.sort_values(by=column, ascending=False, inplace=True)
    threshold_value = threshold*df.trueLabel.sum()
    i = 0
    j = 0
    while i < threshold_value+1:
        if df.iloc[j]["trueLabel"]==1:
            i += 1
        j += 1
    return df, i/j
```

監督式模型

為了衡量我們的半監督式模型,我們先來看看監督式模型與非監督式模型個別表現得如何。

我們會使用基於在第二章中表現最好的 gradient boosting 的監督式學習解決方案。我們會使用 k-fold 交叉驗證來創建五等分:

```
k_fold = StratifiedKFold(n_splits=5,shuffle=True,random_state=2018)
```

接著設定 gradient boosting 的參數：

```
params_lightGB = {
    'task': 'train',
    'application':'binary',
    'num_class':1,
    'boosting': 'gbdt',
    'objective': 'binary',
    'metric': 'binary_logloss',
    'metric_freq':50,
    'is_training_metric':False,
    'max_depth':4,
    'num_leaves': 31,
    'learning_rate': 0.01,
    'feature_fraction': 1.0,
    'bagging_fraction': 1.0,
    'bagging_freq': 0,
    'bagging_seed': 2018,
    'verbose': 0,
    'num_threads':16
}
```

現在，我們來訓練這個演算法：

```
trainingScores = []
cvScores = []
predictionsBasedOnKFolds = pd.DataFrame(data=[], index=y_train.index, \
                                        columns=['prediction'])

for train_index, cv_index in k_fold.split(np.zeros(len(X_train)), \
                                          y_train.ravel()):
    X_train_fold, X_cv_fold = X_train.iloc[train_index,:], \
        X_train.iloc[cv_index,:]
    y_train_fold, y_cv_fold = y_train.iloc[train_index], \
        y_train.iloc[cv_index]

    lgb_train = lgb.Dataset(X_train_fold, y_train_fold)
    lgb_eval = lgb.Dataset(X_cv_fold, y_cv_fold, reference=lgb_train)
    gbm = lgb.train(params_lightGB, lgb_train, num_boost_round=2000,
                    valid_sets=lgb_eval, early_stopping_rounds=200)

    loglossTraining = log_loss(y_train_fold, gbm.predict(X_train_fold, \
                               num_iteration=gbm.best_iteration))
    trainingScores.append(loglossTraining)

    predictionsBasedOnKFolds.loc[X_cv_fold.index,'prediction'] = \
        gbm.predict(X_cv_fold, num_iteration=gbm.best_iteration)
```

```
loglossCV = log_loss(y_cv_fold, \
    predictionsBasedOnKFolds.loc[X_cv_fold.index,'prediction'])
cvScores.append(loglossCV)

print('Training Log Loss: ', loglossTraining)
print('CV Log Loss: ', loglossCV)

loglossLightGBMGradientBoosting = log_loss(y_train, \
    predictionsBasedOnKFolds.loc[:,'prediction'])
print('LightGBM Gradient Boosting Log Loss: ', \
    loglossLightGBMGradientBoosting)
```

我們現在會使用這個模型來預測信用卡交易測試集上的詐欺。

圖 9-1 顯示結果。

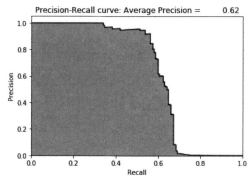

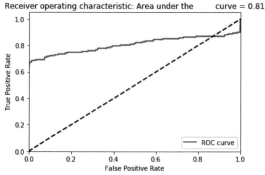

圖 9-1　監督式模型的結果

在測試集上基於精準率 - 召回率曲線的平均精準率是 0.62。為了捕捉 75% 的詐欺，我們只有 0.5% 的精準率。

非監督式模型

現在，讓我們透過使用非監督式學習來建立詐欺偵測解決方案。具體來說，我們會建立一個採用線性激活函數的稀疏過完備自動編碼器。我們的隱藏層會有 40 個節點，以及 2% dropout。

然而，我們會藉由過採樣（*oversampling*）擁有的詐欺案例，來調整訓練集的資料。過採樣是一個用來調整既有資料集內的類別分佈的技術。我們想要添加更多的詐欺案例給資料集，使得我們訓練的自動編碼器可以更簡單地將正常 / 非詐欺交易與非正常 / 詐欺交易分開來。

回想一下，從訓練集中丟棄 90% 的詐欺案例後，我們只剩下 33 個詐欺案例。我們會拿 33 個詐欺案例複製這些資料 100 次，然後將這些資料添加到訓練集。我們也會保留未過採樣的訓練集複本，使得在接下來的機器學習流水線中也可以使用到它們。

記得我們沒有修動測試集，也就是說測試集並沒有進行過採樣，只有訓練集進行了過採樣：

```
oversample_multiplier = 100

X_train_original = X_train.copy()
y_train_original = y_train.copy()
X_test_original = X_test.copy()
y_test_original = y_test.copy()

X_train_oversampled = X_train.copy()
y_train_oversampled = y_train.copy()
X_train_oversampled = X_train_oversampled.append( \
        [X_train_oversampled[y_train==1]]*oversample_multiplier, \
        ignore_index-False)
y_train_oversampled = y_train_oversampled.append( \
        [y_train_oversampled[y_train==1]]*oversample_multiplier, \
        ignore_index=False)

X_train = X_train_oversampled.copy()
y_train = y_train_oversampled.copy()
```

開始訓練自動編碼器：

```
model = Sequential()
model.add(Dense(units=40, activation='linear', \
                activity_regularizer=regularizers.l1(10e-5), \
                input_dim=29,name='hidden_layer'))
model.add(Dropout(0.02))
model.add(Dense(units=29, activation='linear'))

model.compile(optimizer='adam',
              loss='mean_squared_error',
              metrics=['accuracy'])

num_epochs = 5
batch_size = 32

history = model.fit(x=X_train, y=X_train,
                    epochs=num_epochs,
                    batch_size=batch_size,
                    shuffle=True,
                    validation_split=0.20,
                    verbose=1)

predictions = model.predict(X_test, verbose=1)
anomalyScoresAE = anomalyScores(X_test, predictions)
preds, average_precision = plotResults(y_test, anomalyScoresAE, True)
```

圖 9-2 顯示了結果。

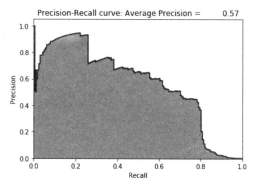

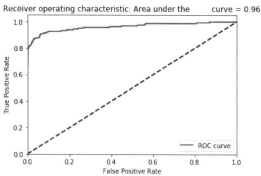

圖 9-2　非監督式模型的結果

基於精準率 - 召回率曲線，測試集的平均精準率是 0.57。我們只有 45% 的精準率，來捕捉 75% 的詐欺交易。雖然非監督式解決方案的平均精準率近似於監督式解決方案的平均精準率，但是在 75% 的召回率情況下，45% 的精準率是較好的。

然而，非監督式解決方案本身仍然是不好。

半監督式模型

現在，讓我們利用自動編碼器（隱藏層）所學到的特徵表示，將它與原來的訓練集合併，並且傳入 gradient boosting 演算法中。這就是半監督式的方法，它善用了監督式與非監督式學習的優點。

為了獲得隱藏層，我們從 Keras API 呼叫 Model() 類別，並且使用 get_layer 函式：

```
layer_name = 'hidden_layer'

intermediate_layer_model = Model(inputs=model.input, \
                            outputs=model.get_layer(layer_name).output)
intermediate_output_train = intermediate_layer_model.predict(X_train_original)
intermediate_output_test = intermediate_layer_model.predict(X_test_original)
```

儲存這些自動編碼器的特徵表示到 DataFrames，然後將它們與原始訓練集合併
起來：

```
intermediate_output_trainDF = \
    pd.DataFrame(data=intermediate_output_train,index=X_train_original.index)
intermediate_output_testDF = \
    pd.DataFrame(data=intermediate_output_test,index=X_test_original.index)

X_train = X_train_original.merge(intermediate_output_trainDF, \
                            left_index=True,right_index=True)
X_test = X_test_original.merge(intermediate_output_testDF, \
                            left_index=True,right_index=True)
y_train = y_train_original.copy()
```

現在可以使用這個有 69 個特徵的新訓練集，來訓練 gradient boosting 模型（29 個特徵
來自原始的訓練集，和 40 個特徵來自自動編碼器的特徵表示）：

```
trainingScores = []
cvScores = []
predictionsBasedOnKFolds = pd.DataFrame(data=[],index=y_train.index, \
                                    columns=['prediction'])

for train_index, cv_index in k_fold.split(np.zeros(len(X_train)), \
                                    y_train.ravel()):
    X_train_fold, X_cv_fold = X_train.iloc[train_index,:], \
        X_train.iloc[cv_index,:]
    y_train_fold, y_cv_fold = y_train.iloc[train_index], \
        y_train.iloc[cv_index]

    lgb_train = lgb.Dataset(X_train_fold, y_train_fold)
    lgb_eval = lgb.Dataset(X_cv_fold, y_cv_fold, reference=lgb_train)
    gbm = lgb.train(params_lightGB, lgb_train, num_boost_round=5000,
                valid_sets=lgb_eval, early_stopping_rounds=200)

    loglossTraining = log_loss(y_train_fold,
                            gbm.predict(X_train_fold, \
                            num_iteration=gbm.best_iteration))
    trainingScores.append(loglossTraining)
```

```
predictionsBasedOnKFolds.loc[X_cv_fold.index,'prediction'] = \
    gbm.predict(X_cv_fold, num_iteration=gbm.best_iteration)
loglossCV = log_loss(y_cv_fold, \
        predictionsBasedOnKFolds.loc[X_cv_fold.index,'prediction'])
cvScores.append(loglossCV)

print('Training Log Loss: ', loglossTraining)
print('CV Log Loss: ', loglossCV)

loglossLightGBMGradientBoosting = log_loss(y_train, \
                    predictionsBasedOnKFolds.loc[:,'prediction'])
print('LightGBM Gradient Boosting Log Loss: ', \
                    loglossLightGBMGradientBoosting)
```

結果如圖 9-3 所示。

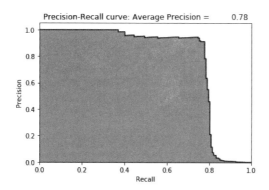

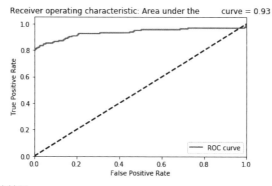

圖 9-3　半監督式模型的結果

基於精準率 - 召回率曲線,測試集的平均精準率是 0.78。這個結果要比監督式與非監督式模型來得好些。

我們有 92% 精準率,來捕捉 75% 的詐欺交易,這是很明顯的改善。有了這樣的精準程度,支付處理應該能更安心的拒絕那些被模型標記為潛在詐欺的交易。十個當中有低於一個會預測錯誤,而且我們可以捕捉到將近 75% 的詐欺交易。

監督與非監督的威力

在這個半監督式信用卡詐欺交易偵測解決方案中,監督式學習與非監督式學習兩者都扮演了重要的角色,可以透過分析最終的 gradient boosting 模型所發現的最重要特徵來探索這件事。

從訓練完成的模型中,找尋並且儲存各個特徵的重要程度值:

```
featuresImportance = pd.DataFrame(data=list(gbm.feature_importance()), \
                    index=X_train.columns,columns=['featImportance'])
featuresImportance = featuresImportance/featuresImportance.sum()
featuresImportance.sort_values(by='featImportance', \
                            ascending=False,inplace=True)
featuresImportance
```

表 9-1 展示了一些最重要特徵,並且以降冪進行排序。

表 9-1　來自半監督式模型的特徵重要值

	featImportance
V28	0.047843
Amount	0.037263
21	0.030244
V21	0.029624
V26	0.029469
V12	0.028334
V27	0.028024
6	0.027405
28	0.026941
36	0.024050
5	0.022347

如你在這裡所見的,排名較高的一些特徵是那些由自動編碼器的隱藏層(非「V」特徵)所學習而來,而其他的則是原始資料集的主成分(「V」特徵)以及交易的總量。

結論

半監督式模型徹底擊敗了單獨的監督式模型與單獨的非監督式模型的表現結果。

我們只是搔到半監督式學習可能性的皮毛而已,但這應該幫助了我們在找尋最佳應用解決方案時,從爭論使用監督式學習還是非監督式學習到討論如何結合兩者。

使用 TensorFlow 和 Keras 開發非監督式深度學習模型

直到現在，我們只探討到淺層神經網路（也就是僅有一些隱藏層的神經網路）。在建構機器學習系統時，淺層神經網路的確是十分有用的，但過去十年，機器學習的強大進展是來自於有多層隱藏層的神經網路，也就是**深度神經網路**。這個機器學習的子領域稱為**深度學習**。基於大量具有標籤的資料，深度學習在許多領域（如電腦視覺、物體偵測、語音辨識和機器翻譯），獲得了重大的商業成功。

我們會專注在基於大量無標籤的資料集上的深度學習，這也是常被提及的**非監督式深度學習**。這個領域仍然非常新而且充滿潛力，但直到目前，相對於深度監督式學習來說，仍然鮮少有成功的商業案例。再接下來的一些章節，我們會從最簡單的構建結構開始，建立非監督式深度學習系統。

第十章涵蓋了受限波爾茲曼機，我們會使用它來建構影片推薦系統。在第十一章裡，我們會堆疊整合受限波爾茲曼機，並且建立深度神經網路，也就是所謂的深度信念網路。在第十二章，我們會透過使用生成對抗網路來產生合成資料，這也是目前非監督式深度學習的最熱門領域之一。第十三章，我們會回到分群這個主題，但這次是時序型的資料。

非監督式深度學習是非常進階的內容，但是很多概念都是依賴於我們在本書前面所介紹的基本原則。

推薦系統使用受限波爾茲曼機

在這本書稍前的內容中，我們使用非監督式學習來學習無標籤資料的內部（隱藏）結構。具體地來說，我們執行了維度縮減，也就是將一個高維度資料集縮減成為一個有較少維度的資料集，並且建立了一個異常偵測系統。我們也執行了分群，也就是將資料點基於它們彼此相似或者是不相似，群組在一起。

現在，我們會進入到**非監督式生成模型**（*generative unsupervised models*），該模型涉及了學習原始資料集的機率分佈，並且使用這個機率分佈產生未見過的資料。在稍候的章節，我們會使用這樣的模型來產生近似真實的資料，這些資料有些時候幾乎無法從原始資料中被分辨出來。

直到現在，我們已經看過大多數的**鑑別模型**，這種模型基於演算法從資料中學習到的內容來分類資料點。這些鑑別模型沒有從資料中學習它們的機率分佈。鑑別模型包含了監督式模型，如第二章中所介紹的邏輯回歸與決策樹和分群演算法，如第五章所介紹的 *k*-means 和階層式分群。

讓我們從最簡單的非監督式生成模型，也就是所謂的**受限波爾茲曼機**開始。

波爾茲曼機

在 1985 年，**波爾茲曼機**由 Geoffrey Hinton（後來為卡內基美隆大學的教授，現在則為深度學習進展的推手之一，多倫多大學的教授，也是 Google 機器學習研究員）和 Terry Sejnowski（當時為約翰霍普金斯大學的教授）率先發明出來。

無受限的波爾茲曼機是由一個輸入層和一個或多個隱藏層所組成的神經網路。神經網路的神經元或單元會基於訓練過程中傳入的資料和波爾茲曼機試圖最小化的成本函數，採用隨機地方式決定開啟或關閉。藉由這個訓練，波爾茲曼機發掘資料中有趣的特徵，這些特徵會幫助對資料內部更複雜的關係與樣式進行塑模。

然而，這些無受限波爾茲曼機所使用的神經網路神經元不僅與其他層的神經元相連，也與自己同層中的神經元相連。與許多隱藏層耦合導致了無受限波爾茲曼機的訓練非常無效率。因此在 1980 年代與 1990 年代，無受限波爾茲曼機僅獲得了極小的商業成功。

受限波爾茲曼機（RBM）

在 2000 年代，Geoffrey Hinton 和其他人開始藉由使用修改版本的無受限波爾茲曼機獲得了商業成功。這些**受限波爾茲曼機**（*RBMs*）有一個輸入層（也被稱作**可視層**）和單一的隱藏層，而且神經元之間的相連也受到了限制，使得神經元僅能連接到其他層的神經元，而不能同層神經元互相連接。換言之，沒有可視層 - 可視層的連接，也沒有隱藏層 - 隱藏層的連接[1]。

Geoffrey Hinton 也展示了這樣簡單的 RBMs 能夠彼此堆疊，使得一個 RBM 的隱藏層的輸出可以被傳至另一個 RBM 的輸入層。這種 RBM 堆疊能夠被重複數次，以便漸進地學習更多細微的隱藏特徵。這個由許多 RBM 組成的網路可以被視為一個深且多層的神經網路模型，因此深度學習領域在 2006 年開始起飛。

請注意，RBMs 是使用隨機方法來學習資料的基礎結構，而自動編碼器使用的是**確定性**方法。

1　RBMs 裡最常見的訓練演算法是所知的 gradient-based contrastive divergence 演算法。

推薦系統

本章我們會使用 RBMs 來建立**推薦系統**，這是直至今日機器學習最成功的應用之一，也是最廣泛地被使用在產業中，以協助預測使用者在電影、音樂、書籍、新聞、搜尋、購物、數位廣告以及線上交友的偏好。

推薦系統有兩個主要的類別，一個為**協同過濾**推薦系統，另一個則是**內容過濾**推薦系統。協同過濾涉及根據使用者過去的行為、以及與該使用者相似的其他使用者的行為來構建推薦系統，這個推薦系統可以預測使用者可能感興趣的物品，即使這個使用者從未表現過明顯的興趣。Netflix 電影推薦系統是採用協同過濾演算法。

內容過濾牽涉到學習一個物品不同的屬性，來建議其他有相近屬性的物品。Pandora 的音樂推薦就是採用內容過濾演算法。

協同過濾

內容過濾並不普遍被使用，因為知道物品的不同屬性是有些困難的，而且對於人工智慧機器而言，要達到這樣的理解程度，仍然是相當挑戰的任務。相較之下，收集並且分析大量有關使用者行為和偏好的資訊，並且利用這些資訊進行預測要簡單的多了。因此，協同過濾更廣泛地被使用，也是我們這裡會深入的推薦系統類型。

協同過濾並不需要知道物品本身的知識。更精確地說，協同過濾假設使用者過去認同的事情，在未來也會認同，而且使用者的偏好隨著時間推移仍然維持穩定。藉由能夠針對使用者如何相似於其他的使用者進行塑模，協同過濾可以做出相當有用的推薦。此外，協同過濾不必依賴**顯性資料**（換言之，使用者提供的評價）。更準確地來說，它著重在**隱性資料**，如一個使用者多久或多常對一個特定物品進行瀏覽或點擊。舉例來說，過去 Netflix 要求使用者對影片進行評價，但是現在使用隱性使用者行為來進行喜惡的推斷。

然而，協同過濾有它自身的挑戰。首先它需要很多使用者資料來做出好的推薦。第二，它是一個極需運算資源的任務。第三，資料集往往非常稀疏，因為使用者只會對所有可能物品中的一小部份提供偏好。假設有足夠資料的前提下，本章將會涵蓋一些我們可以採用的技術，來處理資料的稀疏度並且有效率地解決問題。

The Netflix Prize

在 2006 年，Netflix 贊助了一個三年期的競賽，以便提升它的電影推薦系統。這間公司提供了一百萬的獎金給可以改善它們目前推薦系統精確度至少 10% 以上的團隊。它也釋出超過一億筆的電影評價。在 2009 年的九月，Bellkor's Pramatic Chaos 團隊藉由整合多種不同演算法，贏得了這個獎項。

這個具有豐富資料集且備受矚目的比賽，以及具說服力的獎品激發了機器學習社群，並且引發了推薦系統研究領域本質上的進展，這個進展在過去數年，為產業界更好的推薦系統鋪了一條康莊大道。

在本章，我們會使用相似的電影評價資料集，並且採用 RBMs 來建立自己的推薦系統。

MovieLens 資料集

我們會使用較小的電影評價資料集替代 Netflix 的一億筆評價資料集，該 *MovieLens 20M* 資料集是由 GroupLens（明尼蘇達大學雙城校區資訊工程學系實驗室）所提供。這個資料包含了 20,000,263 筆關於 27,278 部電影的評價，是由 138,493 位使用者在 1995 年 1 月 9 日到 2015 年 3 月 31 日，每次至少對 20 部電影進行評價所建立，我們會隨機地選擇一個子集。

與 Netflix 一億筆評價資料集相比，這個資料集是較可以被妥善處理的，由於檔案大小超過了 100 MB，因此無法從 GitHub 上進行存取，你需要直接從 MovieLens 網站（*http://bit.ly/2G0ZHCn*）下載檔案。

資料準備

如之前一般，讓我們載入必要的函式庫：

```
'''Main'''
import numpy as np
import pandas as pd
import os, time, re
import pickle, gzip, datetime

'''Data Viz'''
import matplotlib.pyplot as plt
import seaborn as sns
```

```
color = sns.color_palette()
import matplotlib as mpl

%matplotlib inline

'''Data Prep and Model Evaluation'''
from sklearn import preprocessing as pp
from sklearn.model_selection import train_test_split
from sklearn.model_selection import StratifiedKFold
from sklearn.metrics import log_loss
from sklearn.metrics import precision_recall_curve, average_precision_score
from sklearn.metrics import roc_curve, auc, roc_auc_score, mean_squared_error

'''Algos'''
import lightgbm as lgb

'''TensorFlow and Keras'''
import tensorflow as tf
import keras
from keras import backend as K
from keras.models import Sequential, Model
from keras.layers import Activation, Dense, Dropout
from keras.layers import BatchNormalization, Input, Lambda
from keras import regularizers
from keras.losses import mse, binary_crossentropy
```

接著載入評價資料集,並轉換欄位型別成適當的資料型別。我們只有一些欄位——user
ID、movie ID、使用者提供的電影評價(rating)和評價建立的時間(timestamp):

```
# 載入資料
current_path = os.getcwd()
file = '\\datasets\\movielens_data\\ratings.csv'
ratingDF = pd.read_csv(current_path + file)

# 轉換欄位為適當的資料型別
ratingDF.userId = ratingDF.userId.astype(str).astype(int)
ratingDF.movieId = ratingDF.movieId.astype(str).astype(int)
ratingDF.rating = ratingDF.rating.astype(str).astype(float)
ratingDF.timestamp = ratingDF.timestamp.apply(lambda x: \
                datetime.utcfromtimestamp(x).strftime('%Y-%m-%d %H:%M:%S'))
```

表 10-1 顯示了部份的資料。

表 10-1　MovieLens 評價資料

	userId	movieId	rating	timestamp
0	1	2	3.5	2005-04-02 23:53:47
1	1	29	3.5	2005-04-02 23:31:16
2	1	32	3.5	2005-04-02 23:33:39
3	1	47	3.5	2005-04-02 23:32:07
4	1	50	3.5	2005-04-02 23:29:40
5	1	112	3.5	2004-09-10 03:09:00
6	1	151	4.0	2004-09-10 03:08:54
7	1	223	4.0	2005-04-02 23:46:13
8	1	253	4.0	2005-04-02 23:35:40
9	1	260	4.0	2005-04-02 23:33:46
10	1	293	4.0	2005-04-02 23:31:43
11	1	296	4.0	2005-04-02 23:32:47
12	1	318	4.0	2005-04-02 23:33:18
13	1	337	3.5	2004-09-10 03:08:29

我們確認一下使用者的數量、電影數量和所有的評價數量，我們也會計算使用者進行評價的平均次數：

```
n_users = ratingDF.userId.unique().shape[0]
n_movies = ratingDF.movieId.unique().shape[0]
n_ratings = len(ratingDF)
avg_ratings_per_user = n_ratings/n_users

print('Number of unique users: ', n_users)
print('Number of unique movies: ', n_movies)
print('Number of total ratings: ', n_ratings)
print('Average number of ratings per user: ', avg_ratings_per_user)
```

如我們所預期的資料：

```
Number of unique users: 138493
Number of unique movies: 26744
Number of total ratings: 20000263
Average number of ratings per user: 144.4135299257002
```

為了減低這個資料集的大小與複雜度，讓我們專注前一千部最常被評價的電影。評價的筆數會從大約將近 2,000 萬筆減少到大約 1,280 萬筆。

```
movieIndex = ratingDF.groupby("movieId").count().sort_values(by= \
               "rating",ascending=False)[0:1000].index
ratingDFX2 = ratingDF[ratingDF.movieId.isin(movieIndex)]
ratingDFX2.count()
```

我們也會隨機地進行一千位使用者的採樣,並且將資料集過濾成只含有這些使用者。評價的筆數會從大約 1,280 萬筆縮減到只有 90,213 筆。這個數量已足夠用來進行協同過濾的展示:

```
userIndex = ratingDFX2.groupby("userId").count().sort_values(by= \
       "rating",ascending=False).sample(n=1000, random_state=2018).index
ratingDFX3 = ratingDFX2[ratingDFX2.userId.isin(userIndex)]
ratingDFX3.count()
```

針對大小已經被縮減的資料集,讓我們重新為 movieID 和 userID 建立索引,讓索引落在 1 到 1,000 的範圍:

```
movies = ratingDFX3.movieId.unique()
moviesDF = pd.DataFrame(data=movies,columns=['originalMovieId'])
moviesDF['newMovieId'] = moviesDF.index+1

users = ratingDFX3.userId.unique()
usersDF = pd.DataFrame(data=users,columns=['originalUserId'])
usersDF['newUserId'] = usersDF.index+1

ratingDFX3 = ratingDFX3.merge(moviesDF,left_on='movieId', \
                           right_on='originalMovieId')
ratingDFX3.drop(labels='originalMovieId', axis=1, inplace=True)

ratingDFX3 = ratingDFX3.merge(usersDF,left_on='userId', \
                           right_on='originalUserId')
ratingDFX3.drop(labels='originalUserId', axis=1, inplace=True)
```

為已縮減的資料集計算使用者數量、電影數量、評價總數,和每個使用者的平均評價次數:

```
n_users = ratingDFX3.userId.unique().shape[0]
n_movies = ratingDFX3.movieId.unique().shape[0]
n_ratings = len(ratingDFX3)
avg_ratings_per_user = n_ratings/n_users

print('Number of unique users: ', n_users)
print('Number of unique movies: ', n_movies)
print('Number of total ratings: ', n_ratings)
print('Average number of ratings per user: ', avg_ratings_per_user)
```

結果如預期：

```
Number of unique users: 1000
Number of unique movies: 1000
Number of total ratings: 90213
Average number of ratings per user: 90.213
```

我們從這個縮減的資料集產生一個測試集和驗證集，使得每個留出集被設定為縮減資料集的 5%：

```
X_train, X_test = train_test_split(ratingDFX3,
 test_size=0.10, shuffle=True, random_state=2018)


X_validation, X_test = train_test_split(X_test,
 test_size=0.50, shuffle=True, random_state=2018)
```

下面顯示訓練集、驗證集和測試集的大小：

```
Size of train set: 81191
Size of validation set: 4511
Size of test set: 4511
```

定義成本函數：均方誤差

現在，我們已經準備就緒來處理資料。

首先建立一個矩陣 $m \times n$，m 代表使用者，n 代表電影，這會是一個稀疏的矩陣，因為使用者只對一部份的電影進行評價。舉例來說，一個有 1000 位使用者與 1000 部電影的矩陣，在訓練集中只會有 81,191 筆評價。如果一千位使用者都會對一千部電影進行評價，我們會有一個有一百萬筆評價的矩陣，但使用者平均只會對少部份電影進行評價，所以我們的訓練集只有 81,191 筆評價，剩餘（矩陣內將近 92% 的值）元素將會是 0：

```
# 為訓練產生評比矩陣
ratings_train = np.zeros((n_users, n_movies))
for row in X_train.itertuples():
    ratings_train[row[6]-1, row[5]-1] = row[3]

# 計算訓練評比矩陣計算稀疏度
sparsity = float(len(ratings_train.nonzero()[0]))
sparsity /= (ratings_train.shape[0] * ratings_train.shape[1])
sparsity *= 100
print('Sparsity: {:4.2f}%'.format(sparsity))
```

對於驗證集與測試集,我們會產生相似的指標,而且它們當然會更加地稀疏:

```
# 為驗證集產生評比矩陣
ratings_validation = np.zeros((n_users, n_movies))
for row in X_validation.itertuples():
    ratings_validation[row[6]-1, row[5]-1] = row[3]

# 為測試集產生評比矩陣
ratings_test = np.zeros((n_users, n_movies))
for row in X_test.itertuples():
    ratings_test[row[6]-1, row[5]-1] = row[3]
```

在建立推薦系統之前,我們先來定義成本函數,以便用來判斷模型的好壞。我們會使用**均方誤差**(*MSE*),這是機器學習裡最簡單的成本函數。MSE 評估預測值與實際值之間平均的平方誤差。為了計算 MSE,我們需要兩個大小是 *[n,1]* 的陣列,*n* 為我們預測的評價數量(驗證集大小為 4,511)。一個陣列有實際的評價,而另一個陣列為預測的評價。

我們使用驗證集的評價,先將稀疏矩陣展開。這會是實際評價的陣列:

```
actual_validation = ratings_validation[ratings_validation.nonzero()].flatten()
```

進行基準值試驗

作為一個基準值,我們採用電影的平均評價(3.5)作為驗證集的評價預測,並且計算 MSE:

```
pred_validation = np.zeros((len(X_validation),1))
pred_validation[pred_validation==0] = 3.5
pred_validation

mean_squared_error(pred_validation, actual_validation)
```

這個基於簡單而直覺的預測值,所得到的 MSE 為 1.05。這是我們的基準值:

```
Mean squared error using naive prediction: 1.055420084238528
```

讓我們看看是否能夠藉由基於使用者對所有其他影片的平均評價,來預測一部未評價電影的評價:

```
ratings_validation_prediction = np.zeros((n_users, n_movies))
i = 0
for row in ratings_train:
    ratings_validation_prediction[i][ratings_validation_prediction[i]==0] \
```

```
        = np.mean(row[row>0])
    i += 1

pred_validation = ratings_validation_prediction \
    [ratings_validation.nonzero()].flatten()
user_average = mean_squared_error(pred_validation, actual_validation)
print('Mean squared error using user average:', user_average)
```

MSE 改善至 0.909：

```
Mean squared error using user average: 0.9090717929472647
```

現在，讓我們基於所有其他使用者對某部電影的評價，來預測使用者的評價：

```
ratings_validation_prediction = np.zeros((n_users, n_movies)).T
i = 0
for row in ratings_train.T:
    ratings_validation_prediction[i][ratings_validation_prediction[i]==0] \
        = np.mean(row[row>0])
    i += 1

ratings_validation_prediction = ratings_validation_prediction.T
pred_validation = ratings_validation_prediction \
    [ratings_validation.nonzero()].flatten()
movie_average = mean_squared_error(pred_validation, actual_validation)
print('Mean squared error using movie average:', movie_average)
```

這個方法的 MSE 是 0.914，近似採用使用者評價平均方法所發現的結果：

```
Mean squared error using movie average: 0.9136057106858655
```

矩陣分解

在我們使用 RBMs 建立推薦系統之前，我們先使用**矩陣分解**來建立推薦系統，這是目前最成功且受歡迎的協同過濾演算法之一。矩陣分解將使用者 - 物品矩陣分解成兩個較低維度矩陣的乘積。使用者在較低維度的潛在空間內被表示，而物品也是如此。

假設我們使用者 - 物品矩陣是 R，矩陣有 m 個使用者和 n 個物品。矩陣分解會建立兩個低維度矩陣，H 和 W。H 是「m 位使用者」x「k 個潛在因子」矩陣，而 W 是「k 個潛在因子」x「n 個物品」矩陣。

評價是由矩陣相乘所得：$R = H\_W$。

k 潛在因子的數量決定了模型的容量。有越高的 k 值，模型則有越大的容量。藉由增加 k 值，可以改善對使用者的評價預測個人化，但如果 k 過高，模型將會過擬合於資料。

這個過程對於你們來說應該是熟悉的。矩陣分解學習低維度空間裡使用者與物品的特徵表示方式，並且基於這個新學習到的特徵表示進行預測。

單個潛在因子

讓我們從矩陣分解的最簡單形式開始，也就是僅有一個潛在因子。我們會使用 Keras 進行矩陣分解。

首先，我們需要定義圖。這個輸入是作為使用者 embedding 的一維使用者向量和作為電影 embedding 的一維電影向量。我們會將這些輸入的向量嵌套入一個潛在空間，然後展開它們。為了產生輸出向量的乘積，我們會取得電影向量與使用者向量的點積，並且使用 *Adam* 優化器來最小化成本函數，這個函數被定義為 mean_squared_error：

```
n_latent_factors = 1

user_input = Input(shape=[1], name='user')
user_embedding = Embedding(input_dim=n_users + 1, output_dim=n_latent_factors,
 name='user_embedding')(user_input)
user_vec = Flatten(name='flatten_users')(user_embedding)

movie_input = Input(shape=[1], name='movie')
movie_embedding = Embedding(input_dim=n_movies + 1, output_dim=n_latent_factors,
 name='movie_embedding')(movie_input)
movie_vec = Flatten(name='flatten_movies')(movie_embedding)

product = dot([movie_vec, user_vec], axes=1)
model = Model(inputs=[user_input, movie_input], outputs=product)
model.compile('adam', 'mean_squared_error')
```

我們透過傳入訓練資料集內的使用者與電影向量來訓練模型。訓練時，我們也會基於驗證集評估模型。MSE 會按照實際評價被計算出來。

我們會訓練一百回合，並且儲存訓練的歷程和驗證的結果，將結果描繪出來：

```
history = model.fit(x=[X_train.newUserId, X_train.newMovieId], \
                    y=X_train.rating, epochs=100, \
                    validation_data=([X_validation.newUserId, \
                    X_validation.newMovieId], X_validation.rating), \
                    verbose=1)

pd.Series(history.history['val_loss'][10:]).plot(logy=False)
```

```
plt.xlabel("Epoch")
plt.ylabel("Validation Error")
print('Minimum MSE: ', min(history.history['val_loss']))
```

圖 10-1 顯示結果。

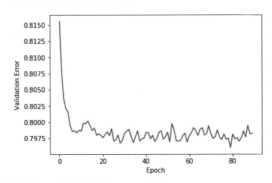

圖 10-1　使用矩陣分解與單潛在因子的驗證集 MSE 圖表

使用者矩陣分解和單潛在因子的最小 MSE 是 0.796。這比我們之前的使用者平均和電影平均的方法都要來得好。

來看看我們是否可以藉由增加潛在因子的數量（換言之，模型的容量），來得到更好的結果。

三個潛在因子

圖 10-2 顯示使用三個潛在因子的結果。

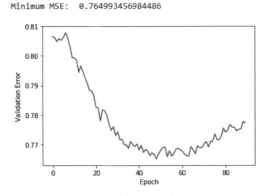

圖 10-2　使用矩陣分解與三個潛在因子的驗證集 MSE 圖表

最小的 MSE 為 0.765，這個結果比使用單潛在因子好，而且也是目前最好的結果。

五個潛在因子

我們使用五個潛在因子來建立一個矩陣分解模型（結果請見圖 10-3）。

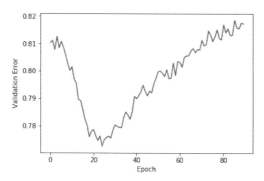

圖 10-3　使用矩陣分解與五個潛在因子的驗證集 MSE 圖表

最小的 MSE 未能有所改善，而且在前 25 回合後，有很明顯的過擬合現象。驗證誤差一路變小觸底後，開始變大。矩陣分解模型容量的增加並沒有為預測能力帶來多大的助益。

使用 RBMs 的協同過濾

讓我們再一次回到 RBMs。回想一下，RBMs 有兩層 —— 輸入／可視層和隱藏層，每一層的神經元會與其他層的神經元溝通，但不會與同層內的神經元有所連接。換言之，神經元之間不會有層內的溝通。這是 RBMs 的一些限制。

RBMs 的另一重要的特徵是，層之間的溝通是雙向而非單向的。舉例來說，自動編碼器神經元會與下一層的神經元溝通，並且只以前饋方式將資訊往前傳遞。

由於 RBMs 的機制，可視層的神經元會與隱藏層的神經元溝通，然後隱藏層神經元會回傳資訊給可視層，來回數次。RBMs 進行這種形式的溝通來發展生成模型，使得隱藏層的輸出經過重新建構，會近似於原先的輸入。

換言之，RBMs 試著建立一個生成模型，這個模型會基於這部電影與使用者作過評價的電影之間的相似度，和為這部電影作過評價的其他使用者與使用者之間的相似度，來協助預測使用者是否喜歡這一部電影。

可視層會有 X 個神經元，X 為資料集內電影的數量。每一個神經元會有一個歸一化後介於 0 到 1 之間的評價，0 代表使用者從未見過該部電影。歸一化後的評價越接近 1，使用者就越喜歡該神經元所表示的電影。

可視層的神經元會與隱藏層的神經元溝通，隱藏層的神經元會試著學習資料內部的潛在特徵，而這些特徵能夠描述使用者的電影偏好。

注意，RBMs 也被稱作**對稱二分雙向圖**。對稱是因為每個可視的節點都被連接到每個隱藏的節點，二分是因為有兩層節點，而雙向是因為資訊交流是兩個方向均會發生。

RBM 神經網路架構

對於我們的電影推薦系統而言，因為有 m 個使用者和 n 部電影，所以我們有一個 m x n 矩陣。為了訓練 RBM，我們批次傳入 k 個使用者與他們對 n 部電影的評價到神經網路，並且進行特定回合的訓練。

每一個被傳入神經網路的 x 代表一個使用者對 n 部電影的評價，在我們的例子中 n 為 1000。因此，可視層有 n 個節點，每一個代表一部電影。

我們可以指定隱藏層的節點數量，通常節點數量會少於可視層，以便讓隱藏層能夠盡可能有效率地學習到原始資料裡最顯著的特徵。

每一個輸入 $v0$ 與它相對應的權重 W 相乘，這個權重是透過可視層到隱藏層的資訊交流所學得。然後我們加上一個隱藏層中的偏差值向量 hb，這個偏差值確保至少有些神經元會觸發。$W*v0+hb$ 的結果會被傳入到一個激活函數裡。

在這之後，我們會對經由這個流程所產生的輸出進行採樣，稱為 *Gibbs* 採樣。換言之，隱藏層的激活函數導致最終輸出被隨機產生，這樣隨機的方式有助於建立一個有更好的效能和更強壯的生成模型。

接著，在 Gibbs 採樣後的輸出 $h0$，透過神經網路以相反方向被回傳，這個過程稱為**反向傳遞**（*backward pass*）。在反向傳遞中，在**正向傳遞**（*forward pass*）中經 Gibbs 採樣後的激活函數結果被傳入隱藏層，並且與之前相同的權重 W 相乘。然後，我們加上在可視層的新偏差值向量 vb。

W_h0+vb 被傳入到一個激活函數中,接著我們執行 Gibbs 採樣,輸出為 *v1*,*v1* 會被作為新的輸入傳進可視層,並且作為另一個正向傳遞經過神經網路的處理。

因為 RBM 試圖建立一個穩健的生成模型,它透過一系列像這種形式的正向與反向傳遞來學習最佳權重。RBM 是第一個我們進行探索的**生成學習**(*generative learning*)模型。藉由執行 Gibbs 採樣和透過正向與反向傳遞來回訓練權重,RBMs 正試著學習原始輸入的機率分佈。具體地來說,RBMs 最小化 *Kullback–Leibler* **散度**,該值會量測一個機率分佈與另一個機率分佈的差異程度。這樣的情況下,RBMs 會最小化原始輸入的機率分佈與重建資料的機率分佈之間的差異。

透過迭代,重新調整神經網路的權重,RBMs 學習盡可能地逼近原始資料。

由於有這個新學習到的機率分佈,RBMs 能夠對未曾見過的資料進行預測。這樣的情況下,我們所設計的 RBMs 會試著基於使用者彼此的相似度,和其他使用者對那些電影的評價,來預測使用者從未看過的電影評價。

建構 RBM 元件

首先,我們會初始這個元件的一些參數。這些參數是 RBM 輸入值的數量、輸出值的數量、學習率訓練回合數和訓練期間的批次大小。我們也會建立零矩陣給權重矩陣、隱藏層的偏差值向量和可視層的偏差值向量:

```
# 定義 RBM 類別
class RBM(object):

    def __init__(self, input_size, output_size,
                 learning_rate, epochs, batchsize):
        # 定義超參數
        self._input_size = input_size
        self._output_size = output_size
        self.learning_rate = learning_rate
        self.epochs = epochs
        self.batchsize = batchsize

        # 利用零矩陣初始權重矩陣與偏差矩陣
        self.w = np.zeros([input_size, output_size], "float")
        self.hb = np.zeros([output_size], "float")
        self.vb = np.zeros([input_size], "float")
```

接著,我們來定義正向傳遞的函式、反向傳遞的函式,和每一個傳遞過程中的資料採樣函式。

這裡是正向傳遞函式，*h* 代表隱藏層，而 *v* 代表可視層：

```
def prob_h_given_v(self, visible, w, hb):
    return tf.nn.sigmoid(tf.matmul(visible, w) + hb)
```

這裡是反向傳遞：

```
def prob_v_given_h(self, hidden, w, vb):
    return tf.nn.sigmoid(tf.matmul(hidden, tf.transpose(w)) + vb)
```

這裡是採樣函式：

```
def sample_prob(self, probs):
    return tf.nn.relu(tf.sign(probs - tf.random_uniform(tf.shape(probs))))
```

現在我們需要一個能執行訓練的函式。因為我們使用 TensorFlow，所以需要先為 TensorFlow 運算圖創建 placeholder，我們在 TensorFlow 工作階段傳入資料時會使用它們。

我們會有權重矩陣、隱藏層的偏差值向量和可視層的偏差值向量的 placeholder。我們也需要使用 0 將這三個 placeholder 進行初始，而且我們會需要一個變數集合用來儲存當前的值，另一個用來儲存之前的值：

```
_w = tf.placeholder("float", [self._input_size, self._output_size])
_hb = tf.placeholder("float", [self._output_size])
_vb = tf.placeholder("float", [self._input_size])

prv_w = np.zeros([self._input_size, self._output_size], "float")
prv_hb = np.zeros([self._output_size], "float")
prv_vb = np.zeros([self._input_size], "float")

cur_w = np.zeros([self._input_size, self._output_size], "float")
cur_hb = np.zeros([self._output_size], "float")
cur_vb = np.zeros([self._input_size], "float")
```

同樣地，我們需要一個 placeholder 給可視層。隱藏層是由可視層與權重矩陣相乘，並且加上隱藏層偏差值向量而來：

```
v0 = tf.placeholder("float", [None, self._input_size])
h0 = self.sample_prob(self.prob_h_given_v(v0, _w, _hb))
```

在反向傳遞的期間，我們取用隱藏層的輸出值，並且與正向傳遞時的權重矩陣的轉置矩陣相乘，再加上可視層的偏差值向量。注意，在正向與反向傳遞時，都是使用同一個權重矩陣。然後，我們再執行一次正向傳遞：

```
v1 = self.sample_prob(self.prob_v_given_h(h0, _w, _vb))
h1 = self.prob_h_given_v(v1, _w, _hb)
```

為了更新權重，我們進行對比分歧（constrastive divergence）[2]。

我們也定義誤差採用 MSE。

```
positive_grad = tf.matmul(tf.transpose(v0), h0)
negative_grad = tf.matmul(tf.transpose(v1), h1)

update_w = _w + self.learning_rate * \
    (positive_grad - negative_grad) / tf.to_float(tf.shape(v0)[0])
update_vb = _vb +  self.learning_rate * tf.reduce_mean(v0 - v1, 0)
update_hb = _hb +  self.learning_rate * tf.reduce_mean(h0 - h1, 0)

err = tf.reduce_mean(tf.square(v0 - v1))
```

有了上述的準備，我們準備好使用方才所定義的變數來初始 TensorFlow 工作階段。

當我們呼叫 *sess.run*，便能夠批次地將資料送入，開始訓練過程。在訓練過程中，正向和反向傳遞會被進行，RBM 會基於產生的資料與原始的輸入對比來更新權重。我們會將每一回合的重建誤差傾印出來。

```
with tf.Session() as sess:
 sess.run(tf.global_variables_initializer())

 for epoch in range(self.epochs):
     for start, end in zip(range(0, len(X),
      self.batchsize),range(self.batchsize,len(X), self.batchsize)):
         batch = X[start:end]
         cur_w = sess.run(update_w, feed_dict={v0: batch,
          _w: prv_w, _hb: prv_hb, _vb: prv_vb})
         cur_hb = sess.run(update_hb, feed_dict={v0: batch,
          _w: prv_w, _hb: prv_hb, _vb: prv_vb})
         cur_vb = sess.run(update_vb, feed_dict={v0: batch,
          _w: prv_w, _hb: prv_hb, _vb: prv_vb})
         prv_w = cur_w
         prv_hb = cur_hb
         prv_vb = cur_vb
```

---

[2] 與這主題有關的更多資訊，請參閱論文「On Contrastive Divergence Learning」（*http://bit.ly/2RukFuX*）。

```
    error = sess.run(err, feed_dict={v0: X,
     _w: cur_w, _vb: cur_vb, _hb: cur_hb})
    print ('Epoch: %d' % epoch,'reconstruction error: %f' % error)
self.w = prv_w
self.hb = prv_hb
self.vb = prv_vb
```

訓練 RBM 推薦系統

為了訓練 RBM，我們為 ratings_train 建立一個叫作 inputX 的 NumPy 陣列，並且轉換型別為 float32。我們也會定義 RBM，使得它能夠處理 1000 維的輸入值、1000 維的輸出值、使用 0.3 作為學習率、訓練 500 回合、並且批次的數量設為 200。這些參數只是初步的參數選擇，建議你透過實驗找到更好的參數配置：

```
# 開始訓練循環

# 轉換 inputX 型態為 float32
inputX = ratings_train
inputX = inputX.astype(np.float32)

# 定義我們將訓練的 RBM，所採用的參數
rbm=RBM(1000,1000,0.3,500,200)
```

我們開始訓練：

```
rbm.train(inputX)
outputX, reconstructedX, hiddenX = rbm.rbm_output(inputX)
```

圖 10-4 顯示重建誤差的圖表。

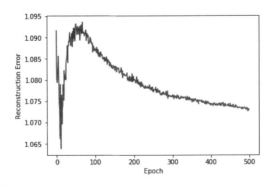

圖 10-4　RBM 誤差圖表

一般來說，誤差項隨著我們訓練得越久而減少。

現在讓我們使用訓練的 RBM 模型來預測驗證集裡使用者的評價（資料集內的使用者與訓練集是相同的）：

```
# 為驗證集產生預測評比
inputValidation = ratings_validation
inputValidation = inputValidation.astype(np.float32)

finalOutput_validation, reconstructedOutput_validation, _ = \
    rbm.rbm_output(inputValidation)
```

接著，我們將這些預測轉換成陣列，並且基於驗證集內的實際評價來計算 MSE：

```
predictionsArray = reconstructedOutput_validation
pred_validation = \
    predictionsArray[ratings_validation.nonzero()].flatten()
actual_validation = \
    ratings_validation[ratings_validation.nonzero()].flatten()

rbm_prediction = mean_squared_error(pred_validation, actual_validation)
print('Mean squared error using RBM prediction:', rbm_prediction)
```

下面的資訊顯示基於驗證集的 MSE：

```
Mean squared error using RBM prediction: 9.331135003325205
```

這個 MSE 是一個起點，我們將可能藉由更好的實驗得到改善。

結論

我們在本章探索了受限波爾茲曼機，並且使用它建立了一個電影評價推薦系統。我們構建的 RBM 推薦器學習了使用者先前的電影評價與相似使用者的電影評價的機率分佈。然後，我們使用了這個學習到的機率分佈針對未見過的電影進行評價預測。

在第十一章，我們會將 RBM 堆疊整合起來，以便建立一個深度信念網路，並且使用它們進行更具威力的非監督式學習任務。

使用深度信念網路（DBNs）進行特徵偵測

在第十章，我們探索了受限波爾茲曼機，並使用它們建立了一個電影評價推薦系統。在這一章，我們會將 RBM 堆疊整合在一起，以便打造**深度信念網路**（*DBNs*）。DBNs 最先在 2006 年，由 Geoffrey Hinton 在多倫多大學提出。

RBMs 只有兩層，一層為可視層，而另一層則為隱藏層。換言之，RBMs 只是一個淺層神經網路。DBNs 是由多個 RBMs 所組成，一個 RBM 的隱藏層是下一個 RBM 的可視層。因為它們包含了許多層，所以 DBNs 是深度神經網路。事實上它們是我們到目前為止介紹的第一個非監督式深度神經網路。

非監督式淺層神經網路（如 RBMs）不能夠捕捉複雜資料的結構，如圖片、聲音與文字，但 DBNs 可以做到。雖然其他深度學習方法在過去十年已經在效果上超越 DBNs，DBNs 已經被使用來辨識以及分群圖片、影片、聲音和文字。

了解 DBNs

就像 RBMs，DBNs 可以學習輸入值的基礎結構，並且基於機率分佈重建輸入值。換言之，DBNs 就如同 RBMs，是生成模型。另外，由於使用了 RBMs，DBNs 裡的神經網路層僅與相鄰層有連接，但層內的神經元並沒有互相連接。

在 DBN 裡，一次只有一層被訓練。從最前面緊鄰著輸入層的隱藏層開始，建構第一個 RBM，當第一個 RBM 被訓練完畢，第一個 RBM 的隱藏層會被當作下一個 RBM 的可視層，並且被使用來訓練 DBN 的第二個隱藏層。

這個流程會持續到 DBN 的所有神經網路層都被訓練完畢。除了 DBN 的第一層與最後一層，DBN 的每一層都被當作一個 RBM 的隱藏層與可視層。

就像所有的神經網路一樣，DBN 是一個階層式的特徵表示，也是一種表徵學習。請注意，DBN 沒有使用任何標籤，而是一層一層地逐次學習輸入資料的基礎結構。

標籤可以被使用來微調 DBN 的最後幾層神經網路，但只能在一開始的非監督式學習完成後才能進行。舉個例子來說，如果我們想要 DBN 成為一個分類器，我們可以先進行非監督式學習（所謂的**預訓練**過程），然後使用標籤來微調 DBN（所謂的**微調**過程）。

MNIST 影像分類

我們使用 DBNs 建立一個影像分類器。我們會再一次回到 MNIST 資料集。

首先，載入必要的函式庫：

```
'''Main'''
import numpy as np
import pandas as pd
import os, time, re
import pickle, gzip, datetime

'''Data Viz'''
import matplotlib.pyplot as plt
import seaborn as sns
color = sns.color_palette()
import matplotlib as mpl

%matplotlib inline

'''Data Prep and Model Evaluation'''
from sklearn import preprocessing as pp
from sklearn.model_selection import train_test_split
from sklearn.model_selection import StratifiedKFold
from sklearn.metrics import log_loss, accuracy_score
```

```
from sklearn.metrics import precision_recall_curve, average_precision_score
from sklearn.metrics import roc_curve, auc, roc_auc_score, mean_squared_error

'''Algos'''
import lightgbm as lgb

'''TensorFlow and Keras'''
import tensorflow as tf
import keras
from keras import backend as K
from keras.models import Sequential, Model
from keras.layers import Activation, Dense, Dropout
from keras.layers import BatchNormalization, Input, Lambda
from keras.layers import Embedding, Flatten, dot
from keras import regularizers
from keras.losses import mse, binary_crossentropy
```

然後，我們會載入資料並儲存在 Pandas DataFrames，也會將標籤編碼為 one-hot 陣列。
這與我們一開始在本書介紹到 MNIST 資料集所做的事情一樣：

```
# 載入資料集
current_path = os.getcwd()
file = '\\datasets\\mnist_data\\mnist.pkl.gz'
f = gzip.open(current_path+file, 'rb')
train_set, validation_set, test_set = pickle.load(f, encoding='latin1')
f.close()

X_train, y_train = train_set[0], train_set[1]
X_validation, y_validation = validation_set[0], validation_set[1]
X_test, y_test = test_set[0], test_set[1]

# 基於資料集建立 Pandas DataFrame
train_index = range(0,len(X_train))
validation_index = range(len(X_train),len(X_train)+len(X_validation))
test_index = range(len(X_train)+len(X_validation), \
                   len(X_train)+len(X_validation)+len(X_test))

X_train = pd.DataFrame(data=X_train,index=train_index)
y_train = pd.Series(data=y_train,index=train_index)

X_validation = pd.DataFrame(data=X_validation,index=validation_index)
y_validation = pd.Series(data=y_validation,index=validation_index)

X_test = pd.DataFrame(data=X_test,index=test_index)
y_test = pd.Series(data=y_test,index=test_index)
```

```
def view_digit(X, y, example):
    label = y.loc[example]
    image = X.loc[example,:].values.reshape([28,28])
    plt.title('Example: %d  Label: %d' % (example, label))
    plt.imshow(image, cmap=plt.get_cmap('gray'))
    plt.show()

def one_hot(series):
    label_binarizer = pp.LabelBinarizer()
    label_binarizer.fit(range(max(series)+1))
    return label_binarizer.transform(series)

# 為標籤建立獨熱（one-hot）向量
y_train_oneHot = one_hot(y_train)
y_validation_oneHot = one_hot(y_validation)
y_test_oneHot = one_hot(y_test)
```

受限波爾茲曼機

接下來，讓我們定義 RBM 類別，以便我們可以在快速接連的過程中訓練數個 RBMs（RBMs 是建構 DBNs 的區塊）。

記住，RBMs 有一個輸入層（也稱為可視層）和單一隱藏層，且神經元之間的連接是受限制的，以便神經元僅只和其他層的神經元連接，但不與同層內的神經元相連。另外，記得神經網路層之間的資訊交換是雙向的，而非單向或者是前饋，如自動編碼器一般。

在一個 RBM 中，可視層的神經元會與隱藏層的神經元溝通，隱藏層基於 RBM 所學到的機率模型產生資料，接著隱藏層回傳產出的資料給可視層。可視層使用來自隱藏層產出的資料、進行採樣、和原始資料比較，並且基於產出的資料樣本與原始資料之間的重建誤差，傳遞新的資訊給隱藏層，以便再一次重複整個過程。

透過這樣雙向交換資訊，RBM 發展出生成模型，以便讓隱藏層輸出的重建資料近似於原始輸入資料。

建構 RBM 元件

就像我們在第十章所做的，讓我們詳細地看過一遍 RBM 類別中不同的組成元件。

首先，我們會使用一些參數初始這個類別，這些參數是 RBM 的輸入值數量大小、輸出值數量大小、學習率、訓練的回合數以及訓練過程中的批次資料數量。我們也會建構一個零值矩陣作為權重矩陣、隱藏層的偏差值向量和可視層的偏差值向量：

```python
# 定義 RBM 類別
class RBM(object):

    def __init__(self, input_size, output_size,
                 learning_rate, epochs, batchsize):
        # 定義超參數
        self._input_size = input_size
        self._output_size = output_size
        self.learning_rate = learning_rate
        self.epochs = epochs
        self.batchsize = batchsize

        # 使用零矩陣初始權重與偏差值
        self.w = np.zeros([input_size, output_size], "float")
        self.hb = np.zeros([output_size], "float")
        self.vb = np.zeros([input_size], "float")
```

下一步，我們為正向傳遞、反向傳遞和在每一次正向與反向傳遞過程中的資料採樣，進行函式的定義。

這裡是正向傳遞的函式，h 代表隱藏層，v 代表可視層：

```python
def prob_h_given_v(self, visible, w, hb):
    return tf.nn.sigmoid(tf.matmul(visible, w) + hb)
```

這裡是反向傳遞的函式：

```python
def prob_v_given_h(self, hidden, w, vb):
    return tf.nn.sigmoid(tf.matmul(hidden, tf.transpose(w)) + vb)
```

這裡是採樣的函式：

```python
def sample_prob(self, probs):
    return tf.nn.relu(tf.sign(probs - tf.random_uniform(tf.shape(probs))))
```

現在，我們需要一個用來執行訓練的函式。因為我們使用 TensorFlow，首先需要建立 placeholder 給 TensorFlow 的運算圖，當我們將資料送入 TensorFlow 的工作階段時會用到它們。

我們會有權重矩陣、隱藏層偏差值向量和可視層偏差值向量的 placeholder。我們也會需要使用零值初始這三個 placeholder。另外，我們會需要一組 placeholder 將目前的三個向量值儲存起來，和一組 placeholder 將之前的向量值儲存起來：

```
_w = tf.placeholder("float", [self._input_size, self._output_size])
_hb = tf.placeholder("float", [self._output_size])
_vb = tf.placeholder("float", [self._input_size])

prv_w = np.zeros([self._input_size, self._output_size], "float")
prv_hb = np.zeros([self._output_size], "float")
prv_vb = np.zeros([self._input_size], "float")

cur_w = np.zeros([self._input_size, self._output_size], "float")
cur_hb = np.zeros([self._output_size], "float")
cur_vb = np.zeros([self._input_size], "float")
```

同樣地，我們需要一個 placeholder 給可視層。隱藏層是由可視層與權重矩陣相乘的結果加上隱藏層偏差值向量而來：

```
v0 = tf.placeholder("float", [None, self._input_size])
h0 = self.sample_prob(self.prob_h_given_v(v0, _w, _hb))
```

在反向傳遞的時候，我們使用隱藏層的輸出，將它與正向傳遞使用的權重矩陣進行轉置後相乘，然後再加上可視層偏差值向量。要注意的是，在正向傳遞與反向傳遞時，權重矩陣都是相同的。

然後我們再執行一次正向傳遞：

```
v1 = self.sample_prob(self.prob_v_given_h(h0, _w, _vb))
h1 = self.prob_h_given_v(v1, _w, _hb)
```

為了更新權重，我們進行了第十章所介紹到的對比分歧。我們也定義了使用 MSE 作為誤差值：

```
positive_grad = tf.matmul(tf.transpose(v0), h0)
negative_grad = tf.matmul(tf.transpose(v1), h1)

update_w = _w + self.learning_rate * \
    (positive_grad - negative_grad) / tf.to_float(tf.shape(v0)[0])
update_vb = _vb +  self.learning_rate * tf.reduce_mean(v0 - v1, 0)
update_hb = _hb +  self.learning_rate * tf.reduce_mean(h0 - h1, 0)

err = tf.reduce_mean(tf.square(v0 - v1))
```

有了這些準備，我們可以開始使用剛才定義的變數來初始 TensorFlow 的工作階段。

當我們呼叫 sess.run，我們可以將批次的資料傳入並且開始訓練。在訓練期間，正向與反向傳遞會被執行，而 RBM 會基於產生的資料與原始輸入資料的比較狀況來更新權重。我們會把每一回合的重建誤差傾印出來：

```python
with tf.Session() as sess:
    sess.run(tf.global_variables_initializer())

    for epoch in range(self.epochs):
        for start, end in zip(range(0, len(X), self.batchsize), \
                range(self.batchsize,len(X), self.batchsize)):
            batch = X[start:end]
            cur_w = sess.run(update_w, \
                feed_dict={v0: batch, _w: prv_w, \
                            _hb: prv_hb, _vb: prv_vb})
            cur_hb = sess.run(update_hb, \
                feed_dict={v0: batch, _w: prv_w, \
                            _hb: prv_hb, _vb: prv_vb})
            cur_vb = sess.run(update_vb, \
                feed_dict={v0: batch, _w: prv_w, \
                            _hb: prv_hb, _vb: prv_vb})
            prv_w = cur_w
            prv_hb = cur_hb
            prv_vb = cur_vb
        error = sess.run(err, feed_dict={v0: X, _w: cur_w, \
                                        _vb: cur_vb, _hb: cur_hb})
        print ('Epoch: %d' % epoch,'reconstruction error: %f' % error)
    self.w = prv_w
    self.hb = prv_hb
    self.vb = prv_vb
```

使用 RBM 模型產生影像

來定義一個使用 RBM 學習到的生成模型產生新影像的函式：

```python
def rbm_output(self, X):

    input_X = tf.constant(X)
    _w = tf.constant(self.w)
    _hb = tf.constant(self.hb)
    _vb = tf.constant(self.vb)
    out = tf.nn.sigmoid(tf.matmul(input_X, _w) + _hb)
    hiddenGen = self.sample_prob(self.prob_h_given_v(input_X, _w, _hb))
    visibleGen = self.sample_prob(self.prob_v_given_h(hiddenGen, _w, _vb))
    with tf.Session() as sess:
        sess.run(tf.global_variables_initializer())
        return sess.run(out), sess.run(visibleGen), sess.run(hiddenGen)
```

我們將原來影像的矩陣 X 傳入函式。我們建立 TensorFlow 的 placeholder 給圖片的原始矩陣、權重矩陣、隱藏層偏差值向量和可視層偏差值向量。然後,我們送入輸入矩陣來產生正向傳遞的輸出(out)、隱藏層的樣本(hiddenGen)和由模型產生的重建影像樣本(visibleGen)。

查看隱藏層的特徵偵測器

最後,讓我們來定義一個函式,以便顯示隱藏層的特徵偵測器:

```
def show_features(self, shape, suptitle, count=-1):
    maxw = np.amax(self.w.T)
    minw = np.amin(self.w.T)
    count = self._output_size if count == -1 or count > \
            self._output_size else count
    ncols = count if count < 14 else 14
    nrows = count//ncols
    nrows = nrows if nrows > 2 else 3
    fig = plt.figure(figsize=(ncols, nrows), dpi=100)
    grid = Grid(fig, rect=111, nrows_ncols=(nrows, ncols), axes_pad=0.01)

    for i, ax in enumerate(grid):
        x = self.w.T[i] if i<self._input_size else np.zeros(shape)
        x = (x.reshape(1, -1) - minw)/maxw
        ax.imshow(x.reshape(*shape), cmap=mpl.cm.Greys)
        ax.set_axis_off()

    fig.text(0.5,1, suptitle, fontsize=20, horizontalalignment='center')
    fig.tight_layout()
    plt.show()
    return
```

我們現在會對 MNIST 資料集使用這個函式和其他的函式。

為 DBN 訓練三個 RBMs

我們現在會使用 MNIST 資料來訓練三個 RBMs,一次一個以便讓一個 RBM 的隱藏層可以作為下一個 RBM 的可視層。這三個 RBMs 組成的 DBN 將會是我們構建用來進行影像分類的模型。

首先,讓我們將訓練資料存成 NumPy 陣列。下一步,我們會建立一個陣列來保存所訓練的 RBMs,叫作 rbm_list。然後定義三個 RBM 的超參數,包括輸入值數量、輸出值數量、學習率、訓練回合數和訓練時的批次大小。

上述的全部都可以使用之前所定義 RBM 類別完成。

對於我們的 DBN，我們會使用下面的 RBM：第一個 RBM 會接收 784 維的輸入並且輸出 700 維的矩陣。下一個 RBM 會使用由第一個 RBM 所輸出的 700 維矩陣，輸出一個 600 維矩陣。最後一個我們所訓練的 RBM 會使用這個 600 維的矩陣，並且輸出一個 500 維的矩陣。

我們會設定學習率為 1.0、訓練一百回合以及批次大小為 200 來對三個 RBM 進行訓練：

```
# 因為我們正在進行訓練，將輸入設為訓練資料
inputX = np.array(X_train)

# 建立 list 儲存我們的 RBMs
rbm_list = []

# 為我們要訓練的 RBM 定義參數
rbm_list.append(RBM(784,700,1.0,100,200))
rbm_list.append(RBM(700,600,1.0,100,200))
rbm_list.append(RBM(600,500,1.0,100,200))
```

現在，讓我們訓練 RBM。我們會將訓練過的 RBM 儲存在陣列 outputList。

注意，我們使用之前所定義的 rbm_output 函式來產生輸出矩陣，也就是隱藏層，用來當作我們所要訓練的下一個 RBM 的輸入層或者是可視層：

```
outputList = []
error_list = []
# 針對每個在 list 中的 RBM
for i in range(0,len(rbm_list)):
    print('RBM', i+1)
    # 訓練新的 RBM
    rbm = rbm_list[i]
    err = rbm.train(inputX)
    error_list.append(err)
    # 傳回輸出層
    outputX, reconstructedX, hiddenX = rbm.rbm_output(inputX)
    outputList.append(outputX)
    inputX = hiddenX
```

每一個 RBM 的誤差都隨著我們訓練時間越長而減少（見圖 11-1、11-2 和 11-3）。注意 RBM 的誤差反應了該 RBM 所生成的重建資料與輸入資料彼此有多相似。

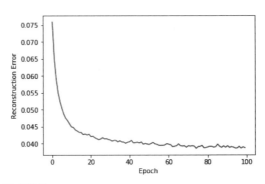

圖 11-1　第一個 RBM 的重建誤差

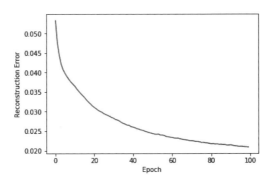

圖 11-2　第二個 RBM 的重建誤差

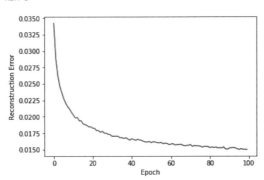

圖 11-3　第三個 RBM 的重建誤差

檢視特徵偵測器

現在，我們透過使用之前所定義的 rbm.show_features 函式，來查看每一個 RBM 所學習到的特徵：

```
rbm_shapes = [(28,28),(25,24),(25,20)]
for i in range(0,len(rbm_list)):
    rbm = rbm_list[i]
    print(rbm.show_features(rbm_shapes[i],
     "RBM learned features from MNIST", 56))
```

圖 11-4 顯示了不同 RBM 所學習到的特徵。

None
RBM 1

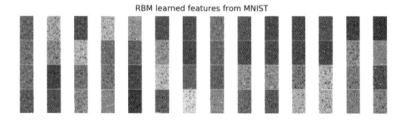

None
RBM 2

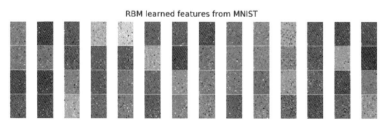

None

圖 11-4　RBM 所學得的特徵

如你所見,每一個 RBM 逐漸地抽象化來自 MNIST 資料的特徵。第一個 RBM 的特徵依
稀看起來像數字,而第二個和第三個 RBM 逐漸有細微的差異且較無法被識別。特徵偵
測器如此處理影像資料是相當常見的。換句話說,神經網路層越深,則基於原始資料所
識得的元素就會更加地抽象。

查看生成影像

在建立完整的 DBN 之前,讓我們看看所訓練的 RBM 其中之一所生成的影像。

為了讓事情簡單些,我們將原始的 MNIST 訓練矩陣傳入第一個訓練的 RBM 中,該
RBM 會進行正向與反向的傳遞,然後產生我們需要的生成影像。我們會拿新生成的影
像與 MNIST 資料集的前十張影像進行比較:

```
inputX = np.array(X_train)
rbmOne = rbm_list[0]

print('RBM 1')
outputX_rbmOne, reconstructedX_rbmOne, hiddenX_rbmOne =
 rbmOne.rbm_output(inputX)
reconstructedX_rbmOne = pd.DataFrame(data=reconstructedX_rbmOne,
 index=X_train.index)
for j in range(0,10):
    example = j
    view_digit(reconstructedX, y_train, example)
    view_digit(X_train, y_train, example)
```

圖 11-5 顯示了 RBM 所產生的第一張影像與第一張原始影像的比較。

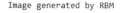

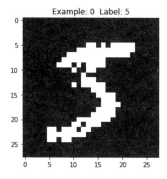

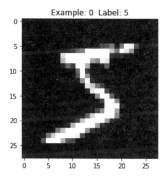

圖 11-5　第一個 RBM 產生的第一個影像

如你所見，生成的影像相似於原始的影像（兩者都是顯示數字 5）。

我們再多看一些 RBM 生成影像與原始影像的比較（見圖 11-6 至 11-9）。

這些數字分別是 0、4、1 和 9，而且生成的影像與原始的影像相當地相似。

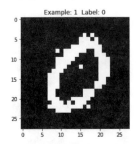

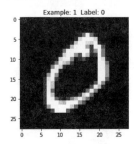

圖 11-6 第一個 RBM 產生的第二個影像

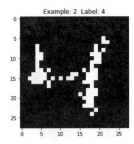

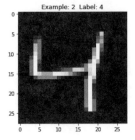

圖 11-7 第一個 RBM 產生的第三個影像

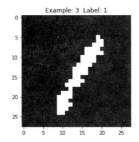

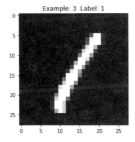

圖 11-8　第一個 RBM 產生的第四個影像

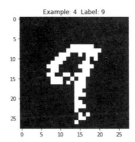

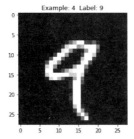

圖 11-9　第一個 RBM 產生的第五個影像

完整的 DBN

現在,讓我們定義 DBN 類別,該類別會使用剛訓練完畢的三個 RBMs,並且加上第四個 RBM,這個 RBM 會進行正向與反向傳遞,以便完善整個 DBN-based 生成模型。

首先,讓我們定義類別的超參數。這些參數包括了原始輸入值數量、剛訓練完畢的第三個 RBM 的輸入值數量、預期 DBN 輸出值數量、學習率、期待的訓練回合數、以及訓練完畢的三個 RBMs。如之前一般,我們會需要為權重、隱藏層偏差值向量與可視層偏差值向量產生零值矩陣:

```python
class DBN(object):
    def __init__(self, original_input_size, input_size, output_size,
                 learning_rate, epochs, batchsize, rbmOne, rbmTwo, rbmThree):
        # 定義超參數
        self._original_input_size = original_input_size
        self._input_size = input_size
        self._output_size = output_size
        self.learning_rate = learning_rate
        self.epochs = epochs
        self.batchsize = batchsize
        self.rbmOne = rbmOne
        self.rbmTwo = rbmTwo
        self.rbmThree = rbmThree

        self.w = np.zeros([input_size, output_size], "float")
        self.hb = np.zeros([output_size], "float")
        self.vb = np.zeros([input_size], "float")
```

與之前相似,我們會定義進行正向傳遞、反向傳遞和採樣的函式:

```python
def prob_h_given_v(self, visible, w, hb):
    return tf.nn.sigmoid(tf.matmul(visible, w) + hb)

def prob_v_given_h(self, hidden, w, vb):
    return tf.nn.sigmoid(tf.matmul(hidden, tf.transpose(w)) + vb)

def sample_prob(self, probs):
    return tf.nn.relu(tf.sign(probs - tf.random_uniform(tf.shape(probs))))
```

對於訓練來說,我們需要為權重、隱藏層偏差值向量和可視層偏差值向量建立 placeholder。我們也需要建立矩陣來儲存之前與目前的權重、隱藏層偏差值向量和可視層偏差值向量:

```
def train(self, X):
    _w = tf.placeholder("float", [self._input_size, self._output_size])
    _hb = tf.placeholder("float", [self._output_size])
    _vb = tf.placeholder("float", [self._input_size])

    prv_w = np.zeros([self._input_size, self._output_size], "float")
    prv_hb = np.zeros([self._output_size], "float")
    prv_vb = np.zeros([self._input_size], "float")

    cur_w = np.zeros([self._input_size, self._output_size], "float")
    cur_hb = np.zeros([self._output_size], "float")
    cur_vb = np.zeros([self._input_size], "float")
```

我們會為可視層設定一個 placeholder。

接著，我們會拿初始的輸入值（可視層），並且將它傳入我們先前訓練的三個 RBM 裡。這會產生一個結果輸出值，這個輸出值 *forward* 會被傳入第四個我們訓練作為 DBN 類別一部分的 RBM 中：

```
v0 = tf.placeholder("float", [None, self._original_input_size])
forwardOne = tf.nn.relu(tf.sign(tf.nn.sigmoid(tf.matmul(v0, \
                self.rbmOne.w) + self.rbmOne.hb) - tf.random_uniform( \
                tf.shape(tf.nn.sigmoid(tf.matmul(v0, self.rbmOne.w) + \
                self.rbmOne.hb)))))
forwardTwo = tf.nn.relu(tf.sign(tf.nn.sigmoid(tf.matmul(forwardOne, \
                self.rbmTwo.w) + self.rbmTwo.hb) - tf.random_uniform( \
                tf.shape(tf.nn.sigmoid(tf.matmul(forwardOne, \
                self.rbmTwo.w) + self.rbmTwo.hb)))))
forward = tf.nn.relu(tf.sign(tf.nn.sigmoid(tf.matmul(forwardTwo, \
                self.rbmThree.w) + self.rbmThree.hb) - \
                tf.random_uniform(tf.shape(tf.nn.sigmoid(tf.matmul( \
                forwardTwo, self.rbmThree.w) + self.rbmThree.hb)))))
h0 = self.sample_prob(self.prob_h_given_v(forward, _w, _hb))
v1 = self.sample_prob(self.prob_v_given_h(h0, _w, _vb))
h1 = self.prob_h_given_v(v1, _w, _hb)
```

我們會定義對比分歧，就如同之前所做的：

```
positive_grad = tf.matmul(tf.transpose(forward), h0)
negative_grad = tf.matmul(tf.transpose(v1), h1)

update_w = _w + self.learning_rate * (positive_grad - negative_grad) / \
                tf.to_float(tf.shape(forward)[0])
update_vb = _vb + self.learning_rate * tf.reduce_mean(forward - v1, 0)
update_hb = _hb + self.learning_rate * tf.reduce_mean(h0 - h1, 0)
```

一旦我們產生一個完整的正向傳遞的 DBN 網路，該網路包括了三個我們稍早之前訓練的 RBM，加上最後第四個 RBM 後，我們需要將第四個 RBM 隱藏層的輸出值往後傳遞至整個 DBN。

這需要一個經過第四個 RBM 的反向傳遞，以及經過前三個 RBM 的反向傳遞。我們也會像之前一樣使用 MSE。以下為反向傳遞是如何進行的：

```
backwardOne = tf.nn.relu(tf.sign(tf.nn.sigmoid(tf.matmul(v1, \
                self.rbmThree.w.T) + self.rbmThree.vb) - \
                tf.random_uniform(tf.shape(tf.nn.sigmoid( \
                tf.matmul(v1, self.rbmThree.w.T) + \
                self.rbmThree.vb)))))
backwardTwo = tf.nn.relu(tf.sign(tf.nn.sigmoid(tf.matmul(backwardOne, \
                self.rbmTwo.w.T) + self.rbmTwo.vb) - \
                tf.random_uniform(tf.shape(tf.nn.sigmoid( \
                tf.matmul(backwardOne, self.rbmTwo.w.T) + \
                self.rbmTwo.vb)))))
backward = tf.nn.relu(tf.sign(tf.nn.sigmoid(tf.matmul(backwardTwo, \
                self.rbmOne.w.T) + self.rbmOne.vb) - \
                tf.random_uniform(tf.shape(tf.nn.sigmoid( \
                tf.matmul(backwardTwo, self.rbmOne.w.T) + \
                self.rbmOne.vb)))))

err = tf.reduce_mean(tf.square(v0 - backward))
```

下面是關於 DBN 類別裡實際用來訓練的部份，可以看到非常近似於之前的 RBM：

```
with tf.Session() as sess:
    sess.run(tf.global_variables_initializer())

    for epoch in range(self.epochs):
        for start, end in zip(range(0, len(X), self.batchsize), \
                range(self.batchsize,len(X), self.batchsize)):
            batch = X[start:end]
            cur_w = sess.run(update_w, feed_dict={v0: batch, _w: \
                        prv_w, _hb: prv_hb, _vb: prv_vb})
            cur_hb = sess.run(update_hb, feed_dict={v0: batch, _w: \
                        prv_w, _hb: prv_hb, _vb: prv_vb})
            cur_vb = sess.run(update_vb, feed_dict={v0: batch, _w: \
                        prv_w, _hb: prv_hb, _vb: prv_vb})
            prv_w = cur_w
            prv_hb = cur_hb
            prv_vb = cur_vb
        error = sess.run(err, feed_dict={v0: X, _w: cur_w, _vb: \
                    cur_vb, _hb: cur_hb})
```

```
                print ('Epoch: %d' % epoch,'reconstruction error: %f' % error)
        self.w = prv_w
        self.hb = prv_hb
        self.vb = prv_vb
```

讓我們定義用來從 DBN 產出生成影像的函式，並且顯示特徵。這個函式與之前 RBM
的版本很類似，但是我們傳遞資料會經過 DBN 類別裡的四個 RBMs，而不是單一個
RBM：

```
    def dbn_output(self, X):

        input_X = tf.constant(X)
        forwardOne = tf.nn.sigmoid(tf.matmul(input_X, self.rbmOne.w) + \
                                   self.rbmOne.hb)
        forwardTwo = tf.nn.sigmoid(tf.matmul(forwardOne, self.rbmTwo.w) + \
                                   self.rbmTwo.hb)
        forward = tf.nn.sigmoid(tf.matmul(forwardTwo, self.rbmThree.w) + \
                                self.rbmThree.hb)

        _w = tf.constant(self.w)
        _hb = tf.constant(self.hb)
        _vb = tf.constant(self.vb)

        out = tf.nn.sigmoid(tf.matmul(forward, _w) + _hb)
        hiddenGen = self.sample_prob(self.prob_h_given_v(forward, _w, _hb))
        visibleGen = self.sample_prob(self.prob_v_given_h(hiddenGen, _w, _vb))

        backwardTwo = tf.nn.sigmoid(tf.matmul(visibleGen, self.rbmThree.w.T) + \
                                    self.rbmThree.vb)
        backwardOne = tf.nn.sigmoid(tf.matmul(backwardTwo, self.rbmTwo.w.T) + \
                                    self.rbmTwo.vb)
        backward = tf.nn.sigmoid(tf.matmul(backwardOne, self.rbmOne.w.T) + \
                                 self.rbmOne.vb)

        with tf.Session() as sess:
            sess.run(tf.global_variables_initializer())
            return sess.run(out), sess.run(backward)

    def show_features(self, shape, suptitle, count=-1):
        maxw = np.amax(self.w.T)
        minw = np.amin(self.w.T)
        count = self._output_size if count == -1 or count > \
                self._output_size else count
        ncols = count if count < 14 else 14
        nrows = count//ncols
        nrows = nrows if nrows > 2 else 3
```

```
fig = plt.figure(figsize=(ncols, nrows), dpi=100)
grid = Grid(fig, rect=111, nrows_ncols=(nrows, ncols), axes_pad=0.01)

for i, ax in enumerate(grid):
    x = self.w.T[i] if i<self._input_size else np.zeros(shape)
    x = (x.reshape(1, -1) - minw)/maxw
    ax.imshow(x.reshape(*shape), cmap=mpl.cm.Greys)
    ax.set_axis_off()

fig.text(0.5,1, suptitle, fontsize=20, horizontalalignment='center')
fig.tight_layout()
plt.show()
return
```

如何訓練 DBN

已經訓練完畢的三個 RBMs 模型,每個模型都有自己的權重矩陣、隱藏層偏差值向量和可視層偏差值向量。在訓練 DBN 中的第四個 RBM 時,我們不會調整前三個 RBM 模型的權重矩陣、隱藏層偏差值向量和可視層偏差值向量。更準確地說,我們會把前三個 RBMs 模型視為 DBN 中的固定元件。我們會呼叫前三個 RBMs 只是為了進行正向與反向傳遞(並且使用這三個模型產生的資料樣本)。

在訓練 DBN 中的第四個 RBM 時,我們只會調整第四個 RBM 的權重和偏差值。換言之,DBN 裡的第四個 RBM 會接收來自前三個 RBMs 的輸出值,並且進行正向和反向傳遞,以便學習一個生成模型,該模型能最小化由它產出的影像和原始影像的重建誤差。

另一種訓練 DBNs 的方法是當 DBN 進行整個神經網路的正向和反向傳遞時,允許它進行學習並調整四個 RBMs 的權重。然而,DBN 的訓練在算力上是非常昂貴的(或許現今的電腦已不是如此,但在 DBNs 被提出的 2006 年,這是毋庸置疑的)。

話雖如此,如果我們希望進行更細緻的預訓練,可以在進行整個網路正向與反向的批次傳遞時調整個別的 RBM 權重,一次一個 RBM。我們不會深入探究這種訓練方式,但鼓勵你進行實驗。

訓練 DBN

我們現在要來訓練 DBN 了。我們設定原始的影像維度為 784,第三個 RBM 的輸出值維度為 500。我們會使用 1.0 學習率,500 回合的訓練,而批次數量為 200。最後,我們會呼叫 DBN 中的前三個 RBMs 模型:

```
# 實體化 DBN 類別
dbn = DBN(784, 500, 500, 1.0, 50, 200, rbm_list[0], rbm_list[1], rbm_list[2])
```

現在，讓我們開始訓練：

```
inputX = np.array(X_train)
error_list = []
error_list = dbn.train(inputX)
```

圖 11-10 顯示整個 DBN 訓練過程的重建誤差。

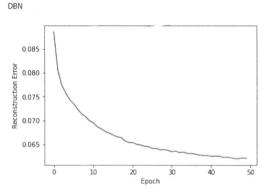

圖 11-10　DBN 的重建誤差

圖 11-11 顯示 DBN 最後一層（第四個 RBM 的隱藏層）所學習到的特徵。

圖 11-11　DBN 裡第四個 RBM 學習到的特徵

重建誤差和學習到的特徵看起來是合理的，且和我們早先分析的個別 RBMs 結果相似。

非監督式學習如何幫助監督式學習

到目前為止，我們對 RBM 和 DBN 所進行的訓練都涉及非監督式學習。我們沒有使用任何有關影像的標籤，而是藉由從 50,000 個由原始 MNIST 所提供的訓練樣本中，學習相關的潛在特徵，以建立生成模型。這些生成模型產生看起來近似於原始影像的影像（最小化重建誤差）。

讓我們退後一步，了解這樣的生成模型的用處。

回想一下，這世界上大多數的資料都是無標籤的。因此，我們需要非監督式學習讓已存在的無標籤資料有意義，監督式學習才能顯現出強大和有效。監督式學習是不夠的。

為了顯現非監督式學習的用處，想像一下，如果我們沒有 50,000 張有標籤的影像，而只有少部分有標籤的影像。比方說，我們只有 5,000 張有標籤的 MNIST 影像。一個僅有 5,000 張有標籤的影像且基於監督式學習的影像分類器是不會如有 50,000 張有標籤的影像且基於監督式學習的影像分類器一樣有效。有標籤的資料越多，機器學習解決方案就越好。

非監督式學習在這樣的情況下如何提供協助呢？一種非監督式學習可以提供幫助的方法是藉由產生新的有標籤的樣本，來幫助補充原來的有標籤的資料集。然後，監督式學習透過使用這個數量更大的有標籤資料集，產生一個更好的完整解決方案。

生成影像以建構更好的影像分類器

為了模擬非監督式學習能夠提供這樣的好處，我們減少 MNIST 訓練資料集的資料量，變成只有 5,000 張影像，並且儲存在叫做 inputXReduced 的 dataframe 裡。

接著，從這 5,000 張有標籤的影像，我們會基於剛才藉由 DBN 所建立的生成模型，來產生新的影像，並且進行 20 次。換句話說，我們會產生 5,000 張影像 20 次，來創建一個有 100,000 張影像的資料集，且均已有標籤。技術上來說，我們會儲存最後一個隱藏層的輸出值，而不是重建的影像，雖然我們也會儲存重建的影像，以便可以很快地評估它們。

我們會儲存這 100,000 張的輸出值在 NumPy 陣列 generatedImages：

```
# 產生影像並且儲存
inputXReduced = X_train.loc[:4999]
for i in range(0,20):
    print("Run ",i)
    finalOutput_DBN, reconstructedOutput_DBN = dbn.dbn_output(inputXReduced)
    if i==0:
        generatedImages = finalOutput_DBN
    else:
        generatedImages = np.append(generatedImages, finalOutput_DBN, axis=0)
```

我們會遍歷訓練標籤 y_train 的前五千個標籤 20 次，來產生標籤陣列 labels：

```
# 為產生的影像，建立標籤向量
for i in range(0,20):
    if i==0:
        labels = y_train.loc[:4999]
    else:
        labels = np.append(labels,y_train.loc[:4999])
```

最後，會產生基於驗證集的輸出值，我們需要驗證集來評估即將建立的影像分類器：

```
# 基於驗證集產生影像
inputValidation = np.array(X_validation)
finalOutput_DBN_validation, reconstructedOutput_DBN_validation = \
    dbn.dbn_output(inputValidation)
```

在使用生成的影像之前，我們先檢視一些重建的影像：

```
# 檢視重建的影像
for i in range(0,10):
    example = i
    reconstructedX = pd.DataFrame(data=reconstructedOutput_DBN, \
                                  index=X_train[0:5000].index)
    view_digit(reconstructedX, y_train, example)
    view_digit(X_train, y_train, example)
```

如圖 11-12 所示，生成的影像非常近似於原始的影像，兩者都是顯示數字 5。不像之前我們看到的 RBM 生成影像，這些圖更近似於原始的 MNIST 影像，包括像素的位元值。

我們再多看一些像這樣的影像，來比較 DBN 生成的影像和原始的 MNIST 影像（見圖 11-13 至圖 11-16）。

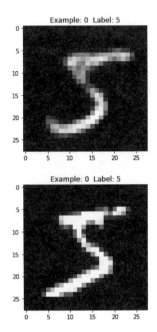

圖 11-12　DBN 第一個生成的影像

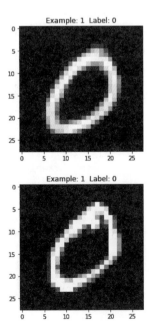

圖 11-13　DBN 生成的第二張影像

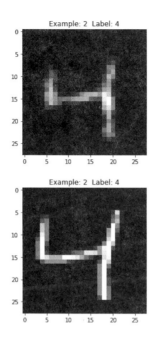

圖 11-14　DBN 生成的第三張影像

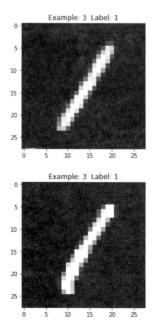

圖 11-15　DBN 生成的第四張影像

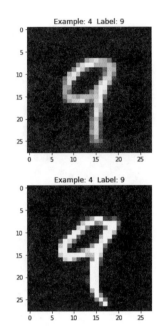

圖 11-16　DBN 生成的第五張影像

DBN 模型（和 RBM 模型）是生成性的，因此影像是透過隨機的過程被產生出來。影像不是透過確定性的過程被產生出來，因此單一樣本的生成影像隨著每次 DBN 的執行而不同。

為了模擬這個現象，我們拿 MNIST 資料集中的第一張影像，並且使用 DBN 來產生新的影像 10 次：

```
# 基於第一張影像產生影像 10 次
inputXReduced = X_train.loc[:0]
for i in range(0,10):
    example = 0
    print("Run ",i)
    finalOutput_DBN_fives, reconstructedOutput_DBN_fives = \
        dbn.dbn_output(inputXReduced)
    reconstructedX_fives = pd.DataFrame(data=reconstructedOutput_DBN_fives, \
                                        index=[0])
    print("Generated")
    view_digit(reconstructedX_fives, y_train.loc[:0], example)
```

從圖 11-17 到圖 11-21，你可以看見所有生成的影像都顯示數字 5，但每張影像都互不相同，即使它們全部都是使用相同的 MNIST 影像產生出來的。

Run 0
Generated

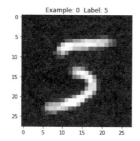

Run 1
Generated

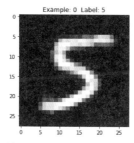

圖 11-17　基於數字 5 產生的第一張與第二張影像

Run 2
Generated

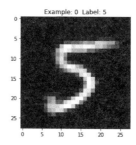

Run 3
Generated

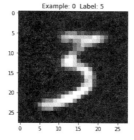

圖 11-18　基於數字 5 產生的第三張與第四張影像

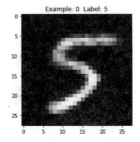

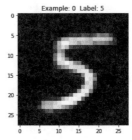

圖 11-19　基於數字 5 產生的第五張與第六張影像

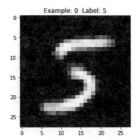

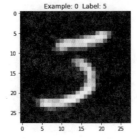

圖 11-20　基於數字 5 產生的第七張與第八張影像

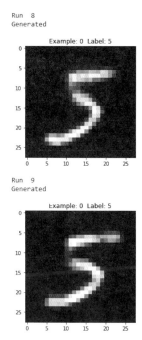

圖 11-21 　基於數字 5 產生的第九張與第十張影像

使用 LightGBM 建構影像分類器

現在，讓我們使用稍早本書介紹過的監督式學習演算法來建構影像分類器：gradient boosting 演算法 *LightGBM*。

僅使用監督式學習

第一個影像分類器會只依賴前 5,000 張有標籤的 MNIST 影像。這是從原始 50,000 張有標籤的 MNIST 訓練集縮減而來。我們設計這個情況來模擬現實情況中少量標籤資料的問題。由於本書稍早曾深度介紹過 gradient boosting 和 LightGBM 演算法，因此這裡不再贅述。

讓我們設定演算法的參數：

```
predictionColumns = ['0','1','2','3','4','5','6','7','8','9']

params_lightGB = {
```

```
        'task': 'train',
        'application':'binary',
        'num_class':10,
        'boosting': 'gbdt',
        'objective': 'multiclass',
        'metric': 'multi_logloss',
        'metric_freq':50,
        'is_training_metric':False,
        'max_depth':4,
        'num_leaves': 31,
        'learning_rate': 0.1,
        'feature_fraction': 1.0,
        'bagging_fraction': 1.0,
        'bagging_freq': 0,
        'bagging_seed': 2018,
        'verbose': 0,
        'num_threads':16
}
```

接著，我們會使用 5,000 張有標籤的 MNIST 資料集（縮減後的資料集）進行訓練，並
且基於 10,000 張有標籤的 MNIST 驗證集，進行驗證：

```
trainingScore = []
validationScore = []
predictionsLightGBM = pd.DataFrame(data=[], \
                        index=y_validation.index, \
                        columns=predictionColumns)

lgb_train = lgb.Dataset(X_train.loc[:4999], y_train.loc[:4999])
lgb_eval = lgb.Dataset(X_validation, y_validation, reference=lgb_train)
gbm = lgb.train(params_lightGB, lgb_train, num_boost_round=2000,
                valid_sets=lgb_eval, early_stopping_rounds=200)

loglossTraining = log_loss(y_train.loc[:4999], \
    gbm.predict(X_train.loc[:4999], num_iteration=gbm.best_iteration))
trainingScore.append(loglossTraining)

predictionsLightGBM.loc[X_validation.index,predictionColumns] = \
    gbm.predict(X_validation, num_iteration=gbm.best_iteration)
loglossValidation = log_loss(y_validation,
    predictionsLightGBM.loc[X_validation.index,predictionColumns])
validationScore.append(loglossValidation)

print('Training Log Loss: ', loglossTraining)
print('Validation Log Loss: ', loglossValidation)
```

```
loglossLightGBM = log_loss(y_validation, predictionsLightGBM)
print('LightGBM Gradient Boosting Log Loss: ', loglossLightGBM)
```

下面的資訊顯示只使用監督式學習解決方案的訓練和驗證的對數損失：

```
Training Log Loss: 0.0018646953029132292
Validation Log Loss: 0.19124276982588717
```

下面資訊顯示這個只用監督式學習的影像分類解決方案的整體精準率：

```
predictionsLightGBM_firm = np.argmax(np.array(predictionsLightGBM), axis=1)
accuracyValidation_lightGBM = accuracy_score(np.array(y_validation), \
                                        predictionsLightGBM_firm)
print("Supervised-Only Accuracy: ", accuracyValidation_lightGBM)

Supervised-Only Accuracy: 0.9439
```

監督式學習與非監督式學習並用

現在，我們不使用基於 5,000 張有標籤的 MNIST 影像進行訓練，改用由 DBN 產生的 100,000 張影像來進行訓練：

```
# 準備基於 DBN 生成資料的 DataFrames 給 LightGBM
generatedImagesDF = pd.DataFrame(data=generatedImages,index=range(0,100000))
labelsDF = pd.DataFrame(data=labels,index=range(0,100000))

X_train_lgb = pd.DataFrame(data=generatedImagesDF,
                                index=generatedImagesDF.index)
X_validation_lgb = pd.DataFrame(data=finalOutput_DBN_validation,
                                index=X_validation.index)

# 訓練 LightGBM
trainingScore = []
validationScore = []
predictionsDBN = pd.DataFrame(data=[],index=y_validation.index,
                                columns=predictionColumns)

lgb_train = lgb.Dataset(X_train_lgb, labels)
lgb_eval = lgb.Dataset(X_validation_lgb, y_validation, reference=lgb_train)
gbm = lgb.train(params_lightGB, lgb_train, num_boost_round=2000,
                    valid_sets=lgb_eval, early_stopping_rounds=200)

loglossTraining = log_loss(labelsDF, gbm.predict(X_train_lgb, \
                        num_iteration=gbm.best_iteration))
trainingScore.append(loglossTraining)
```

```
predictionsDBN.loc[X_validation.index,predictionColumns] = \
    gbm.predict(X_validation_lgb, num_iteration=gbm.best_iteration)
loglossValidation = log_loss(y_validation,
    predictionsDBN.loc[X_validation.index,predictionColumns])
validationScore.append(loglossValidation)

print('Training Log Loss: ', loglossTraining)
print('Validation Log Loss: ', loglossValidation)

loglossDBN = log_loss(y_validation, predictionsDBN)
print('LightGBM Gradient Boosting Log Loss: ', loglossDBN)
```

下面的資訊顯示了這個非監督式學習增強過的影像分類解決方案的對數損失：

```
Training Log Loss: 0.004145635328203315
Validation Log Loss: 0.16377638170016542
```

下面的資訊顯示了這個非監督式學習增強過的影像分類解決方案的整體精準率：

```
DBN-Based Solution Accuracy: 0.9525
```

如你所見，這個解決方案改善了將近 1%，這是相當明顯的改善。

結論

在第十章，我們介紹了第一個生成模型類別——受限波爾茲曼機，本章我們基於這個概念，藉由介紹更進階的生成模型——深度信念網路，更進一步構築相關概念，深度信念網路是由多個 RBMs 堆疊整合而來。

我們展示了 DBNs 是如何只用非監督式方法運作，DBN 學習資料的基礎結構，並且使用它所學得的資訊，來產生新的合成資料。基於合成的資料和原始資料的比較，DBN 改善它的生成能力，使得生成資料和原始的資料越來越相似。我們也展示了由 DBNs 生成的資料可以如何補充既存的有標籤資料，並且藉由增加整個訓練集的數量大小，來改善監督式學習模型的效能。

透過使用 DBNs（非監督式學習）和 gradient boosting（監督式學習），我們所開發的半監督式解決方案，在 MNIST 影像分類問題上表現得比單純使用監督式學習的解決方案還要好。

在第十二章我們將介紹在非監督式學習（更具體地來說是生成塑模）領域中的最新進展之一，也就是所謂的生成對抗網路。

生成對抗網路

我們已經探索了兩種生成模型：RBMs 和 DBNs。在本章，我們會探索**生成對抗網路**（*GANs*），它是非監督式學習和生成塑模最新且最被看好的領域之一。

GANs 的概念

GANs 在 2014 年，由 Ian Goodfellow 和他的研究員在蒙特利爾大學提出。在 GANs 裡，我們有兩個神經網路。一個神經網路稱為**生成器**（*generator*），它會基於使用實際資料建立的模型產生資料。另一個神經網路稱為**鑑別器**（*discriminator*），它會辨別由生成器產生的資料與來自實際分佈的資料。

舉個簡單的比喻，生成器就是偽造者，而鑑別器就是試圖辨別偽造品的警察。這兩個神經網路被框在一個零和遊戲裡。生成器試圖欺瞞鑑別器，讓它認為合成的資料便是來自實際的分佈，而鑑別器試著指出合成資料是偽造的。

GANs 是非監督學習演算法，因為生成器即使在沒有任何標籤資料情況下，也能夠學習實際資料分佈的基礎結構。生成器藉由使用少於訓練資料總量的參數數量（這是我們在之前章節探討過非常多次的非監督式學習核心概念）學習資料的基礎結構，這樣的限制迫使生成器更有效率地捕捉實際資料分佈裡最顯著的概念。類似於深度學習的表徵學習，每一層生成器神經網路的隱藏層捕捉一次資料的特徵表示，從非常簡單的表示開始，接續的隱藏層會基於前一層較簡單的特徵表示，建立更複雜的特徵表示。

透過使用所有的神經網路層，生成器學習到資料的基礎結構，並且試著產生近似於實際資料的合成資料。如果生成器捕捉到實際資料的本質，合成資料將表現得如真實的一般。

GANs 的威力

在第十一章，我們探索了使用非監督式學習模型（比如深度信念網路）的合成資料來改善監督式學習模型的效能。就像 DBNs，GANs 非常善於產生合成資料。

如果目標是產生許多新的訓練資料來補足既存的訓練資料集（例如，改善影像辨識任務的精確度），我們可以使用生成器來產生許多合成資料，將合成資料放到原始訓練集，然後基於目前有更多資料的資料集來執行監督式機器學習模型。

GANs 也在異常偵測的情境下表現卓越。如果目標是辨識出異常（例如，偵測詐欺、非法操作，或者是其他可疑的行為時），我們可以使用鑑別器來為實際資料中的每個資料樣本進行評分。被鑑別器標示為「可能為合成資料」的資料樣本將最可能為異常的資料樣本，也最可能代表是懷有惡意的行為。

深度卷積 GANs（DCGAN）

本章我們會回到之前章節使用過的 MNIST 資料集，並使用 GANs 來產生合成資料，以便補充原來的 MNIST 資料集。我們接著會使用一個監督式學習模型來進行影像分類。這是另一種版本的半監督式學習。

> 你現在應該對半監督式學習有著更深的了解。因為世界上的資料大多數為無標籤的，非監督式學習可以有效地幫助標記資料的能力非常強大。作為半監督式學習系統的一部份，非監督式學習增強了所有監督式學習的成功商業應用的潛力。
>
> 即使不討論在半監督式學習系統應用裡的效用，非監督式學習也具有獨立運作使用的潛力，因為它無需任何標籤，便可以從資料中進行學習，而且也是人工智慧領域裡，對幫助機器學習社群從弱人工智慧前進到強人工智慧有巨大潛力的技術之一。

我們會使用的 GANs 叫作**深度卷積生成對抗網路**（*DCGANs*），它是由 Alec Radford、Luke Metz 和 Soumith Chintala 在 2015 年年底首次提出 [1]。

1　針對更多有關 DCGANs 的資訊，請查閱此主題的論文（*https://arxiv.org/abs/1511.06434*）。

DCGANs 是一種**卷積神經網路**的非監督式學習，它常在電腦視覺和影像分類的監督式學習系統內被使用並且獲致成功。在深入探索 DCGANs 之前，讓我們先探索 CNNs，尤其是它們如何被用在影像分類的監督式學習系統裡。

卷積神經網路（CNN）

相對於數字型態或文字型態的資料，影像和影片明顯地更耗用計算資源來進行處理。舉例來說，一個 4K 超高清的影像總共有 4096 x 2160 x 3（26,542,080）維度。直接對這樣解析度的影像進行神經網路的訓練需要數以千萬計的神經元，這將導致非常長的訓練時間。

不直接利用原始影像來建立神經網路，我們利用某種影像的特性，亦即相近的像素彼此相關，但通常與距離較遠的像素沒有關係。

卷積（*convolution*，卷積神經網路的名稱也是源自於此）是一種過濾影像以便減少影像大小而不失去像素之間關係的流程[2]。

我們使用數個特定大小（稱為 *kernel size*）的過濾器到原始圖案上，並且小幅度（稱為**步幅**，*stride*）地移動這些過濾器，以便產生出新的且縮減後的像素輸出。在進行過卷積後，透過一次取用一個縮減後像素輸出的一小塊區域的最大值，進一步地縮減特徵表示的大小。這稱為**池化**（*max pooling*）。

我們執行卷積和池化數次，以便減少影像的複雜度。接著，展平影像，並且使用一個普通的全連接層來進行影像分類。

現在讓我們建立一個 CNN，並且使用它來對 MNIST 資料集進行影像分類。首先，載入必要的函式庫：

```
'''Main'''
import numpy as np
import pandas as pd
import os, time, re
import pickle, gzip, datetime

'''Data Viz'''
import matplotlib.pyplot as plt
import seaborn as sns
```

2　針對更多有關卷積層的資訊，請閱讀「An Introduction to Different Types of Convolutions in Deep Learning」（*http://bit.ly/2GeMQfu*）。

```
color = sns.color_palette()
import matplotlib as mpl
from mpl_toolkits.axes_grid1 import Grid

%matplotlib inline

'''Data Prep and Model Evaluation'''
from sklearn import preprocessing as pp
from sklearn.model_selection import train_test_split
from sklearn.model_selection import StratifiedKFold
from sklearn.metrics import log_loss, accuracy_score
from sklearn.metrics import precision_recall_curve, average_precision_score
from sklearn.metrics import roc_curve, auc, roc_auc_score, mean_squared_error

'''Algos'''
import lightgbm as lgb

'''TensorFlow and Keras'''
import tensorflow as tf
import keras
from keras import backend as K
from keras.models import Sequential, Model
from keras.layers import Activation, Dense, Dropout, Flatten, Conv2D, MaxPool2D
from keras.layers import LeakyReLU, Reshape, UpSampling2D, Conv2DTranspose
from keras.layers import BatchNormalization, Input, Lambda
from keras.layers import Embedding, Flatten, dot
from keras import regularizers
from keras.losses import mse, binary_crossentropy
from IPython.display import SVG
from keras.utils.vis_utils import model_to_dot
from keras.optimizers import Adam, RMSprop
from tensorflow.examples.tutorials.mnist import input_data
```

下一步，我們會載入 MNIST 資料集，並且以 4D 的張量儲存影像資料，因為 Keras 需要此種格式的影像資料。我們也會使用 Keras 的 **to_categorical** 函式，基於標籤建立 one-hot 向量。

為了稍後使用，我們也會基於資料建立 Pandas DataFrames，並重新使用先前本書定義的 **view_digit** 函式來查閱影像：

```
# 載入資料集
current_path = os.getcwd()
file = '\\datasets\\mnist_data\\mnist.pkl.gz'
f = gzip.open(current_path+file, 'rb')
train_set, validation_set, test_set = pickle.load(f, encoding='latin1')
```

```
f.close()

X_train, y_train = train_set[0], train_set[1]
X_validation, y_validation = validation_set[0], validation_set[1]
X_test, y_test = test_set[0], test_set[1]

X_train_keras = X_train.reshape(50000,28,28,1)
X_validation_keras = X_validation.reshape(10000,28,28,1)
X_test_keras = X_test.reshape(10000,28,28,1)

y_train_keras = to_categorical(y_train)
y_validation_keras = to_categorical(y_validation)
y_test_keras = to_categorical(y_test)

# 基於資料集建立 Pandas DataFrames
train_index = range(0,len(X_train))
validation_index = range(len(X_train),len(X_train)+len(X_validation))
test_index = range(len(X_train)+len(X_validation),len(X_train)+ \
                   len(X_validation)+len(X_test))

X_train = pd.DataFrame(data=X_train,index=train_index)
y_train = pd.Series(data=y_train,index=train_index)

X_validation = pd.DataFrame(data=X_validation,index=validation_index)
y_validation = pd.Series(data=y_validation,index=validation_index)

X_test = pd.DataFrame(data=X_test,index=test_index)
y_test = pd.Series(data=y_test,index=test_index)

def view_digit(X, y, example):
    label = y.loc[example]
    image = X.loc[example,:].values.reshape([28,28])
    plt.title('Example: %d  Label: %d' % (example, label))
    plt.imshow(image, cmap=plt.get_cmap('gray'))
    plt.show()
```

現在,讓我們建立 CNN。

我們會呼叫 Keras 的 Sequential() 來開始建立模型。然後,我們會添加兩層卷積層,每一層都會採用 32 個 kernel size 為 5 x 5 的過濾器、預設的步幅 1 和激活函數 ReLU。接著,我們使用 2 x 2 的窗戶以及步幅為 1 的設定來進行池化。我們也會執行 dropout,你也許會想起這是一種進行正規化的方法,用以減少神經網路的過擬合。更具體地來說,我們會丟棄 25% 的輸入單元。

在下一個階段，我們會再增加兩個卷積層，這次會採用 64 個 kernel size 為 3 x 3 的過濾器。然後我們使用 2 x 2 的窗戶以及步幅為 2 的設定進行池化。接著，我們會接著一層 dropout 比例為 25% 的 dropout 層。

最後，我們攤平這些影像，加上一個具有 256 個隱藏單元的普通神經網路，執行 50% 的 dropout，並且藉由使用 softmax 函式進行 10 種類別的分類：

```python
model = Sequential()

model.add(Conv2D(filters = 32, kernel_size = (5,5), padding = 'Same',
                 activation ='relu', input_shape = (28,28,1)))
model.add(Conv2D(filters = 32, kernel_size = (5,5), padding = 'Same',
                 activation ='relu'))
model.add(MaxPooling2D(pool_size=(2,2)))
model.add(Dropout(0.25))


model.add(Conv2D(filters = 64, kernel_size = (3,3), padding = 'Same',
                 activation ='relu'))
model.add(Conv2D(filters = 64, kernel_size = (3,3), padding = 'Same',
                 activation ='relu'))
model.add(MaxPooling2D(pool_size=(2,2), strides=(2,2)))
model.add(Dropout(0.25))


model.add(Flatten())
model.add(Dense(256, activation = "relu"))
model.add(Dropout(0.5))
model.add(Dense(10, activation = "softmax"))
```

對於這個 CNN 訓練，我們會使用 *Adam* 優化器並且最小化交叉熵。我們也會儲存影像分類的精確度，來作為評估的指標。

現在，讓我們訓練這個模型一百回合，並且利用驗證集來評估結果：

```python
# 訓練 CNN
model.compile(optimizer='adam',
              loss='categorical_crossentropy',
              metrics=['accuracy'])

model.fit(X_train_keras, y_train_keras,
          validation_data=(X_validation_keras, y_validation_keras), \
          epochs=100)
```

圖 12-1 顯示一百回合訓練的精確度。

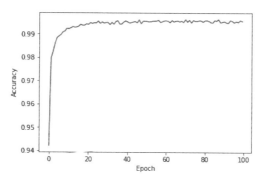

圖 12-1　CNN 結果

如你所見，我們方才訓練的 CNN 最終精確度為 99.55%，此結果比目前本書中訓練的任何一個 MNIST 影像分類解決方案都來得出色。

深入探索 DCGANs

現在再次回頭看看深度卷積生成對抗網路。我們會建立一個生成模型來產生合成的 MNIST 影像，這些影像會非常近似原先 MNIST 影像。

為了產生近似於真實的合成影像，我們需要訓練一個基於原始的 MNIST 影像產生新影像的生成器，和一個能夠辨別是否那些影像可被相信相似於原始影像的鑑別器（本質上就是執行一個謊話測試）。

從另一個方向來思考這件事。原始的 MNIST 資料集代表著原始的資料分佈。生成器從原始的資料分佈中進行學習，並且基於它所學習的知識產生新的影像，而鑑別器則是試著決定是否新產生的影像本質上與原始的資料無法區別。

對於生成器，我們會使用由 Radford、Metz 和 Chintala 在 ICLR 2016 會議所提出的論文中的架構（圖 12-2）。

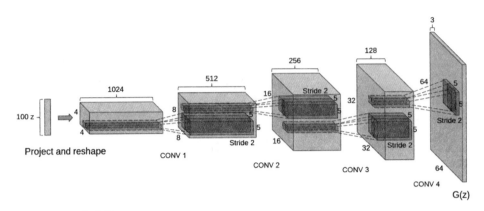

圖 12-2　DCGAN 生成器

生成器採用一個初始的噪音向量，該向量是標記為 z 的 100 x 1 噪音向量，接著投影並且轉換它成為 1024 x 4 x 4 的張量。這個**投影**（*project*）和**轉換**（*reshape*）的動作是卷積的相反，也稱為**反卷積**（*transposed convolution*，或在某些情況下稱為 *deconvolution*）。在反卷積的過程中，原始的卷積流程被反轉，也就是將縮減的張量映射到一個較大的張量[3]。

在初始的反卷積後，生成器使用了四個額外的反卷積層，以便映射到最終 64 x 3 x 3 的張量。

這裡是各個不同的階段：

100 x 1 → 1024 x 4 x 4 → 512 x 8 x 8 → 256 x 16 x 16 → 128 x 32 x 32 → 64 x 64 x 3

當為 MNIST 資料集設計一個 DCGAN 時，我們會使用一個相似（但不完全相同）的架構。

DCGAN 生成器

為了要設計的 DCGAN，我們會利用 Rowel Atienza 所作的設計，並且基於它建立模型[4]。首先，來建立一個叫作 *DCGAN* 的類別，我們會使用它來建立生成器、鑑別器、鑑別器模型和對抗模型。

3　更多有關卷積層的訊息，請參閱「An Introduction to Different Types of Convolutions in Deep Learning」（*http://bit.ly/2GeMQfu*），也可以參考本章節較早之前的內容。

4　關於原始的程式碼，請造訪 Rowel Atienza 的 GitHub（*http://bit.ly/2DLp4G1*）。

我們從生成器開始。我們會為生成器設定一些參數，包括 dropout 比例（預設為 0.3）、張量的深度（預設為 256）、和其他維度（預設為 7 x 7）。我們也會基於 momentum 為預設的 0.8，使用批量歸一化。初始的輸入維度為一百，而最終的輸出維度為 28 x 28 x 1。

回想一下，dropout 和批量歸一化都是正規化器，用來協助我們所設計的神經網路避免過擬合。

為了建立生成器，我們呼叫 Keras 的 Sequential() 函式。然後，我們會增加一個 dense，dense 是透過呼叫 Dense() 函式所建立的全連接神經網路層，這樣會有一個 100 維的輸入和一個 7 x 7 x 256 的輸出。我們會進行批量歸一化、使用激活函數 ReLU 和 dropout：

```
def generator(self, depth=256, dim=7, dropout=0.3, momentum=0.8, \
              window=5, input_dim=100, output_depth=1):
    if self.G:
        return self.G
    self.G = Sequential()
    self.G.add(Dense(dim*dim*depth, input_dim=input_dim))
    self.G.add(BatchNormalization(momentum=momentum))
    self.G.add(Activation('relu'))
    self.G.add(Reshape((dim, dim, depth)))
    self.G.add(Dropout(dropout))
```

下一步，我們會進行上採樣和反卷積三次。每一次，我們會減少輸出值空間的深度，從 256 到 128 到 64 到 32，同時增加其他維度。我們會維持卷積的窗戶值為 5 x 5 和預設 1 的步幅值。當每一次反卷積時，我們會執行批量歸一化並且使用激活函數 ReLu。

這裡是維度變化看起來的樣子：

$100 \rightarrow 7 \times 7 \times 256 \rightarrow 14 \times 14 \times 128 \rightarrow 28 \times 28 \times 64 \rightarrow 28 \times 28 \times 32 \rightarrow 28 \times 28 \times 1$

```
    self.G.add(UpSampling2D())
    self.G.add(Conv2DTranspose(int(depth/2), window, padding='same'))
    self.G.add(BatchNormalization(momentum=momentum))
    self.G.add(Activation('relu'))

    self.G.add(UpSampling2D())
    self.G.add(Conv2DTranspose(int(depth/4), window, padding='same'))
    self.G.add(BatchNormalization(momentum=momentum))
    self.G.add(Activation('relu'))

    self.G.add(Conv2DTranspose(int(depth/8), window, padding='same'))
```

```
self.G.add(BatchNormalization(momentum=momentum))
self.G.add(Activation('relu'))
```

最後，生成器會輸出 28 x 28 的影像，該影像有著與原始 MNIST 影像相同的維度：

```
self.G.add(Conv2DTranspose(output_depth, window, padding='same'))
self.G.add(Activation('sigmoid'))
self.G.summary()
return self.G
```

DCGAN 鑑別器

對於鑑別器，我們會設定預設的 dropout 比例為 0.3、深度為 64、以及 LeakyReLU 的 alpha 值為 0.3 [5]。

首先，載入一張 28 x 28 x 1 影像，並且使用 64 個 5 x 5 的過濾器，以步幅為 2，進行卷積。我們會使用 LeakyReLU 作為激活函數，並且執行 dropout。我們會持續這個流程 3 次，每次都加倍輸出值空間的深度，同時減少其他維度。對於每個卷積，我們會使用激活函數 LeakyReLU 和 dropout。

最後，我們會展平影像並且使用 sigmoid 函數來輸出機率值。這個機率值代表鑑別器斷定輸入影像是否為偽造的信心值（0.0 代表偽造，而 1.0 代表真實）。

這裡是相關程式碼：

28 x 28 x 1 → 14 x 14 x 64 → 7 x 7 x 128 → 4 x 4 x 256 → 4 x 4 x 512 → 1

```
def discriminator(self, depth=64, dropout=0.3, alpha=0.3):
    if self.D:
        return self.D
    self.D = Sequential()
    input_shape = (self.img_rows, self.img_cols, self.channel)
    self.D.add(Conv2D(depth*1, 5, strides=2, input_shape=input_shape,
        padding='same'))
    self.D.add(LeakyReLU(alpha=alpha))
    self.D.add(Dropout(dropout))

    self.D.add(Conv2D(depth*2, 5, strides=2, padding='same'))
    self.D.add(LeakyReLU(alpha=alpha))
    self.D.add(Dropout(dropout))
```

5　LeakyReLU（*https://keras.io/layers/advanced-activations/*）是一個進階的激活函數，該函數近似於普通的 ReLU，但它允許神經元不激活時，仍有一個小梯度的非零輸出。它逐漸成為在影像相關的機器學習問題上，受到青睞的激活函數。

```
    self.D.add(Conv2D(depth*4, 5, strides=2, padding='same'))
    self.D.add(LeakyReLU(alpha=alpha))
    self.D.add(Dropout(dropout))

    self.D.add(Conv2D(depth*8, 5, strides=1, padding='same'))
    self.D.add(LeakyReLU(alpha=alpha))
    self.D.add(Dropout(dropout))

    self.D.add(Flatten())
    self.D.add(Dense(1))
    self.D.add(Activation('sigmoid'))
    self.D.summary()
    return self.D
```

鑑別器和對抗模型

接著,讓我們定義鑑別器模型(換言之,用於偵測偽造的警察)和對抗模型(換言之,透過向警察學習增進偽造能力的偽造者)。針對對抗模型與鑑別器模型,我們會使用 RMSprop 優化器、二元交叉熵作為損失函數,並且使用精確度為輸出指標。

對於對抗模型,我們使用之前定義的生成器和鑑別器神經網路。對於鑑別器模型,我們正是使用鑑別器神經網路:

```
def discriminator_model(self):
    if self.DM:
        return self.DM
    optimizer = RMSprop(lr=0.0002, decay=6e-8)
    self.DM = Sequential()
    self.DM.add(self.discriminator())
    self.DM.compile(loss='binary_crossentropy', \
                    optimizer=optimizer, metrics=['accuracy'])
    return self.DM

def adversarial_model(self):
    if self.AM:
        return self.AM
    optimizer = RMSprop(lr=0.0001, decay=3e-8)
    self.AM = Sequential()
    self.AM.add(self.generator())
    self.AM.add(self.discriminator())
    self.AM.compile(loss='binary_crossentropy', \
                    optimizer=optimizer, metrics=['accuracy'])
    return self.AM
```

為 MNIST 資料集建構 DCGAN 模型

現在,為 MNIST 資料集定義 DCGAN 模型。首先,我們會為 28 x 28 x 1 的 MNIST 影像初始 MNIST_DCGAN 類別,並且使用先前定義的生成器、鑑別器模型,和對抗模型:

```python
class MNIST_DCGAN(object):
    def __init__(self, x_train):
        self.img_rows = 28
        self.img_cols = 28
        self.channel = 1

        self.x_train = x_train

        self.DCGAN = DCGAN()
        self.discriminator =  self.DCGAN.discriminator_model()
        self.adversarial = self.DCGAN.adversarial_model()
        self.generator = self.DCGAN.generator()
```

訓練函式會採用批次大小為 256,進行預設 2000 回合的訓練。在這個函式裡,我們會批次輸入影像到我們定義的 DCGAN 架構中。生成器會產生影像,而鑑別器會判斷影像是真是假。因為生成器和鑑別器在對抗模型中激烈地相互攻防,所以合成影像會變得越來越相似於原始的 MNIST 影像:

```python
def train(self, train_steps=2000, batch_size=256, save_interval=0):
    noise_input = None
    if save_interval>0:
        noise_input = np.random.uniform(-1.0, 1.0, size=[16, 100])
    for i in range(train_steps):
        images_train = self.x_train[np.random.randint(0,
            self.x_train.shape[0], size=batch_size), :, :, :]
        noise = np.random.uniform(-1.0, 1.0, size=[batch_size, 100])
        images_fake = self.generator.predict(noise)
        x = np.concatenate((images_train, images_fake))
        y = np.ones([2*batch_size, 1])
        y[batch_size:, :] = 0

        d_loss = self.discriminator.train_on_batch(x, y)

        y = np.ones([batch_size, 1])
        noise = np.random.uniform(-1.0, 1.0, size=[batch_size, 100])
        a_loss = self.adversarial.train_on_batch(noise, y)
        log_mesg = "%d: [D loss: %f, acc: %f]" % (i, d_loss[0], d_loss[1])
        log_mesg = "%s  [A loss: %f, acc: %f]" % (log_mesg, a_loss[0], \
                                                  a_loss[1])
        print(log_mesg)
```

```
        if save_interval>0:
            if (i+1)%save_interval==0:
                self.plot_images(save2file=True, \
                    samples=noise_input.shape[0],\
                    noise=noise_input, step=(i+1))
```

定義一個函式來為 DCGAN 模型所生成的影像進行描繪：

```
def plot_images(self, save2file=False, fake=True, samples=16, \
                noise=None, step=0):
    filename = 'mnist.png'
    if fake:
        if noise is None:
            noise = np.random.uniform(-1.0, 1.0, size=[samples, 100])
        else:
            filename = "mnist_%d.png" % step
        images = self.generator.predict(noise)
    else:
        i = np.random.randint(0, self.x_train.shape[0], samples)
        images = self.x_train[i, :, :, :]

    plt.figure(figsize=(10,10))
    for i in range(images.shape[0]):
        plt.subplot(4, 4, i+1)
        image = images[i, :, :, :]
        image = np.reshape(image, [self.img_rows, self.img_cols])
        plt.imshow(image, cmap='gray')
        plt.axis('off')
    plt.tight_layout()
    if save2file:
        plt.savefig(filename)
        plt.close('all')
    else:
        plt.show()
```

開始訓練 MNIST DCGAN

現在，我們已經定義了 MNIST_DCGAN 類別，讓我們呼叫它，並且開始訓練的流程。我們會採用批次大小為 256，並且訓練 10,000 回合：

```
# 初始 MNIST_DCGAN，並且進行訓練
mnist_dcgan = MNIST_DCGAN(X_train_keras)
timer = ElapsedTimer()
mnist_dcgan.train(train_steps=10000, batch_size=256, save_interval=500)
```

下面的資訊顯示鑑別器和對抗模型的損失值和精確度：

```
 0:  [D loss: 0.692640, acc: 0.527344] [A loss: 1.297974, acc: 0.000000]
 1:  [D loss: 0.651119, acc: 0.500000] [A loss: 0.920461, acc: 0.000000]
 2:  [D loss: 0.735192, acc: 0.500000] [A loss: 1.289153, acc: 0.000000]
 3:  [D loss: 0.556142, acc: 0.947266] [A loss: 1.218020, acc: 0.000000]
 4:  [D loss: 0.492492, acc: 0.994141] [A loss: 1.306247, acc: 0.000000]
 5:  [D loss: 0.491894, acc: 0.916016] [A loss: 1.722399, acc: 0.000000]
 6:  [D loss: 0.607124, acc: 0.527344] [A loss: 1.698651, acc: 0.000000]
 7:  [D loss: 0.578594, acc: 0.921875] [A loss: 1.042844, acc: 0.000000]
 8:  [D loss: 0.509973, acc: 0.587891] [A loss: 1.957741, acc: 0.000000]
 9:  [D loss: 0.538314, acc: 0.896484] [A loss: 1.133667, acc: 0.000000]
10:  [D loss: 0.510218, acc: 0.572266] [A loss: 1.855000, acc: 0.000000]
11:  [D loss: 0.501239, acc: 0.923828] [A loss: 1.098140, acc: 0.000000]
12:  [D loss: 0.509211, acc: 0.519531] [A loss: 1.911793, acc: 0.000000]
13:  [D loss: 0.482305, acc: 0.923828] [A loss: 1.187290, acc: 0.000000]
14:  [D loss: 0.395886, acc: 0.900391] [A loss: 1.465053, acc: 0.000000]
15:  [D loss: 0.346876, acc: 0.992188] [A loss: 1.443823, acc: 0.000000]
```

鑑別器的初始損失震盪地非常厲害，但仍明顯維持在 0.50 以上。換言之，鑑別器一開始就是非常擅長捕捉由生成器產生的較拙劣偽造品。接著，生成器變得更擅長產生偽造品，鑑別器開始變得難以偵查，因此它的精確度減低到接近 0.50：

```
9985: [D loss: 0.696480, acc: 0.521484] [A loss: 0.955954, acc: 0.125000]
9986: [D loss: 0.716583, acc: 0.472656] [A loss: 0.761385, acc: 0.363281]
9987: [D loss: 0.710941, acc: 0.533203] [A loss: 0.981265, acc: 0.074219]
9988: [D loss: 0.703731, acc: 0.515625] [A loss: 0.679451, acc: 0.558594]
9989: [D loss: 0.722460, acc: 0.492188] [A loss: 0.899768, acc: 0.125000]
9990: [D loss: 0.691914, acc: 0.539062] [A loss: 0.726867, acc: 0.464844]
9991: [D loss: 0.716197, acc: 0.500000] [A loss: 0.932500, acc: 0.144531]
9992: [D loss: 0.689704, acc: 0.548828] [A loss: 0.734389, acc: 0.414062]
9993: [D loss: 0.714405, acc: 0.517578] [A loss: 0.850408, acc: 0.218750]
9994: [D loss: 0.690414, acc: 0.550781] [A loss: 0.766320, acc: 0.355469]
9995: [D loss: 0.709792, acc: 0.511719] [A loss: 0.960070, acc: 0.105469]
9996: [D loss: 0.695851, acc: 0.500000] [A loss: 0.774395, acc: 0.324219]
9997: [D loss: 0.712254, acc: 0.521484] [A loss: 0.853828, acc: 0.183594]
9998: [D loss: 0.702689, acc: 0.529297] [A loss: 0.802785, acc: 0.308594]
9999: [D loss: 0.698032, acc: 0.517578] [A loss: 0.810278, acc: 0.304688]
```

合成影像生成

現在，MNIST DCGAN 已經訓練完畢。讓我們使用它來產生合成影像（圖 12-3）。

圖 12-3　由 MNIST DCGAN 產生的合成影像

雖然這些合成影像並不是完全無法從實際的 MNIST 資料集中被辨識，但它們與實際的數字非常相似。伴隨著更多的訓練時間，MNIST DCGAN 應該能夠產生出更近似於實際 MNIST 資料集的合成影像，而且能夠被使用來補充資料集。

雖然我們的解決方案相當不錯，但有許多方法可以使 MNIST DCGAN 變得更好。論文「Improved Techniques for Training GANs」（*https://arxiv.org/pdf/1606.03498.pdf*）及其對應的實作（*https://github.com/openai/improved-gan*）深入探討了進階改善 GAN 效能的方法。

結論

我們在本章探索了深度卷積生成對抗網路，這是生成對抗網路的特化模型，它在影像和電腦視覺資料集上表現很好。

GANs 是一個具有兩個互為拮抗的神經網路所構成的生成模型。一個神經網路作為生成器（也就是偽造者）基於實際資料產生合成資料，而另一個神經網路作為鑑別器（也就是警察）對資料進行真假的判別[6]。這個由生成器不停地向鑑別器學習如何產生合成資料的零和遊戲，讓整個生成模型能夠生成相當真實的合成資料，並且隨著訓練時間而變得更好（換言之，訓練更多的回合）。

GANs 是相對較新的領域，它們最先在 2014 年由 Ian Goodfellow 等人提出[7]。GANs 目前主要被用來進行異常偵測和產生合成資料，但可能在不久的將來會有更多其他的應用。機器學習社群僅僅只是探索到它表面上的可能性，如果你決定使用 GANs 在機器學習應用系統上，請做好進行許多實驗的心理準備[8]。

在第十三章，我們將透過探索基於時間的分群法來為本書的第四部分作個結尾。這種分群法是用於時序型資料的非監督式學習的方法。

6　額外的資訊，請查閱 OpenAI 部落格的生成模型相關文章（*https://blog.openai.com/generative-models/*）。

7　關於更多訊息，請翻閱研討論文（*https://arxiv.org/abs/1406.2661*）。

8　關於一些小技巧，可以閱讀（*https://github.com/soumith/ganhacks*）來了解如何改善 GANs，以及（*http://bit.ly/2G2FJHq*）了解如何改善效能。

## 第十三章

時序型資料分群法

本書到目前為止，我們大多處理橫斷面資料（*cross-sectional data*），也就是說我們均在同一時點上對多個資料實體的進行觀察。這些資料包括了有交易發生超過兩天的信用卡資料集、和有數字影像的 MNIST 資料集。對於這些資料集，我們採用了非監督式學習來學習資料的基礎結構，並且在不使用任何標籤情況下，將相似的交易和影像進行分組。

非監督式學習在時序型資料（*time series data*）上也是非常有用的。在時序型資料中，我們會在不同的時間段上對單一個實體進行觀察。我們需要開發一個解決方案，該解決方案能夠學習橫跨時間的資料的基礎結構，而不只是單一時間點上的資料。如果我們開發了這樣的解決方案，就能夠辨識相似的時間序樣式，並且將它們群聚起來。

這在經濟、醫學、機器人、天文學、生物學、氣象等領域上是非常有效的，因為這些領域的專家們耗費了許多時間在分析資料，以便能夠基於與過去事件的相似程度，分類目前的事件。藉由與過去事件的相似度，將目前事件群聚起來，這些專家們能夠更有自信地決定採取正確的行動。

在本章，我們會基於樣式的相似程度，聚焦於時序型資料的分群。為時序型資料分群純粹是非監督的方法，而且不需要有標籤的資料作為訓練之用，雖然有標籤的資料對於驗證結果而言，就像其他非監督式學習實驗一樣，是必須的。

有第三種類型的資料，該類型的資料結合了橫斷面資料和時序型資料。這類型資料稱為縱向（*longitudinal*）數據或面板型（*panel*）數據。

ECG 資料

為了讓時序型資料分群的問題更加容易被想像,讓我們引入一個具體的實際問題。想像一下,我們從事健康照護,並且必須分析心電圖(EKG/ECG)的讀數。心電圖機透過皮膚上的電極紀錄心臟一段時間的電氣活動。心電圖機大約每十秒鐘量測一次,並且紀錄量測數值,來協助偵測任何的心臟問題。

大多數的心電圖讀數都紀錄著正常的心跳活動,但不正常的讀數就是照護人員必須在任何不好的心臟事件(如心跳停止)發生前,辨識出來並且預先反應。心電圖機產生一張有波峰與波谷的折線圖,所以辨識讀數正常或者不正常,相當於一個樣式識別的任務,這樣的任務是很適合機器學習的。

實際的心電圖讀數未必會顯示得如此清晰,這使得將影像分類至不同的籃子中變得既困難又容易出錯。

舉例來說,波的**振幅**差異(中線到波谷或波峰的高度)、**週期**(一個波峰到下一個波峰的距離)、**相位偏移**(水平偏移),和**垂直變位**,對於任何機器導向分類系統來說都是挑戰。

如何處理時序型資料分群

任何處理時序型分群的方法都會需要我們去處理三種型態的失真。你可能會想到分群法是依賴於距離的量測,以便決定空間中的資料與其他資料有多接近,因此相似的資料可以群組在一起成為明顯獨立且內在同質性高的群組。

為時序型資料分群也是基於類似的概念,但我們需要一個縮放以及偏移均不受影響的距離量測方式,以便把相似的時序型資料群組起來時,不受振幅、週期、相位偏移與垂直變位的瑣碎差異影響。

k-Shape

k-shape 是符合我們需求的最先進時序型資料分群法之一,該方法由 John Paparrizos 和 Luis Gavano 在 2015 年 ACM SIGMOD 提出 [1]。

1 　這篇論文可在 *http://www.cs.columbia.edu/~jopa/kshape.html* 公開取得。

當比較資料時，*k*-shape 使用不受縮放與偏移影響的距離量測方式，來維持時序型資料的形狀。具體地來說，*k*-shape 使用歸一化交叉相關來計算群集的簇心，而且在每一次的迭代中，更新時序資料到這些群集的分配。

除了不受縮放與偏移的影響外，*k*-shape 是領域獨立且可縮放，只需要很少的參數調整。它的迭代改進過程會線性縮放序列資料的數量。這些特徵讓它成為目前最強而有力的時序型資料分群法的其中一種方法。

k-shape 與 *k*-means 兩種演算法都使用迭代的方式，把資料點分配到距離最近的群組簇心所屬群組裡。基於這樣角度來看，兩個演算法的運作方式明顯是相似的。最重要的不同點在於 *k*-shape 如何計算距離，它使用以形狀為基礎的距離，此種距離是依賴交叉相關而來。

使用 k-Shape 對 ECGFiveDays 進行時序型資料分群

讓我們透過使用 *k*-shape 來建立一個時序型資料分群的模型。

本章我們會使用由加州大學河濱校區（UCR）所提供的時序型資料集。因為檔案大小超過 100 MB，因此無法從 GitHub 上取得。你會需要從 UCR 時序型資料網站（*http://bit.ly/2CXPcfq*）下載檔案。

這個網站是最大具類別標籤的時序型資料集的公開收集處，裡面的資料種類總數共有 85 種。這些資料集來自多個領域，所以我們可以用來測試我們的解決方案在這些領域的表現。每一個時序型資料都只屬於一個類別，所以我們也有標籤資料，來對時序型資料分群法的結果進行驗證。

資料準備

首先，下載必要的函式庫：

```
'''Main'''
import numpy as np
import pandas as pd
import os, time, re
import pickle, gzip, datetime
from os import listdir, walk
from os.path import isfile, join
```

```python
'''Data Viz'''
import matplotlib.pyplot as plt
import seaborn as sns
color = sns.color_palette()
import matplotlib as mpl
from mpl_toolkits.axes_grid1 import Grid

%matplotlib inline

'''Data Prep and Model Evaluation'''
from sklearn import preprocessing as pp
from sklearn.model_selection import train_test_split
from sklearn.model_selection import StratifiedKFold
from sklearn.metrics import log_loss, accuracy_score
from sklearn.metrics import precision_recall_curve, average_precision_score
from sklearn.metrics import roc_curve, auc, roc_auc_score, mean_squared_error
from keras.utils import to_categorical
from sklearn.metrics import adjusted_rand_score
import random

'''Algos'''
from kshape.core import kshape, zscore
import tslearn
from tslearn.utils import to_time_series_dataset
from tslearn.clustering import KShape, TimeSeriesScalerMeanVariance
from tslearn.clustering import TimeSeriesKMeans
import hdbscan


'''TensorFlow and Keras'''
import tensorflow as tf
import keras
from keras import backend as K
from keras.models import Sequential, Model
from keras.layers import Activation, Dense, Dropout, Flatten, Conv2D, MaxPool2D
from keras.layers import LeakyReLU, Reshape, UpSampling2D, Conv2DTranspose
from keras.layers import BatchNormalization, Input, Lambda
from keras.layers import Embedding, Flatten, dot
from keras import regularizers
from keras.losses import mse, binary_crossentropy
from IPython.display import SVG
from keras.utils.vis_utils import model_to_dot
from keras.optimizers import Adam, RMSprop
from tensorflow.examples.tutorials.mnist import input_data
```

我們會使用 *tslearn* 套件來存取 Python 版本的 *k*-shape 演算法。tslearn 是與 Scikit-learn 相似的框架,但它適用於處理時間序列資料。

下一步,我們從 ECGFiveDays 資料集中載入訓練與測試資料,該資料集是從 UCR 時序型資料檔案庫下載。在這個矩陣中的第一欄是類別標籤,剩餘的欄位則是時序型資料的值。我們將資料儲存為 X_train、y_train、X_test 和 y_test:

```
# 載入資料集
current_path = os.getcwd()
file = '\\datasets\\ucr_time_series_data\\'
data_train = np.loadtxt(current_path+file+
                        "ECGFiveDays/ECGFiveDays_TRATN",
                        delimiter=",")
X_train = to_time_series_dataset(data_train[:, 1:])
y_train = data_train[:, 0].astype(np.int)

data_test = np.loadtxt(current_path+file+
                       "ECGFiveDays/ECGFiveDays_TEST",
                       delimiter=",")
X_test = to_time_series_dataset(data_test[:, 1:])
y_test = data_test[:, 0].astype(np.int)
```

下面的資訊顯示了時序資料的數量、類別數量和每筆時序資料的長度:

```
# 基礎的摘要統計
print("Number of time series:", len(data_train))
print("Number of unique classes:", len(np.unique(data_train[:,0])))
print("Time series length:", len(data_train[0,1:]))

Number of time series: 23
Number of unique classes: 2
Time series length: 136
```

有 23 筆時序型資料和兩個不同的類別,而且每一個時序資料的長度為 136。圖 13-1 顯示了每個類別的一些例子。現在我們知道了心電圖讀數的樣貌:

```
# 類別標籤為 1.0 的實例
for i in range(0,10):
    if data_train[i,0]==1.0:
        print("Plot ",i," Class ",data_train[i,0])
        plt.plot(data_train[i])
        plt.show()
```

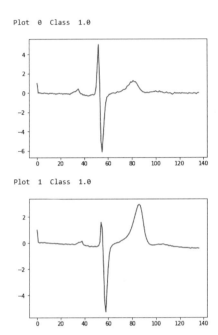

圖 13-1　ECGFiveDays 類別標籤為 1.0：前兩個實例

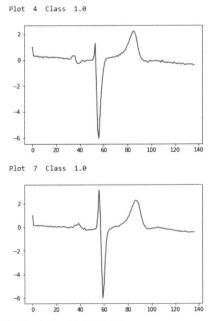

圖 13-2　ECGFiveDays 類別標籤為 1.0：後兩個實例

底下是繪出類別標籤為 2.0 的程式碼：

```
# 類別標籤為 2.0 的實例
for i in range(0,10):
    if data_train[i,0]==2.0:
        print("Plot ",i," Class ",data_train[i,0])
        plt.plot(data_train[i])
        plt.show()
```

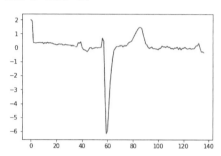

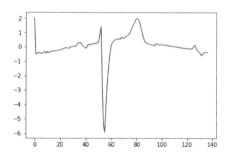

圖 13-3　ECGFiveDays 類別標籤為 2.0：前兩個實例

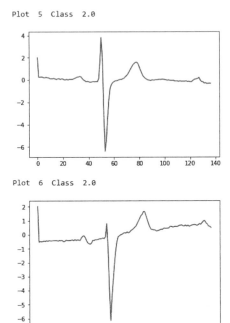

圖 13-4　ECGFiveDays 類別標籤為 2.0：後兩個實例

對於未受過訓練的觀察者來說，類別 1.0 和類別 2.0 兩個實例似乎是無從辨別，但這些觀察資料都已經由領域專家進行標注。這些圖是具噪音且失真的。在振幅、週期、相位偏移和垂直變位，也都有所不同，這形成了分類的挑戰。

讓我們為 k-shape 演算法進行資料準備。我們會標準化這些資料，以便讓資料的平均值為 0 且標準差為 1：

```
# 準備資料 - 縮放
X_train = TimeSeriesScalerMeanVariance(mu=0., std=1.).fit_transform(X_train)
X_test = TimeSeriesScalerMeanVariance(mu=0., std=1.).fit_transform(X_test)
```

訓練和評估

接著，我們會呼叫 k-shape 演算法，並且設定群集數量為 2、最大迭代數為 100 以及訓練回合數為 100 [2]：

2　更多有關超參數的資訊，可以參考 k-shape 官方文件（*http://bit.ly/2Gfg0L9*）。

```
# 使用 k-Shape 進行訓練
ks = KShape(n_clusters=2, max_iter=100, n_init=100,verbose=0)
ks.fit(X_train)
```

為了評估時序型資料分群法的表現狀況，我們會使用**調整蘭德指數**（*adjusted Rand index*），這個量測方式會評估兩個群集的相似度，並且考量資料被分至各群的機率。這是有關於精確度的評估[3]。

直觀地來說，蘭德指數用來評估在預測的分群和實際的分群之間，實際上成功分群的數量。如果模型的調整蘭德指數值接近 0.0，可以說這個模型就是單純地隨機分群。如果模型的調整蘭德指數值接近 1.0，則代表預測的分群完全匹配實際的分群。

我們會使用 Scikit-learn 的調整蘭德指數的實作版本，叫作 *adjusted_rand_score*。

讓我們產生分群的預測，然後計算調整蘭德指數：

```
# 進行預測並且計算調整蘭德指數
preds = ks.predict(X_train)
ars = adjusted_rand_score(data_train[:,0],preds)
print("Adjusted Rand Index:", ars)
```

基於這次的執行結果，調整蘭德指數為 0.668。如果你進行訓練和預測數次，你會注意到調整蘭德指數會有些微的不同，但總是會維持在 0.0 以上：

```
Adjusted Rand Index: 0.668041237113402
```

讓我們針對測試集進行預測，並且計算調整蘭德指數：

```
# 基於測試集進行預測並且計算調整蘭德指數
preds_test = ks.predict(X_test)
ars = adjusted_rand_score(data_test[:,0],preds_test)
print("Adjusted Rand Index on Test Set:", ars)
```

基於測試集的調整蘭德指數十分的低，僅微略大於 0。這個分群的預測幾乎是隨機的分配，也就是說，根據相似度對時序型資料所進行的分群並沒有成功：

```
Adjusted Rand Index on Test Set: 0.0006332050676187496
```

如果有更大的訓練集用來訓練 *k*-shape 時序型資料分群模型，我們可以期待在測試集上會有更好的表現。

3　從維基百科（*https://en.wikipedia.org/wiki/Rand_index*）可以獲得更多有關蘭德指數的資訊。

使用 k-Shape 對 ECG5000 進行時序型資料分群

不使用 ECGFiveDays 資料集（該資料集的訓練集僅有 23 個觀察資料，而測試集則有 861 個資料點），取而代之地，我們使用更大的心電圖讀數資料集。ECG5000 資料集（也可以從 UCR 時序型資料檔案庫取得）在訓練集與測試集中，總共有 5000 筆心電圖讀數。

資料準備

我們會載入資料集，並且進行訓練集與測試集的分割。80% 的 5000 筆讀數作為訓練集的資料，另外 20% 則作為測試集資料。有了這個更大的訓練集，我們應該能夠開發一個時序型資料分群模型，不管是在訓練集，或者更重要的是在測試集上，有更好的表現：

```python
# 載入資料集
current_path = os.getcwd()
file = '\\datasets\\ucr_time_series_data\\'
data_train = np.loadtxt(current_path+file+
                        "ECG5000/ECG5000_TRAIN",
                        delimiter=",")

data_test = np.loadtxt(current_path+file+
                       "ECG5000/ECG5000_TEST",
                       delimiter=",")

data_joined = np.concatenate((data_train,data_test),axis=0)
data_train, data_test = train_test_split(data_joined,
                                    test_size=0.20, random_state=2019)

X_train = to_time_series_dataset(data_train[:, 1:])
y_train = data_train[:, 0].astype(np.int)
X_test = to_time_series_dataset(data_test[:, 1:])
y_test = data_test[:, 0].astype(np.int)
```

我們來探索一下這個資料集：

```python
# 摘要統計
print("Number of time series:", len(data_train))
print("Number of unique classes:", len(np.unique(data_train[:,0])))
print("Time series length:", len(data_train[0,1:]))
```

下面的資訊顯示了基礎的摘要統計。訓練集總用 4,000 筆讀數，被分成 5 個不同的類別，而且每個時序資料長度為 140：

```
Number of time series: 4000
Number of unique classes: 5
Time series length: 140
```

我們也觀察一下每個類別的讀數數量。

```
# 計算每個類別讀數數量
print("Number of time series in class 1.0:",
      len(data_train[data_train[:,0]==1.0]))
print("Number of time series in class 2.0:",
      len(data_train[data_train[:,0]==2.0]))
print("Number of time series in class 3.0:",
      len(data_train[data_train[:,0]==3.0]))
print("Number of time series in class 4.0:",
      len(data_train[data_train[:,0]==4.0]))
print("Number of time series in class 5.0:",
      len(data_train[data_train[:,0]==5.0]))
```

資料的分佈狀況顯示在圖 13-5。大多數的讀數落在類別 1，接下來是類別 2。類別 3、4 和 5 則明顯只有少量的讀數資料。

我們利用各類別的時序型資料讀數，來了解更多有關各類別的樣貌。

```
# 顯示每個類別的讀數
for j in np.unique(data_train[:,0]):
    dataPlot = data_train[data_train[:,0]==j]
    cnt = len(dataPlot)
    dataPlot = dataPlot[:,1:].mean(axis=0)
    print(" Class ",j," Count ",cnt)
    plt.plot(dataPlot)
    plt.show()
```

類別 1（圖 13-5）有一個尖銳的低谷，緊接著一個陡峭地爬升並且維持穩定數值。這是大多數的讀數樣貌。

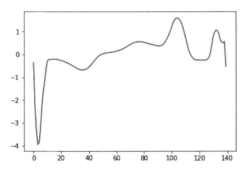

圖 13-5　ECG5000 類別 1.0

類別 2（圖 13-6）有一個尖銳的低谷，接著恢復到一個高度後，又出現更為尖銳且更低的凹槽，然後伴隨著一個部份的回升。這是第二常見的讀數。

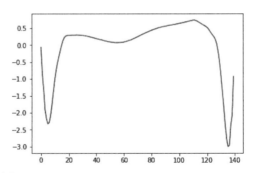

圖 13-6　ECG5000 類別 2.0

類別 3（圖 13-7）有一個尖銳的低谷，接著恢復到一個高度後，又出現更為尖銳、更低且不伴隨著回升的凹槽。這個類別在這個資料集中只有一些資料樣本。

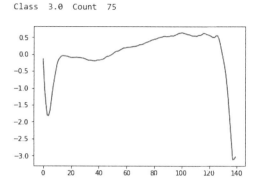

圖 13-7　ECG5000 類別 3.0

類別 4（圖 13-8）有一個尖銳的低谷，接著恢復到一個高度後，出現一個淺層的凹槽並且維持穩定數值。

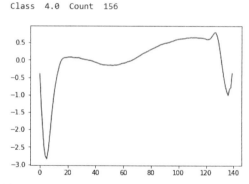

圖 13-8　ECG5000 類別 4.0

類別 5（圖 13-9）有一個尖銳的低谷，接著不均勻地恢復到一個高度，並且形成一個高峰，然後不穩定地下降，形成一個淺層的低谷。這個類別在這個資料集中只有非常少的資料樣本。

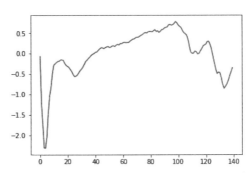

圖 13-9 ECG5000 類別 5.0

訓練和評估

如之前所進行的動作,我們先對資料進行標準化,使得資料的平均值為 0 而且標準差為 1。然後,我們調整 k-shape 演算法,將分群數量設定為 5。其他設定則維持不變:

```
# 準備資料 - 縮放
X_train = TimeSeriesScalerMeanVariance(mu=0., std=1.).fit_transform(X_train)
X_test = TimeSeriesScalerMeanVariance(mu=0., std=1.).fit_transform(X_test)

# 使用 k-shape 進行訓練
ks = KShape(n_clusters=5, max_iter=100, n_init=10,verbose=1,random_state=2019)
ks.fit(X_train)
```

讓我們評估訓練集上的結果:

```
# 基於訓練集進行預測並且計算調整蘭德指數
preds = ks.predict(X_train)
ars = adjusted_rand_score(data_train[:,0],preds)
print("Adjusted Rand Index on Training Set:", ars)
```

下面資訊顯示了基於訓練集的調整蘭德指數。結果為 0.75 明顯地較好:

```
Adjusted Rand Index on Training Set: 0.7499312374127193
```

我們也評估測試集上的結果:

```
# 基於測試集進行預測並且計算調整蘭德指數
preds_test = ks.predict(X_test)
ars = adjusted_rand_score(data_test[:,0],preds_test)
print("Adjusted Rand Index on Test Set:", ars)
```

基於測試集的調整蘭德指數也變得更高，值為 0.72：

```
Adjusted Rand Index on Test Set: 0.7172302400677499
```

藉由增加訓練集到 4,000 筆時間序型資料（相對於 23 筆），我們有了一個明顯有較好表現的時序型分群模型。

我們更進一步探索預測出來的群集，來看看群集內的同質性表現如何。對於每個被預測的群集，我們會評估標籤的分佈。如果這些群集被正確地識別出來，而且內部資料的同質性高，每一個群集的大多數讀數應該會有相同的標籤：

```python
# 評估群集的品質
preds_test = preds_test.reshape(1000,1)
preds_test = np.hstack((preds_test,data_test[:,0].reshape(1000,1)))
preds_test = pd.DataFrame(data=preds_test)
preds_test = preds_test.rename(columns={0: 'prediction', 1: 'actual'})

counter = 0
for i in np.sort(preds_test.prediction.unique()):
    print("Predicted Cluster ", i)
    print(preds_test.actual[preds_test.prediction==i].value_counts())
    print()
    cnt = preds_test.actual[preds_test.prediction==i] \
                        .value_counts().iloc[1:].sum()
    counter = counter + cnt
print("Count of Non-Primary Points: ", counter)
```

下列資訊顯示了各群集的同質性：

```
ECG 5000 k-shape predicted cluster analysis

Predicted Cluster 0.0
    2.0    29
    4.0    2
    1.0    2
    3.0    2
    5.0    1
    Name: actual, dtype: int64

Predicted Cluster 1.0
    2.0    270
    4.0    14
    3.0    8
    1.0    2
    5.0    1
    Name: actual, dtype: int64
```

```
Predicted Cluster 2.0
    1.0    553
    4.0    16
    2.0    9
    3.0    7
    Name: actual, dtype: int64

Predicted Cluster 3.0
    2.0    35
    1.0    5
    4.0    5
    5.0    3
    3.0    3
    Name: actual, dtype: int64

Predicted Cluster 4.0
    1.0    30
    4.0    1
    3.0    1
    2.0    1
    Name: actual, dtype: int64

Count of Non-Primary Points: 83
```

每一個預測出的群集裡，佔多數的讀數類型只會屬於某一類標籤。這正突顯出 *k*-shape 所找出的群集分配，在適切性與同質性的優異表現。

使用 k-Means 對 ECG5000 進行時序型資料分群

為了完整性的理由，我們使用 *k*-means 的表現結果與 *k*-shape 的結果進行比較。我們會使用 *tslearn* 函式庫來進行訓練，並且使用之前採用的調整蘭德指數來進行評估。

我們會設定群集數量為 5、單一回合的最大迭代數量為 100、回合數量為 100、距離評估指標使用歐式距離、並且隨機變數設為 2019：

```
# 使用時序型 k-Means 進行訓練
km = TimeSeriesKMeans(n_clusters=5, max_iter=100, n_init=100, \
                      metric="euclidean", verbose=1, random_state=2019)
km.fit(X_train)

# 基於訓練集進行預測並且計算調整蘭德指數
preds = km.predict(X_train)
```

```
ars = adjusted_rand_score(data_train[:,0],preds)
print("Adjusted Rand Index on Training Set:", ars)

# 基於測試集進行並且計算調整蘭德指數
preds_test = km.predict(X_test)
ars = adjusted_rand_score(data_test[:,0],preds_test)
print("Adjusted Rand Index on Test Set:", ars)
```

使用歐式距離作為距離指標的 *TimeSeriesKMeans* 演算法執行速度要比 *k*-shape 來得更快，但結果卻不若 *k*-shape 一樣好：

```
Adjusted Rand Index of Time Series k-Means on Training Set: 0.5063464656715959
```

在訓練集上的調整蘭德指數為 0.506：

```
Adjusted Rand Index of Time Series k-Means on Test Set: 0.4864981997585834
```

在測試集上的調整蘭德指數為 0.486。

使用 HDBSCAN 對 ECG5000 進行時序型資料分群

最後，讓我們使用本書稍早介紹過的階層式 *DBSCAN*，並且評估它的表現。

我們會使用預設參數來執行 *HDBSCAN*，並且使用調整蘭德指數來評估結果的表現狀況：

```
# 基於訓練集進行訓練與評估
min_cluster_size = 5
min_samples = None
alpha = 1.0
cluster_selection_method = 'eom'
prediction_data = True

hdb = hdbscan.HDBSCAN(min_cluster_size=min_cluster_size, \
                      min_samples=min_samples, alpha=alpha, \
                      cluster_selection_method=cluster_selection_method, \
                      prediction_data=prediction_data)

preds = hdb.fit_predict(X_train.reshape(4000,140))
ars = adjusted_rand_score(data_train[:,0],preds)
print("Adjusted Rand Index on Training Set:", ars)
```

在訓練集上的調整蘭德指數為 0.769，這結果非常令人印象深刻：

```
Adjusted Rand Index on Training Set using HDBSCAN: 0.7689563655060421
```

讓我們基於測試集進行評估：

```
# 基於測試集進行預測與評估
preds_test = hdbscan.prediction.approximate_predict( \
              hdb, X_test.reshape(1000,140))
ars = adjusted_rand_score(data_test[:,0],preds_test[0])
print("Adjusted Rand Index on Test Set:", ars)
```

在測試集上的調整蘭德指數為 0.720，這結果同樣地讓人印象深刻：

```
Adjusted Rand Index on Test Set using HDBSCAN: 0.7200816245545564
```

比較時序型資料分群演算法

HDBSCAN 和 *k*-shape 在 ECG5000 資料集上表現相似，然而 *k*-means 的表現卻是比較不好。然而，我們無法藉由基於單一的時間序資料集，來評估三個分群演算法的效能。

讓我們進行一個更大的實驗，來看看這三個分群演算法彼此較量的結果。

首先，我們會載入 UCR 時間序資料分類資料夾的所有目錄與檔案，使得我們可以在實驗過程中遍尋所有的資料集。下載的資料總共有 85 個資料集：

```
# 載入資料集
current_path = os.getcwd()
file = '\\datasets\\ucr_time_series_data\\'

mypath = current_path + file
d = []
f = []
for (dirpath, dirnames, filenames) in walk(mypath):
    for i in dirnames:
        newpath = mypath+"\\"+i+"\\"
        onlyfiles = [f for f in listdir(newpath) if isfile(join(newpath, f))]
        f.extend(onlyfiles)
    d.extend(dirnames)
    break
```

下一步，我們重新利用這三個分群演算法的程式碼，並且使用我們剛準備好要來執行完整實驗的資料集列表。我們會按資料集儲存訓練與測試的調整蘭德指數，並且評估每個分群演算法完成 85 個資料集的完整實驗所耗費的時間。

完整執行 k-Shape

第一個實驗使用 *k*-shape。

```
# k-Shape 實驗
kShapeDF = pd.DataFrame(data=[],index=[v for v in d],
                        columns=["Train ARS","Test ARS"])

# 訓練與評估 k-Shape
class ElapsedTimer(object):
    def __init__(self):
        self.start_time = time.time()
    def elapsed(self,sec):
        if sec < 60:
            return str(sec) + " sec"
        elif sec < (60 * 60):
            return str(sec / 60) + " min"
        else:
            return str(sec / (60 * 60)) + " hr"
    def elapsed_time(self):
        print("Elapsed: %s " % self.elapsed(time.time() - self.start_time))
        return (time.time() - self.start_time)

timer = ElapsedTimer()
cnt = 0
for i in d:
    cnt += 1
    print("Dataset ", cnt)
    newpath = mypath+"\\"+i+"\\"
    onlyfiles = [f for f in listdir(newpath) if isfile(join(newpath, f))]
    j = onlyfiles[0]
    k = onlyfiles[1]
    data_train = np.loadtxt(newpath+j, delimiter=",")
    data_test = np.loadtxt(newpath+k, delimiter=",")

    data_joined = np.concatenate((data_train,data_test),axis=0)
    data_train, data_test = train_test_split(data_joined,
                                      test_size=0.20, random_state=2019)

    X_train = to_time_series_dataset(data_train[:, 1:])
    y_train = data_train[:, 0].astype(np.int)
    X_test = to_time_series_dataset(data_test[:, 1:])
    y_test = data_test[:, 0].astype(np.int)

    X_train = TimeSeriesScalerMeanVariance(mu=0., std=1.) \
                            .fit_transform(X_train)
```

```
        X_test = TimeSeriesScalerMeanVariance(mu=0., std=1.) \
                                    .fit_transform(X_test)

        classes = len(np.unique(data_train[:,0]))
        ks = KShape(n_clusters=classes, max_iter=10, n_init=3,verbose=0)
        ks.fit(X_train)

        print(i)
        preds = ks.predict(X_train)
        ars = adjusted_rand_score(data_train[:,0],preds)
        print("Adjusted Rand Index on Training Set:", ars)
        kShapeDF.loc[i,"Train ARS"] = ars

        preds_test = ks.predict(X_test)
        ars = adjusted_rand_score(data_test[:,0],preds_test)
        print("Adjusted Rand Index on Test Set:", ars)
        kShapeDF.loc[i,"Test ARS"] = ars

    kShapeTime = timer.elapsed_time()
```

執行 k-shape 演算法大約會花費一個小時的時間。我們已經儲存調整蘭德指數,很快會使用這些結果來與 k-means 和 HDBSCAN 比較。

 k-shape 執行的耗費時間取決於我們針對實驗所進行的超參數設定、和執行實驗的電腦的硬體規格而定。不同的超參數與硬體規格會花費截然不同的實驗運行時間。

完整執行 k-Means

接著是 k-means:

```
# k-Means 實驗 - FULL RUN
# 建立 dataframe
kMeansDF = pd.DataFrame(data=[],index=[v for v in d], \
                        columns=["Train ARS","Test ARS"])

# 訓練與評估 k-Means
timer = ElapsedTimer()
cnt = 0
for i in d:
    cnt += 1
    print("Dataset ", cnt)
    newpath = mypath+"\\"+i+"\\"
```

```
onlyfiles = [f for f in listdir(newpath) if isfile(join(newpath, f))]
j = onlyfiles[0]
k = onlyfiles[1]
data_train = np.loadtxt(newpath+j, delimiter=",")
data_test = np.loadtxt(newpath+k, delimiter=",")

data_joined = np.concatenate((data_train,data_test),axis=0)
data_train, data_test = train_test_split(data_joined, \
                                test_size=0.20, random_state=2019)

X_train = to_time_series_dataset(data_train[:, 1:])
y_train = data_train[:, 0].astype(np.int)
X_test = to_time_series_dataset(data_test[:, 1:])
y_test = data_test[:, 0].astype(np.int)

X_train = TimeSeriesScalerMeanVariance(mu=0., std=1.) \
                            .fit_transform(X_train)
X_test = TimeSeriesScalerMeanVariance(mu=0., std=1.) \
                            .fit_transform(X_test)

classes = len(np.unique(data_train[:,0]))
km = TimeSeriesKMeans(n_clusters=5, max_iter=10, n_init=10, \
                    metric="euclidean", verbose=0, random_state=2019)
km.fit(X_train)

print(i)
preds = km.predict(X_train)
ars = adjusted_rand_score(data_train[:,0],preds)
print("Adjusted Rand Index on Training Set:", ars)
kMeansDF.loc[i,"Train ARS"] = ars

preds_test = km.predict(X_test)
ars = adjusted_rand_score(data_test[:,0],preds_test)
print("Adjusted Rand Index on Test Set:", ars)
kMeansDF.loc[i,"Test ARS"] = ars

kMeansTime = timer.elapsed_time()
```

對於 k-means 來說，它花了低於 5 分鐘的時間，運行所有 85 個資料集。

完整執行 HDBSCAN

最後，執行 HDBSCAN：

```
# HDBSCAN 實驗 - FULL RUN
# 建立 dataframe
hdbscanDF = pd.DataFrame(data=[],index=[v for v in d], \
                         columns=["Train ARS","Test ARS"])


# 訓練與評估 HDBSCAN
timer = ElapsedTimer()
cnt = 0
for i in d:
    cnt += 1
    print("Dataset ", cnt)
    newpath = mypath+"\\"+i+"\\"
    onlyfiles = [f for f in listdir(newpath) if isfile(join(newpath, f))]
    j = onlyfiles[0]
    k = onlyfiles[1]
    data_train = np.loadtxt(newpath+j, delimiter=",")
    data_test = np.loadtxt(newpath+k, delimiter=",")

    data_joined = np.concatenate((data_train,data_test),axis=0)
    data_train, data_test = train_test_split(data_joined, \
                                 test_size=0.20, random_state=2019)

    X_train = data_train[:, 1:]
    y_train = data_train[:, 0].astype(np.int)
    X_test = data_test[:, 1:]
    y_test = data_test[:, 0].astype(np.int)

    X_train = TimeSeriesScalerMeanVariance(mu=0., std=1.) \
                                    .fit_transform(X_train)
    X_test = TimeSeriesScalerMeanVariance(mu=0., std=1.)  \
                                    .fit_transform(X_test)

    classes = len(np.unique(data_train[:,0]))
    min_cluster_size = 5
    min_samples = None
    alpha = 1.0
    cluster_selection_method = 'eom'
    prediction_data = True

    hdb = hdbscan.HDBSCAN(min_cluster_size=min_cluster_size, \
                      min_samples=min_samples, alpha=alpha, \
                      cluster_selection_method= \
```

```
                        cluster_selection_method, \
                    prediction_data=prediction_data)

    print(i)
    preds = hdb.fit_predict(X_train.reshape(X_train.shape[0], \
                                            X_train.shape[1]))
    ars = adjusted_rand_score(data_train[:,0],preds)
    print("Adjusted Rand Index on Training Set:", ars)
    hdbscanDF.loc[i,"Train ARS"] = ars

    preds_test = hdbscan.prediction.approximate_predict(hdb,
                        X_test.reshape(X_test.shape[0], \
                                        X_test.shape[1]))
    ars = adjusted_rand_score(data_test[:,0],preds_test[0])
    print("Adjusted Rand Index on Test Set:", ars)
    hdbscanDF.loc[i,"Test ARS"] = ars

hdbscanTime = timer.elapsed_time()
```

對於 HDBSCAN 來說,它花了低於 10 分鐘的時間,運行所有 85 個資料集。

完整比較三種時序型資料分群法

現在,我們來比較這三種分群演算法,來看看哪個是最佳的分群演算法。一種方式是為每個分群演算法,基於訓練集與測試集計算平均的調整蘭德指數。

底下是每個演算法的分數:

```
k-Shape Results

Train ARS    0.165139
Test ARS     0.151103

k-Means Results

Train ARS    0.184789
Test ARS     0.178960

HDBSCAN Results

Train ARS    0.178754
Test ARS     0.158238
```

結果相當具有可比較性,k-means 有最高的蘭德指數,緊接著的是 k-shape 與 HDBSCAN。

為了驗證這些發現，我們來計算這些演算法在這所有 85 個資料集的排名順序次數：

```
# 計算排名次數
timeSeriesClusteringDF = pd.DataFrame(data=[],index=kShapeDF.index, \
                            columns=["kShapeTest", \
                                "kMeansTest", \
                                "hdbscanTest"])

timeSeriesClusteringDF.kShapeTest = kShapeDF["Test ARS"]
timeSeriesClusteringDF.kMeansTest = kMeansDF["Test ARS"]
timeSeriesClusteringDF.hdbscanTest = hdbscanDF["Test ARS"]

tscResults = timeSeriesClusteringDF.copy()

for i in range(0,len(tscResults)):
    maxValue = tscResults.iloc[i].max()
    tscResults.iloc[i][tscResults.iloc[i]==maxValue]=1
    minValue = tscResults .iloc[i].min()
    tscResults.iloc[i][tscResults.iloc[i]==minValue]=-1
    medianValue = tscResults.iloc[i].median()
    tscResults.iloc[i][tscResults.iloc[i]==medianValue]=0

# 顯示結果
tscResultsDF = pd.DataFrame(data=np.zeros((3,3)), \
                index=["firstPlace","secondPlace","thirdPlace"], \
                columns=["kShape", "kMeans","hdbscan"])
tscResultsDF.loc["firstPlace",:] = tscResults[tscResults==1].count().values
tscResultsDF.loc["secondPlace",:] = tscResults[tscResults==0].count().values
tscResultsDF.loc["thirdPlace",:] = tscResults[tscResults==-1].count().values
tscResultsDF
```

k-shape 有最多第一名的次數，緊接著為 HDBSCAN。*k*-means 有最多第二名的次數，執行結果在大多數的資料集上，雖然表現不是最好的，但也不會是最差的（表 13-1）。

表 13-1　比較摘要

	kShape	kMeans	hbdscan
firstPlace	31.0	24.0	29.0
secondPlace	19.0	41.0	26.0
thirdPlace	35.0	20.0	30.0

基於這個比較，很難得到某一個演算法普遍地打敗其他演算法的結論。雖然 *k*-shape 得到最多第一名的分群結果，但它明顯地比其他兩個演算法慢。

此外，k-means 和 HDBSCAN 兩者都保持著它們各自的表現，亦即在全部的資料集上，保持一定水準數量的第一名。

結論

在本章，我們探索了第一次在本書出現的時序型資料，並且展示了非監督式演算法在沒有任何標籤並且基於資料相似度的情況下，進行時序型資料樣式分組的威力。我們使用了三種分群演算法，包括 k-shape、k-means 和 HDBSCAN。雖然 k-shape 是目前最好的演算法，但其他兩種演算法的表現也不遜色。

最重要的是，從我們處理 85 個資料集的結果突顯出實驗的重要性。如同所有的機器學習一般，沒有單一種算法會擊敗所有其他的演算法。你必須持續地擴展自己的知識並進行實驗，以找出哪個方法是最適合手邊的問題。知道什麼時候該使用何種方法是一個優秀的資料科學家的特點。

期冀你能夠從本書學得許多不同的非監督式學習方法，讓你更有能力解決你正在面對的問題。

## 第十四章

結論

自 20 年前，網際網路時代的來臨，人工智慧便處在科技界未曾見過的技術炒作週期中間[1]。然而，這並不意味著這股炒作受到了保證或者是正確的。

雖然人工智慧和機器學習的研究成果，在數十年前大多本質上是理論和學術性質，也極少有成功的商用應用，但這個領域的研究成果，在過去的十年間，受到如 Google、Facebook、Amazon、Microsoft 和 Apple 之類的公司所領導，已經被廣泛地應用且更加的產業導向。

專注在為狹義的任務（換言之，弱或狹義人工智慧）開發機器學習應用，而不是為了那些較模糊的任務（換言之，強或通用人工智慧），已經足以吸引那些希望在短期 7 ～ 10 年有良好投資報酬的投資者。反過來說，不管是在弱人工智慧的進展上，或者是為強人工智慧奠定基礎，更多來自投資者的關注與資本都使得這個領域更加的成功。

當然，資本並不是唯一的催化劑。人數據的崛起、電腦硬體的進步（尤其是由 Nvidia 所領導，用於訓練深度神經網路的 GPU 的興起）、和演算法研究與發展的突破，都已經在近來人工智慧的成功中扮演著同等有意義的角色。

就像所有的熱潮循環一樣，目前循環或許最終導致了些許的失望，但目前為止，這領域的進展已經讓科學社群的許多人感到驚訝，而且已經捕捉到漸增的主流受眾的想像空間。

1　根據 PitchBook（*http://bit.ly/2Rwwocm*），在 2017 年，風險投資者已經投資人工智慧和機器學習公司超過 108 億美元，這是從 2010 年的 5 億美元增長到這個規模，而且也近乎是 2016 年 57 億美元投資額的兩倍。

監督式學習

迄今為止，監督式學習一直擔負著機器學習領域裡，大多數商業應用的成功案例。這些成功案例可以按照資料型態來進行細分：

- 關於影像，我們有光學字元辨識、影像分類和臉部辨識等。比如，Facebook 基於已儲存在 Facebook 資料庫的影像，針對已標記過的面孔的相似度，自動為新照片中的面孔進行標記。

- 關於影片，我們有自駕車，使用這技術的車子已經運行在目前的美國道路上。主要的技術開發者有 Google、Tesla 和 Uber，它們都已大規模地投資在自動駕駛載具上。

- 關於語音，我們有語音識別，該項技術受到如 Siri、Alexa、Google 助理和 Cortana 所推動進展著。

- 關於文字，我們不僅有典型的垃圾郵件過濾例子，也有機器翻譯（換言之，Google 翻譯）、情感分析、語法分析、實體識別、語言偵測和問題應答。在這些成功的背後，我們已經看到在過去數年，聊天機器人的廣泛使用。

監督式學習在時序型資料的預測上也表現良好，並且在金融、醫護和廣告技術領域上有許多的應用。當然，監督式學習應用並不受限在一次只能處理一種資料型態。舉例來說，影片字幕系統結合了影像辨識與自然語言處理，以便應用機器學習到影片，並且產生字幕。

非監督式學習

直至今日，非監督式學習仍未有與監督式學習相近的成功案例，但它的潛力卻是巨大的。這世界上大多數的資料都是無標籤的。為了大規模地應用機器學習到比監督式學習所解決的範圍來得模糊的任務上，我們會需要同時處理有標籤與無標籤的資料。

非監督式學習藉由學習無標籤資料的基礎結構，而非常善於發現隱藏的樣式。一旦隱藏的樣式被發現，非監督式學習可以基於相似度，將隱藏樣式群集起來，使得相近的樣式能夠被群集在一起。

一旦樣式按照這樣的方式被群集起來後，人們可以從每個群組中，採樣一些樣式。如果這些群組是被完整定義的（換言之，同群組的成員彼此相似，並且相異於其他群組的成員），人們只需要提供少數的標籤資料，便能應用到同群組中的其他成員（尚未被標籤）上。這樣的流程使得之前未標籤的資料，能夠快速又有效率地被標記。

換言之，非監督式學習促成了監督式學習方法被成功地應用。非監督式學習與監督式學習整合後（也就是半監督式學習）的綜效，可能推動著在成功機器學習應用的下一波浪潮。

Scikit-Learn

這些非監督式學習的主題，對現在的你來說應該十分熟悉了，但還是讓我們複習一下到目前為止討論過的內容。

在第三章，我們探索如何使用維度縮減演算法，基於學習資料的基礎結構、僅保留最顯著的特徵和映射這些特徵到較低維度的空間，來縮減資料的維度。

一旦資料被映射到較為低維的空間，發現資料隱藏的樣式會變得更加地容易。在第四章，我們透過建立一個異常偵測系統、將正常的信用卡交易與不正常的信用卡交易分離，來展示第三章所介紹的概念。

在這個較低維度的空間，將相似的點群集起來也更加地容易，這樣群集的方法稱為分群。針對這個主題，我們在第五章進行了探討，並且在第六章展示了使用分群法建立的借款者貸款申請應用。第三章到第六章使用了本書 Scikit-Learn 部份，總結了非監督式學習。

在第十三章，我們首次擴展分群演算法到時序型資料上，並且探索了不同的時序型資料分群法。我們進行了許多的實驗，並且強調了擁有廣泛的機器學習知識是多麼的重要，那是因為並沒有一種方法通用於所有的資料集。

TensorFlow 和 Keras

第七章到第十二章使用了 TensorFlow 和 Keras 對非監督式學習進行探索。

首先我們介紹了神經網路和表徵學習的概念。在第七章，我們使用了自動編碼器，從原始資料中學習新的且更加精簡的表示方式。這是另一種非監督式學習的方法，這個方法會學習資料的基礎結構，以便挖掘資料中的洞見。

在第八章,我們應用自動編碼器到信用卡交易資料集,以便建立詐欺偵測解決方案。而更重要的是我們在第九章結合了非監督式學習方法與監督式學習方法,以便改進我們在第八章以非監督式學習為基礎所建立的信用卡詐欺偵測解決方案,並且強調了非監督式學習模型與監督式學習模型兩者之間的潛在綜效。

在第十章,我們第一次介紹了生成模型,並以受限波爾茲曼機作為開頭。我們使用了這些模型建立了電影推薦系統,這是 Netflix 與 Amazon 之類的公司所採用的推薦系統類型的一種輕量型版本。

在第十一章,我們將目光從淺層神經網路轉到深度神經網路,並透過堆疊多個受限波爾茲曼機建立了一個更為進階的生成模型。藉由使用這個所謂的深度信念網路,我們產生數字的合成影像,以便擴增既存的 MNIST 資料集,並且建立一個更好的影像分類系統。再一次的,這個解決方案強調了使用非監督式學習來改善監督式學習解決方案的潛力。

在第十二章,我們探討另一個類型的生成模型(目前最流行的模型之一)——生成對抗網路。我們使用這個模型,來產生更多相似於原始 MNIST 影像資料集的合成數字影像。

強化學習

在本書中,我們沒有涵蓋到強化學習的任何內容,但它是另一個越來越受到關注的機器學習領域,尤其是它近期在棋盤與電子遊戲領域被成功應用之後。

更受到注意的是,數年前,Google DeepMind 將它的圍棋軟體 *AlphaGo* 推向世界,並在 2016 年與世界圍棋冠軍李世石對戰,獲得歷史性的勝利(這是一個許多人所期望的結果,但認為需要再花額外的十年在人工智慧上才能達到目標),這向世界展示了人工智慧領域已經有了許多的進展。

最近,Google DeepMind 融合強化學習與非監督式學習,開發了一個比 AlphaGo 更好的版本,叫作 *AlphaGo Zero*,這個軟體並未使用任何人類對戰的資料。

這些基於結合不同機器學習分支的成功,證實了本書的一個重要主題——下一波機器學習的成功,將會由找尋處理無標籤資料來改善目前高度依賴於有標籤資料的機器學習解決方案的方法所引領。

令人期待的非監督式學習領域

我們會使用非監督式學習的目前狀態和可能的未來，對本書進行總結。目前，非監督式學習有數個在產業的成功應用。在這個成功應用列表的頂部是異常偵測、維度縮減、分群、有效率地為無標籤資料進行標記以及資料擴增。

非監督式學習善於識別新出現的樣式，尤其是當新出現的樣式非常不同於舊樣式時。在某些領域，舊樣式的標籤對於捕捉感興趣的新樣式，價值有限。舉例來說，異常偵測用於識別所有型態的詐欺，包括信用卡、簽帳金融卡、電匯、線上交易、保險等，以及用於標記關於洗錢、恐怖融資和人口販賣的可疑交易。

異常偵測也被使用在網路安全解決方案，用來識別並且阻斷網路攻擊。因為規則式的系統陷於捕捉新型態網路攻擊的泥淖中，所以非監督式學習在這個領域變成一個主要的解決方法。異常偵測也善於突顯資料品質的問題。使用異常偵測，資料分析師可以點出並且更有效率地挑出壞資料。

非監督式學習也幫助解決了機器學習領域中，重要挑戰的其中之一：維度詛咒。資料科學家一般來說必須選擇一部分的特徵來分析資料，並且建立機器學習模型，因為完整的特徵集過大，即便問題本身不會太棘手，仍會造成運算上的大量耗費與困難。非監督式學習使資料科學家不僅能處理原始資料集，也能夠藉由額外的特徵工程來補足它，並且不用擔心在模型建立時，遭遇巨大的運算力挑戰。

一旦原始的資料集加上特徵工程的資料集準備就緒後，資料科學家使用維度縮減來去除冗餘的特徵，並且留下最顯著且獨立的特徵，作為分析與模型建立之用。這種資料壓縮方式作為監督式學習系統的前處理（尤其是影片與影像）也是有用的。

非監督式學習也幫助資料科學家和商務人士回答了一些疑問，比方說哪些客戶正進行著極不尋常的行為（換言之，非常不同於大多數使用者的行為）。這樣的洞察能力來自於將相似的資料點群集起來，從而幫助了分析人員進行群組區隔。一旦不同群組被識別出來，人們就可以探索到底是什麼因素導致群組之間的差異。透過這個過程產生的洞見，可以被用於更深入地了解商務的形成與要素，並且改善企業的策略。

分群使得為無標籤資料進行標記更有效率。因為相似的資料被群組在一起，所以人們只需要為每個群組的一些資料點進行標籤即可。一旦每個群組內的一些資料點被貼上標籤，其他尚未被貼上標籤的資料點，便可以使用這些有標籤的資料點進行貼標。

最後，生成模型可以產生合成資料來擴增已有的資料集。我們透過處理 MNIST 資料集展示了這個能力。這種產生許多不同類型（如，影像和文字）合成資料的能力是非常強而有力的，而且也正被投注心力探索中。

非監督式學習的未來

我們仍在人工智慧浪潮十分初期的階段，雖然目前的確已經達成了許多成就，但仍然有許多人工智慧的願景是建立在炒作與承諾之上。還有許多潛在的可能性尚未被實現。

迄今的成功大多透過監督式學習，建立在狹義的任務上。當目前的人工智慧浪潮漸趨成熟，期待便會從狹義的人工智慧任務（如，影像分類、機器翻譯、語音辨識、問答機器人）轉往更模糊的強人工智慧（能夠理解人類語言，並且能夠以某種方式與人自然交談的聊天機器人、不需要重度依賴於有標籤資料，便能夠理解實際週遭環境，並且在此環境中活動的機器人、發展出超越人類駕駛能力的自駕車、以及能夠展現如人類水準一般的推理能力與創造力的人工智慧）。

許多人視非監督式學習為發展強人工智慧的關鍵。否則，人工智慧將會被具有多少有標籤資料的限制所束縛。

有一件打從人類出生便擅長的事，就是在不需要許多範例情況下，學習如何進行任務。舉例來說，幼兒只要在少量的範例下，便能夠辨別出貓不同於狗。當今的人工智慧需要許多範例或有標籤資料。理想上來說，人工智慧使用盡可能少的有標籤資料，甚至是只有一筆或者是完全沒有標籤資料情況下，學習將不同類別（換言之，貓與狗）的影像區分開來。為了進行單樣本（*one shot*）或無樣本（*zero shot*）這類的學習，需要在非監督式領域有更多的進展。

此外，目前大多數的人工智慧都不具有創造力，它只是基於它所訓練的有標籤資料來優化樣式識別。為了能夠打造具創造力與直覺的人工智慧，研究人員需要建構能了解許多無標籤資料的人工智慧，以便找尋即便人類也未曾發現的樣式。

幸運地是，有許多充滿希望的跡象顯示，人工智慧正逐步進展到強人工智慧。

Google DeepMind 的 AlphaGo 就是一個最佳的例子。第一個能夠擊敗專業圍棋棋手（2015 年十月）的 AlphaGo 版本，依賴於過去圍棋比賽的資料和機器學習方法，如強化學習（包括能夠看到接下來的許多動作，並確定哪一步可以最大程度地提高獲勝機率）。

這個版本的 AlphaGo 非常讓人印象深刻，因為它在 2016 年 3 月，在韓國首爾備受矚目的五場比賽中，擊敗了世界最強的棋手之一的李世石。但最新版本的 AlphaGo 更加出色。

原始版本的 AlphaGo 依賴於資料和人類專家。最新版本的 AlphaGo 稱為 *AlphaGo Zero*，這個版本單純地透過與自己下棋，從無到有地學習如何下棋致勝[2]。換言之，AlphaGo Zero 不依賴於任何人類的知識，並且達到超越人類的表現，擊敗先前 AlphaGo 版本一百次[3]。

從對圍棋一無所知，AlphaGo Zero 在數天之內積累了人類數千年來在圍棋比賽中的知識，後來更進一步超越了人類水平。AlphaGo Zero 發現了新的知識和發展出不同以往的致勝策略。

換言之，AlphaGo 發揮了創造力。

如果 AI 能夠受到從少量到無任何先驗知識進行學習的能力加持而持續進步，我們將能夠發展出具有創造力、推理能力，以及複雜決策能力，並達到目前為止只有人類才具有的領域[4]的人工智慧。

結語

我們只是探究了非監督式學習的基礎和它的潛力，但是我希望你能對非監督式學習能做什麼、以及它如何應用到你所設計的機器學習系統，有更多的理解。

在最後，你應該具備概念性的了解，和實際上手使用非監督式學習挖掘隱藏樣式、偵測異常、基於相似性進行分群、進行自動特徵擷取，以及從無標籤資料集產生合成資料集的經驗。

人工智慧的未來充滿了前景。現在就開始打造它吧！

2　「AlphaGo Zero: Learning from Scratch」（*https://deepmind.com/blog/alphago-zero-learning-scratch/*）提供了 AlphaGo Zero 的深度介紹。

3　更多額外的資訊，翻閱下 *Nature* 文章「Mastering the Game of Go Without Human Knowledge」（*https://www.nature.com/articles/nature24270*）。

4　OpenAI 在應用非監督式學習至語言理解，已經獲得一些值得注意的成功（*http://bit.ly/2GfhHrZ*），這兩者都是打造強人工智慧必要的元件。

索引

※ 提醒您：由於翻譯書排版的關係，部分索引名詞的對應頁碼會和實際頁碼有一頁之差。

關於作者

Ankur A. Patel 是 7Park Data（a Vista Equity Partner 項目公司）的數據科學副總經理。在 7Park Data，Ankur 和他的資料科學家團隊使用替代性的資料，來建立資料產品給避險基金和企業，並且開發模型即服務（MLaaS）給企業客戶。MLaaS 包括了自然語言處理、異常偵測、分群，和時序型資料預測。在 7Park Data 之前，Ankur 在紐約為以色列人工智慧公司（ThetaRay，應用非監督式學習的世界級先驅者之一）帶領資料科學團隊。

Ankur 在 J.P. 摩根以分析師的角色開始他的職涯，接著為 Bridgewater Associates（世界最大的全球宏觀避險基金）領導新興市場避險基金的交易員。後來，他投資並且管理 R-Squared Macro（一間基於機器學習的避險基金）長達五年。Ankur 畢業於普林斯頓大學的 Woodrow Wilson Scool，並獲得了 Lieutenant John A. Larkin 紀念獎。

出版記事

本書封面上的動物是一隻常見的袋熊（*Vombatus ursinus*），也稱為粗毛或裸鼻袋熊。雖然牠的學名包含了 *ursinus*，拉丁文的意思為熊，但是袋熊是有袋動物，就像無尾熊和袋鼠。野生的袋熊僅在澳洲大陸和塔斯馬尼亞被發現，牠們居住在沿海的森林、林地和草原，在那裡用爪挖掘地洞。

袋熊有短且粗的毛、粗腿、禿鼻子和小耳朵。和所有的有袋動物一樣，袋熊有個裝年幼袋熊的袋子，但袋子的方向朝後，袋熊寶寶的臉可以從媽媽後腿中間露出。這樣的調適可以避免袋熊寶寶在凌亂的挖地洞過程中被潑得一身泥。剛出生時，袋熊寶寶是光禿禿的，而且大小有如雷根糖。妊娠期大約一個月，但小袋熊會待在媽媽身邊長達一年以上，以便獲得溫暖與營養。

成年的袋熊大約 44 磅 3 呎長，在野外的壽命大約 15 年，每兩年生產一次。袋熊使用牠們持續長大的門牙，在夜晚攝取不同的草與植物的根部。雖然牠們是夜行性動物，但牠們會在天氣寒冷時到外面享受陽光。

最近發現母袋熊會在準備交配時咬住公袋熊的背面。咬住背面並不會傷到袋熊，因為牠們背面的皮相當硬。事實上，如果袋熊發現牠們被掠食者追捕，牠們會轉身或者是鑽入地洞裡，藉由曝露最厚的部份來抵擋危險。

牠們或許走起路來蹣跚，但受到驚嚇的袋熊能以高達每小時 25 英哩的速度奔跑。

O'Reilly 書籍封面上的許多動物都面臨瀕臨絕種的危機；牠們都是這個世界重要的一份子，如果想瞭解您可以如何幫助牠們，請拜訪 *animals.oreilly.com* 以取得更多訊息。

封面插圖源自於 Lydekker's Royal Natural History 的黑白刻版畫，由 Karen Montgomery 所繪。

非監督式學習｜使用 Python

作　　者：Ankur A. Patel
譯　　者：盧建成
企劃編輯：蔡彤孟
文字編輯：王雅雯
設計裝幀：陶相騰
發 行 人：廖文良

發 行 所：碁峰資訊股份有限公司
地　　址：台北市南港區三重路 66 號 7 樓之 6
電　　話：(02)2788-2408
傳　　真：(02)8192-4433
網　　站：www.gotop.com.tw
書　　號：A601
版　　次：2020 年 03 月初版
建議售價：NT$680

國家圖書館出版品預行編目資料

非監督式學習：使用 Python / Ankur A. Patel 原著；盧建成譯. --
　初版. -- 臺北市：碁峰資訊, 2020.03
　　面；　公分
　譯自：Hands-On Unsupervised Learning Using Python
　ISBN 978-986-502-406-2(平裝)
　1.Python(電腦程式語言)　2.人工智慧
312.32P97　　　　　　　　　　　　　　　　109000050

讀者服務

● 感謝您購買碁峰圖書，如果您對本書的內容或表達上有不清楚的地方或其他建議，請至碁峰網站：「聯絡我們」\「圖書問題」留下您所購買之書籍及問題。(請註明購買書籍之書號及書名，以及問題頁數，以便能儘快為您處理)

http://www.gotop.com.tw

● 售後服務僅限書籍本身內容，若是軟、硬體問題，請您直接與軟體廠商聯絡。

● 若於購買書籍後發現有破損、缺頁、裝訂錯誤之問題，請直接將書寄回更換，並註明您的姓名、連絡電話及地址，將有專人與您連絡補寄商品。